高职高专机电类专业系列教材

机 械 制 图

（第二版）

主　编　吴淑芳　　何俊波　　王　英

副主编　王国迎　　朱春香　　周　莉

参　编　刘柏海　　周旭红　　刘真挚

西安电子科技大学出版社

内 容 简 介

　　本书是按项目教学法、任务引领的思路编写而成的。编写时,笔者根据以工作过程为导向的教学要求,着重学生实际工作能力的培养,目标是使学生能绘制和阅读中等复杂程度的零件图与装配图。本书由 10个项目组成,主要内容包括平面图形的绘制、零件图样的绘制与识读、零件轴测图的绘制、轴套类零件图的绘制与识读、轮盘盖类零件图的绘制与识读、叉架类零件图的绘制与识读、箱体类零件图的绘制与识读、零件的测绘、标准件与常用件的绘制、装配图的绘制与识读等。

　　本书既可作为高等职业学校专、本科机械类、近机类专业教学用书,也可作为企业专业技术人员和绘图人员的参考书。与本书配套使用的《机械制图习题集(第二版)》(朱春香、李娇、王英主编)也由西安电子科技大学出版社同时出版发行。

图书在版编目(CIP)数据

机械制图/吴淑芳,何俊波,王英主编. —2 版. —西安:西安电子科技大学出版社,
2018.7(2021.9 重印)
ISBN 978 - 7 - 5606 - 4954 - 2

Ⅰ. ①机⋯　　Ⅱ. ①吴⋯　②何⋯　③王⋯　Ⅲ. ①机械制图—高等职业教育—教材
Ⅳ. ①TH126

中国版本图书馆 CIP 数据核字(2018)第 139116 号

策划编辑　秦志峰　杨丕勇
责任编辑　秦志峰
出版发行　西安电子科技大学出版社(西安市太白南路 2 号)
电　　话　(029)88202421　88201467　　邮　　编　710071
网　　址　www.xduph.com　　　　电子邮箱　xdupfxb001@163.com
经　　销　新华书店
印刷单位　广东虎彩云印刷有限公司
版　　次　2018 年 7 月第 2 版　　2021 年 9 月第 5 次印刷
开　　本　787 毫米×1092 毫米　1/16　印张 17.25
字　　数　408 千字
印　　数　7301~8100 册
定　　价　42.00 元
ISBN 978 - 7 - 5606 - 4954 - 2 / TH
XDUP 5256002-5

***　如有印装问题可调换　***

前　言

为了适应高等职业教育的发展趋势，我们多年来与企业合作教学，不断地寻找企业实用人才培养的最佳途径。按照高等职业教育教学的要求，结合高等职业教育人才的培养模式，我们在总结多年教育教学实践经验的基础上编写了本书。

机械制图是一门实践性很强的课程，高职制图课更强调动手能力的培养。本书本着"理论够用，应用为主"的原则，对传统的教学体系进行了结构调整，采用"项目式教学法"的思路，以学习项目为导向，以典型任务为驱动，由各个任务引出问题，通过对相关知识的学习，在任务实施过程中解决问题，不再过多地讲解纯理论的推导过程。

本书共有 10 个项目，每个项目分若干个任务，任务之间遵循由浅入深、循序渐进的原则，教师们可根据教学学时数、专业需求和教学条件按一定的深度和广度进行取舍。

本书结构完整，设计合理。对每一个项目，第一步提出学习目标，第二步进行任务描述，第三步学习相关知识，最后进行任务实施，以检验学生的学习成果。本书具有如下特点：

(1) 采用了最新的国家标准，以培养学生严格遵守国家标准的意识。

(2) 采用了大量的三维实体造型插图，生动直观，给学生的学习带来了很大的方便。

(3) 注重职业技能的培养，使课程知识融于机械工程项目中。

(4) 以真实完成生产任务或绘制真实的可供生产的零件图为载体来组织教学过程。

本书由湖南生物机电职业技术学院吴淑芳、何俊波和天津铁道职业技术学院王英担任主编，由天津铁道职业技术学院王国迎和湖南生物机电职业技术学院朱春香、周莉担任副主编，参加编写的还有湖南生物机电职业技术学院刘柏海、周旭红、刘真挚等。

书中可能还存在疏漏与不足之处，敬请广大读者批评指正，不胜感谢。

编　者

2018 年 5 月

目　　录

项目一　平面图形的绘制

▶▶▶ 学习目标

(1) 熟练掌握国家标准中机械制图与技术制图的基本规定；

(2) 认识绘图工具和仪器，并能熟练使用；

(3) 掌握常用的几何作图方法；

(4) 掌握平面图形的画图步骤及尺寸标注；

(5) 熟悉徒手绘图的基本方法和技巧。

⇨ 任务描述

图 1-1-1 所示为工程上采用的挂轮架零件图。

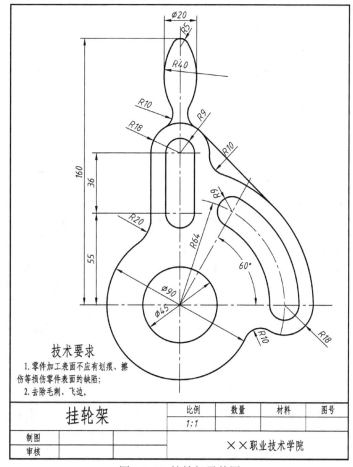

图 1-1-1　挂轮架零件图

图样通常绘制在图纸上，包含图形、文字、符号等内容。为了便于绘制与阅读图样，国家标准对图纸的大小及格式、图线的格式及用途、文字的书写等内容作出了明确的规定。

在图纸上绘制挂轮架的平面图形，首先要根据挂轮架的图形及尺寸选好图纸幅面和绘图比例；其次要分析图形中线段的类型、尺寸及相互之间的连接关系，才能确定平面图形的画图顺序；最后要清楚地表达图样中各条线段的尺寸。要解决以上工作任务，我们必须掌握制图的基本规定、几何作图及平面图形的画法，还要学会使用常用的绘图工具。下面我们就相关知识进行具体的学习。

⇨ **相关知识**

图样是准确表达物体形状、尺寸和技术要求的文件。因此，图样是设计和制造信息的主要载体，是工程界交流设计思想的一种重要沟通方式，是工程界的语言。

1.1 机械图样的认识

1. 机械图样

在建筑工程中使用的图样称为建筑图样，在机械工程中使用的图样称为机械图样。机械制图课程就是以机械图样作为研究对象，研究学习如何应用正投影法的基本原理去识读和绘制机械工程图样。机械图样一般分为机械零件图样和机械装配图样，分别如图 1-1-2、图 1-1-3 所示。

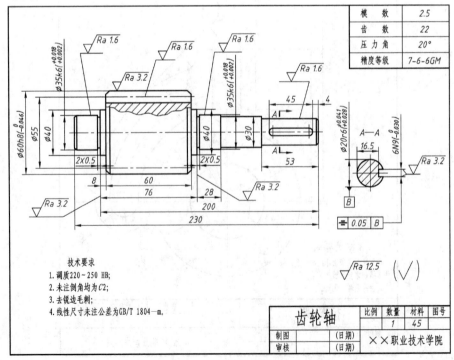

图 1-1-2　齿轮轴零件图

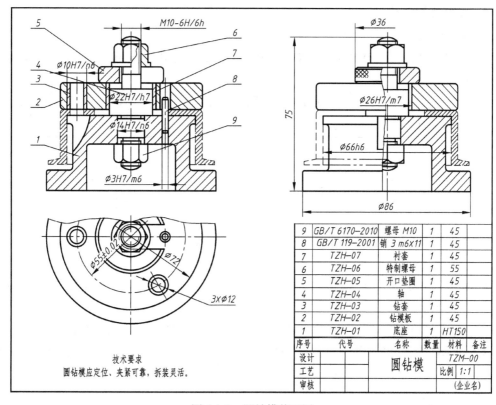

9	GB/T 6170—2010	螺母 M10	1	45	
8	GB/T 119—2001	销 3 m6×11	1	45	
7	TZH-07	衬套	1	45	
6	TZH-06	特制螺母	1	55	
5	TZH-05	开口垫圈	1	45	
4	TZH-04	轴	1	45	
3	TZH-03	钻套	1	45	
2	TZH-02	钻模板	1	45	
1	TZH-01	底座	1	HT150	
序号	代号	名称	数量	材料	备注
设计		圆钻模		TZM-00	
工艺				比例 1:1	
审核				(企业名)	

技术要求
圆钻模应定位、夹紧可靠，拆装灵活。

图 1-1-3　圆钻模装配图

2. 课程任务

基于机械制造领域职业岗位(群)工作任务的要求，本课程的任务是遵守《技术制图》国家标准，选择适当的表达方法，使用绘图仪器绘制中等复杂程度的零件图与部件装配图；读懂较复杂的零件图和中等复杂程度的部件装配图；理解零件加工技术要求并能利用 CAD 软件进行工程绘图；使用测量工具测绘机械零部件，并完成相关图样。

3. 学习方法

(1) 学习时要结合三维造型和视图仔细观察，不断进行空间到平面、平面到空间的思维转换，逐步建立起正投影方法的应用能力。

(2) 认真学习有关机械制图的国家标准，并严格遵守和执行这些国家标准。

(3) 有意识地培养空间想象能力、逻辑思维能力，逐步形成对空间几何形体的思维、图示能力。

1.2　机械制图的基本知识

国家标准《技术制图》与《机械制图》对图样作出了一系列的统一规定并编号颁布，如 GB/T 14689—2008。编号中的"GB"代表国家标准，简称"国标"，"T"代表推荐性标准，"14689"是标准发布顺序编号，"2008"表示标准颁布的年号。本项目将简要介绍部分关于制图基本知识方面的国家标准，这是绘制和识读机械图样的准则与依据。

1. 图纸幅面与格式

1) 图纸幅面

根据 GB/T 14689—2008 规定，绘制图样时，应优先采用基本幅面(表 1-1-1)。基本幅面共有五种。

表 1-1-1　图　纸　幅　面　　　　　mm

图纸代号	$B \times L$	a	c	e
A0	841 × 1189	25	10	20
A1	594 × 841			
A2	420 × 594			
A3	297 × 420		5	10
A4	210 × 297			

注: a、c、e 为留边宽度，参见图 1-1-4 和图 1-1-5。

必要时，可按规定加长幅面。加长时，长边尺寸不变，沿短边方向按短边整数倍增加。

2) 图框格式

在图纸上必须用粗实线画出图框。图框格式分为不留装订边和留装订边两种，如图 1-1-4、图 1-1-5 所示，图中字母所代表的图框尺寸见表 1-1-1。注意：同一产品的图样要采用同一种图框格式。

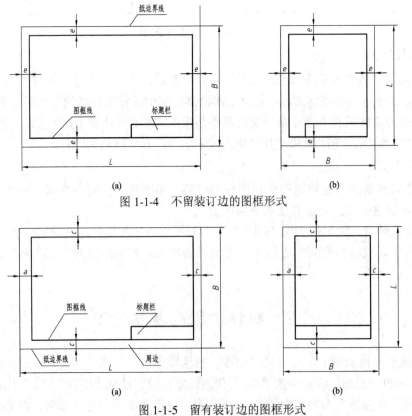

图 1-1-4　不留装订边的图框形式

图 1-1-5　留有装订边的图框形式

2. 标题栏

1) 标题栏格式

为了方便管理和查阅，每张图样中都必须有标题栏，用来填写图样的综合信息。标准的标题栏格式、内容及尺寸按 GB/T 10610.1—2008 规定，如图 1-1-6 所示。

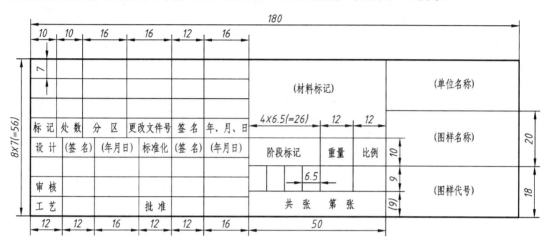

图 1-1-6 标题栏

标题栏的位置通常位于图纸的右下角，此时绘图、看图的方向应与标题栏中的文字方向一致。在教学中通常将标题栏简化，如图 1-1-7 所示。

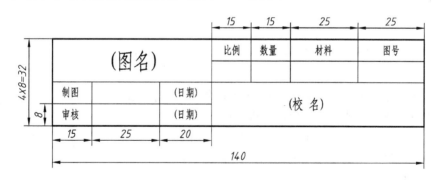

图 1-1-7 教学使用的简化标题栏

2) 看图方向及附加符号

如果使用预先印制标题栏的图纸，若要改变看图方向，必须将标题栏旋转至图纸右上角，同时图中必须标注方向符号。此时，看图方向以方向符号为准，标题栏中的内容及书写方向不变。

(1) 对中符号。为了使图样复制和缩微摄影时定位方便，对基本幅面(含部分加长幅面)的各号图纸，均应在图纸各边的中点处分别画出对中符号。

对中符号用粗实线绘制，线宽不小于 0.5 mm，长度从纸边边界开始至伸入图框内约 5 mm，当对中符号处在标题栏范围内时，伸入标题栏部分省略不画。对中符号的画法如图 1-1-8 所示。

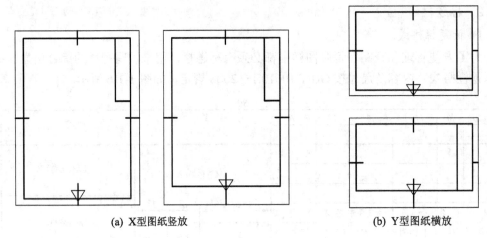

(a) X型图纸竖放   (b) Y型图纸横放

图 1-1-8　对中符号的画法

(2) 方向符号。方向符号是一个用细实线绘制的等边三角形，其大小及所在位置如图 1-1-9 所示。

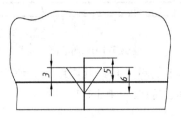

图 1-1-9　方向符号大小和位置

3. 比例(GB/T 14690—1993)

1) 术语

(1) 比例：图样中图形与其实物相应要素的线性尺寸之比。

(2) 原值比例：比值为 1 的比例，即 1 : 1。

(3) 放大比例：比值大于 1 的比例，如 2 : 1 等。

(4) 缩小比例：比值小于 1 的比例，如 1 : 2 等。

2) 比例系列

(1) 需要按比例绘制图样时，应从表 1-1-2 "优先选择系列"中选取适当的比例。

表 1-1-2　比 例 系 列

种　类	优先选择系列			允许选择系列		
原值比例	1 : 1			—		
放大比例	$5 : 1$	$2 : 1$		$4 : 1$	$2.5 : 1$	
	$5 \times 10^n : 1$	$2 \times 10^n : 1$	$1 \times 10^n : 1$	$4 \times 10^n : 1$	$2.5 \times 10^n : 1$	
缩小比例				$1 : 1.5$	$1 : 2.5$	$1 : 3$
	$1 : 2$	$1 : 5$	$1 : 10$	$1 : 1.5 \times 10^n$	$1 : 2.5 \times 10^n$	$1 : 3 \times 10^n$
	$1 : 2 \times 10^n$	$1 : 5 \times 10^n$	$1 : 1 \times 10^n$	$1 : 4$	$1 : 6$	
				$1 : 4 \times 10^n$	$1 : 6 \times 10^n$	

注：n 为正整数。

(2) 必要时，也允许从表 1-1-2 "允许选择系列" 中选取。

绘制图样时，对于选用的比例应在标题栏比例一栏中注明。

无论缩小还是放大，在图样中标注的尺寸均为机件的实际大小，与比例无关，如图 1-1-10 所示。

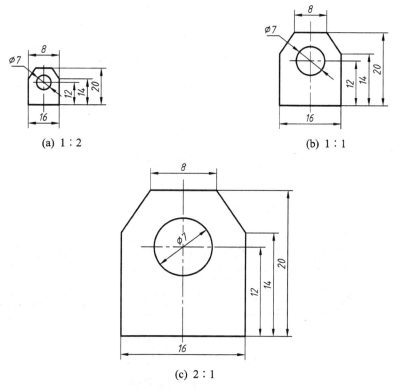

(a) 1 : 2　　　　　　　　　(b) 1 : 1

(c) 2 : 1

图 1-1-10　图形比例与尺寸数字

4. 字体(GB/T 14691—1993)

图样中常用汉字、字母、数字等来标注尺寸和说明技术要求。国标规定在图样中书写字体时必须做到：字体端正、笔画清楚、间隔均匀、排列整齐。字体高度(用 h 表示)的公称尺寸系列为 1.8 mm、2.5 mm、3.5 mm、5 mm、7 mm、10 mm、14 mm、20 mm 等八种。如需要书写更大的字，则其字体高度应按 $\sqrt{2}$ 的比率递增。字体高度代表字体的号数，如 7 号字的高度为 7 mm。

1) 汉字

图样上的汉字应写成长仿宋体(直体)，并采用国家正式公布推行的简化字。汉字的高度 h 不应小于 3.5 mm，其字宽一般为 $h/\sqrt{2}$。书写长仿宋体字的要领是横平竖直，结构匀称，注意起落，填满方格。

2) 字母和数字

字母和数字按笔画宽度情况分 A 型和 B 型两种。A 型字体的笔画宽度(d)为字高(h)的 1/14；B 型字体的笔画宽度(d)为字高(h)的 1/10。但在同一图样上，只允许选用一种形式的字体。

　　字母和数字可写成斜体或直体。斜体字的字头向右倾斜，与水平基准成 75° 角。字体示例见表 1-1-3。

表 1-1-3　字体示例

字　体		示　　例
长仿宋体汉字	10 号	字体工整、笔画清楚、间隔均匀、排列整齐
	7 号	横平竖直 注意起落 结构均匀 填满方格
	5 号	技术制图石油化工机械电子汽车航空船舶土木建筑矿山井坑港口纺织焊接设备工艺
	3.5 号	螺纹齿轮端子接线飞行指导驾驶舱位挖填施工引水通风闸阀坝棉麻化纤
拉丁字母	大写斜体	*ABCDEFGHIJKLMNOPQRSTUVWXYZ*
	小写斜体	*abcdefghijklmnopqrstuvwxyz*
阿拉伯数字	斜体	*0123456789*
	正体	0123456789
罗马数字	斜体	*I II III IV V VI VII VIII IX X*
	正体	I II III IV V VI VII VIII IX X
字体的应用		$\phi 20^{-0.010}_{-0.023}$　$7^{+1°}_{-2°}$　$\frac{3}{5}$ $10JS5(\pm0.003)$　$M24\text{-}6h$ $\phi 25\frac{H6}{m5}$　$\frac{II}{2:1}$　$\frac{A}{5:1}$ $\sqrt{Ra6.3}$　$R8$　5%　$\sqrt{3.50}$

5. 图线(GB/T 17450—1998, GB/T 4457.4—2002)

1) 线型及图线尺寸

国家标准所规定的基本线型共有 9 种，其名称、线型、宽度和一般应用见表 1-1-4。

表 1-1-4 机械制图的线型及应用(摘自 GB/T 4457.4—2002)

图线名称	线 型	图线宽度	一 般 应 用
粗实线		d	(1) 可见轮廓线; (2) 可见相贯线
细实线		$\dfrac{d}{2}$	(1) 尺寸线及尺寸界线; (2) 剖面线; (3) 过渡线
细虚线		$\dfrac{d}{2}$	(1) 不可见轮廓线; (2) 不可见相贯线
细点画线		$\dfrac{d}{2}$	(1) 轴线; (2) 对称中心线; (3) 剖切线
波浪线		$\dfrac{d}{2}$	(1) 断裂处的边界线; (2) 视图与剖视图的分界线
双折线			
细双点画线		$\dfrac{d}{2}$	(1) 相邻辅助零件的轮廓线; (2) 可动零件的极限位置的轮廓线; (3) 成形前的轮廓线; (4) 轨迹线
粗点画线		d	限定范围的表示线
粗虚线		d	允许表面处理的表示线

粗线、细线的宽度比例为 2∶1(粗线为 d，细线为 $d/2$)。图线的宽度应根据图纸幅面的大小和所表达对象的复杂程度来确定，在 0.13 mm、0.18 mm、0.25 mm、0.35 mm、0.5 mm、0.7 mm、1 mm、1.4 mm、2 mm 数系中选取(常用的为 0.25 mm、0.35 mm、0.5 mm、0.7 mm、1 mm)。在同一图样中，同类图线的宽度应一致。

2) 图线的应用

图线的应用示例如图 1-1-11 所示。

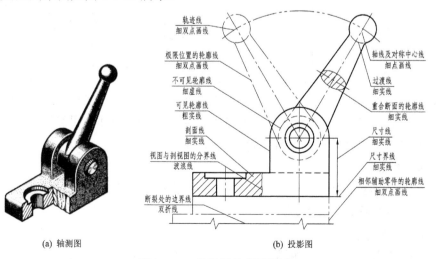

(a) 轴测图 (b) 投影图

图 1-1-11 各种图线应用示例

3) 图线的画法

(1) 图线的平行、相交具体画法见表 1-1-5。

表 1-1-5 图 线 的 画 法

要　　求	图　例	
	正　确	错　误
为保证图样的清晰度，两条平行线之间的最小间隙不得小于 0.7 mm		
点画线、双点画线的首末两端应是画，而不应是点	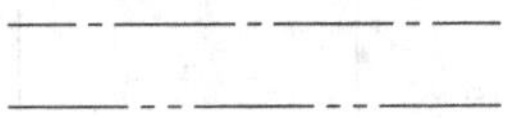	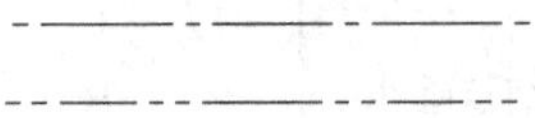
各种线型相交时，都应以画相交，而不应是点或间隔	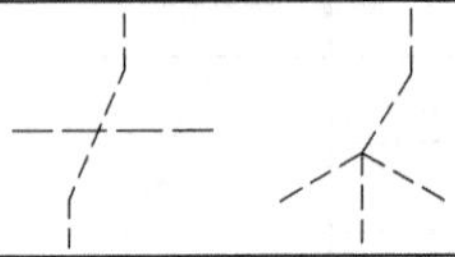	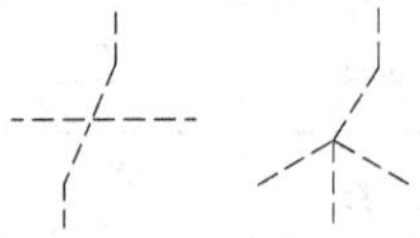
各种线型应恰当地相交于画线处： ——图线起始于相交处； ——画线形成完全的相交； ——画线形成部分的相交	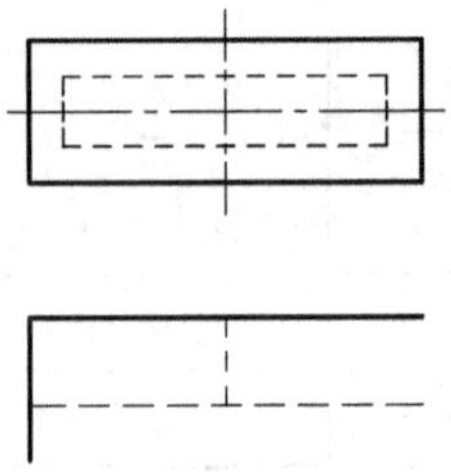	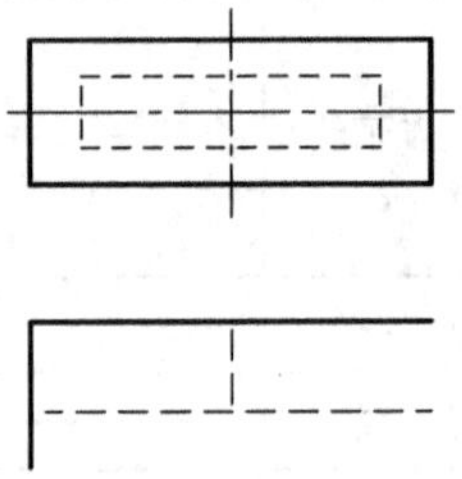
虚线直线在粗实线的延长线上相接时，虚线应留出间隔； 虚线圆弧与粗实线相切时，虚线圆弧应留出间隔	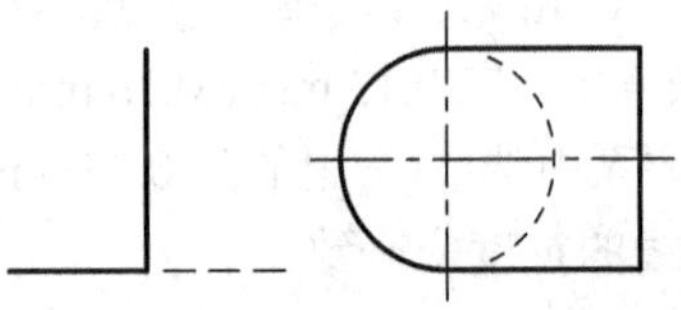	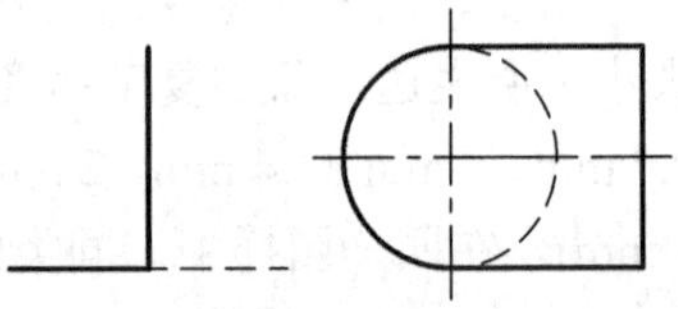
画圆的中心线时，圆心应是线段的交点，点画线的两端应超出轮廓线 2～5 mm； 当圆的图形较小时，允许用细实线代替点画线	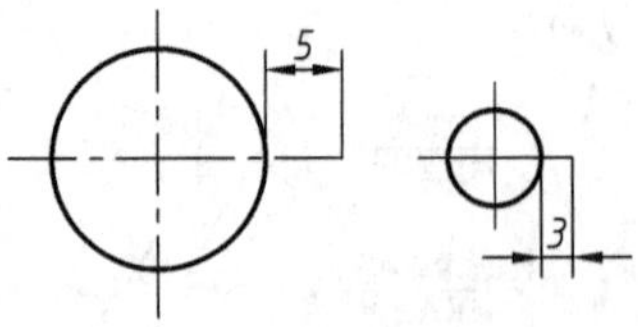	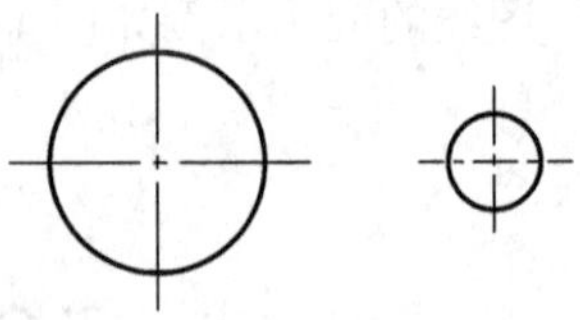

(2) 基本图线重合绘制的优先顺序。当有两种或更多种的图线重合时，通常应按照图线所表达对象的重要程度，优先选择绘制顺序：可见轮廓线→不可见轮廓线→尺寸线→各种用途的细实线→轴线和对称线(中心线)→假想线。

6. 尺寸标注

国家标准 GB/T 4458.4—2003、GB/T 19096—2003 规定了尺寸标注的规则和方法。这是在绘图、识图时必须遵守的。

1) 标注尺寸的基本规则

(1) 机件的真实大小应以图样上所标注的尺寸数值为依据，与图样的大小及绘图的准确度无关，如图 1-1-10 所示。

(2) 图样中的尺寸以 mm 为单位时，无需标注单位的符号。若采用其他单位，则必须注明相应的单位符号。

(3) 图样中所标注的尺寸，为该图样所示机件的最后完工尺寸，否则应另附说明。

(4) 机件的每一尺寸在图样上只能标注一次，并应标注在反映该结构最清晰的图形上。

2) 尺寸的基本要素

完整的尺寸由尺寸界线、尺寸线和尺寸数字三个要素组成，其标注示例见图 1-1-12。

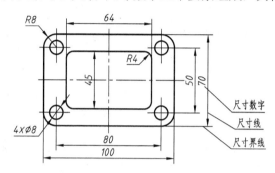

图 1-1-12　尺寸的标注示例

(1) 尺寸界线。尺寸界线用细实线绘制，并应由图形的轮廓线、轴线或对称中心线处引出。也可直接利用轮廓线、轴线或对称中心线作尺寸界线。

尺寸界线一般应与尺寸线垂直，并超出箭头 2～5 mm。当尺寸界线过于贴近轮廓线时，允许倾斜画出，但两尺寸界限仍互相平行。在光滑过渡处标注尺寸时，必须用细实线将轮廓线延长，从它们的交点处引出尺寸界线，见表 1-1-6。

(2) 尺寸线。尺寸线用细实线绘制。轮廓线、中心线或它们的延长线均不可作尺寸线使用。尺寸线、轮廓线间距 7～10 mm。标注线性尺寸时，尺寸线必须与所标注的线段平行，不得与尺寸界线相交，见表 1-1-6。

尺寸线的终端有箭头和斜线两种形式，如图 1-1-13 所示。同一张图样只能采用其中的一种形式。机械图样中一般多采用箭头，且在同一张图样中的箭头大小应一致。遇到位置不够画箭头时，允许用圆点或斜线代替箭头，具体见表 1-1-6 中的"小尺寸的标注法"。

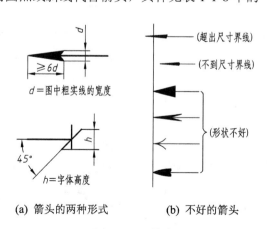

(a) 箭头的两种形式　　　(b) 不好的箭头

图 1-1-13　箭头

(3) 尺寸数字。尺寸数字用来表示机件实际尺寸的数值。尺寸数字不允许有任何图线通过，否则应将图线断开。其注写的位置和方向规定见表 1-1-6 的尺寸数字说明。

3) 常见尺寸的标注方法

常见尺寸的标注方法如表 1-1-6 所示。

表 1-1-6　常见尺寸的标注方法

项目	说　明	图　例
尺寸数字	线性尺寸的数字一般标注在尺寸线的上方，也允许填写在尺寸线的中断处	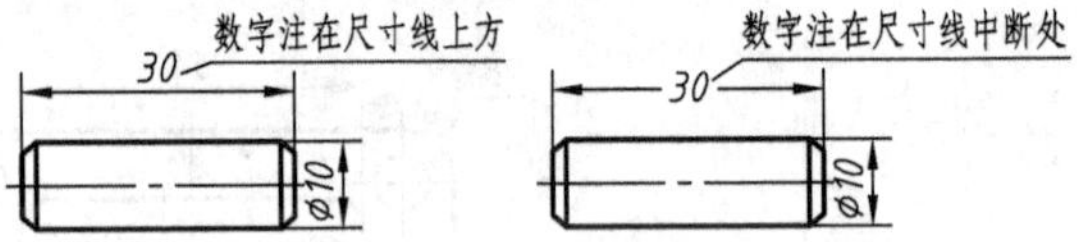
	线性尺寸的数字应按右栏中左图所示的方向填写，并尽量避免在图示 30°范围内标注尺寸。竖直方向尺寸数字也可按右栏中的右图形式标注	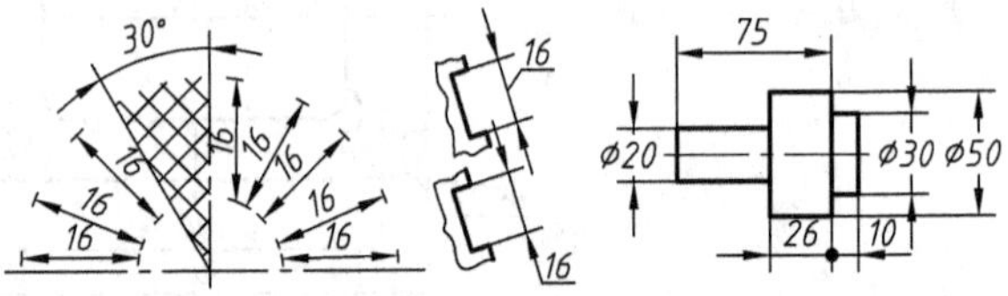
	数字不可被任何图线所通过。当不可避免时，图线必须断开	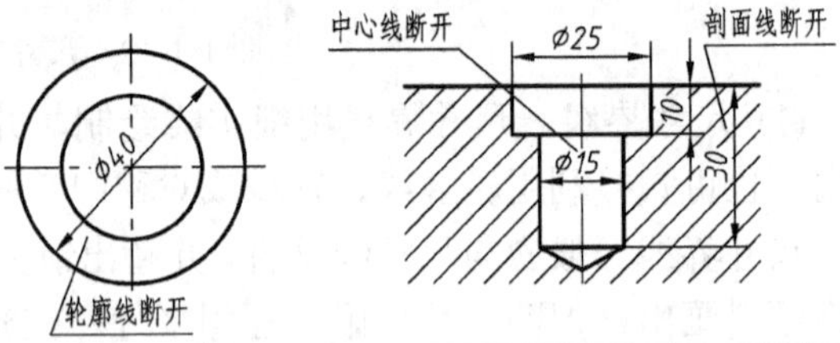
尺寸线	(1) 尺寸线必须用细实线单独画出。轮廓线、中心线或它们的延长线均不可作尺寸线使用。 (2) 标注线性尺寸时，尺寸线必须与所标注的线段平行	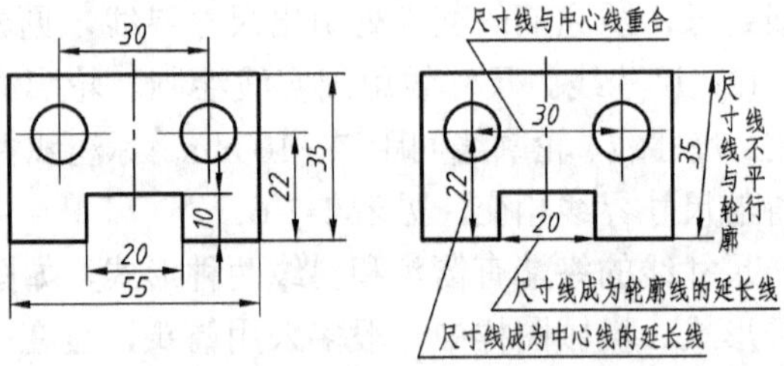
尺寸界线	(1) 尺寸界线用细实线绘制，也可以利用轮廓线(图(a))或中心线(图(b))作尺寸界线。 (2) 尺寸界线应与尺寸线垂直。当尺寸界线过于贴近轮廓线时，允许倾斜画出(图(c))。 (3) 在光滑过渡处标注尺寸时，必须用细实线将轮廓线延长，从它们的交点引出尺寸界线(图(d))	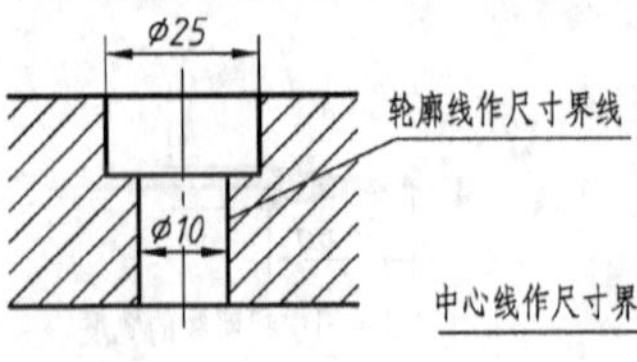  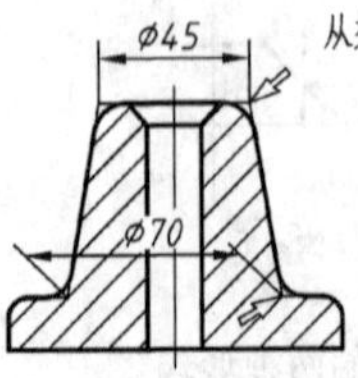 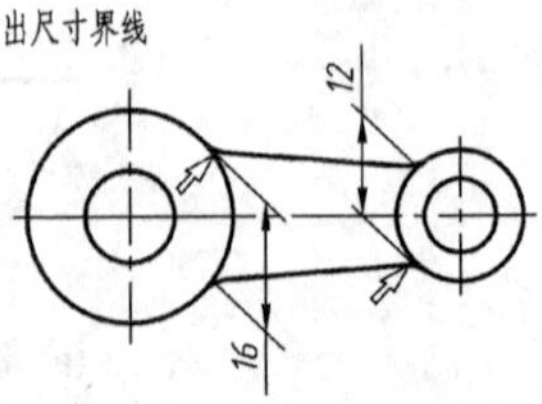

续表

项目	说　　明	图　　例
直径与半径	标注直径尺寸时，应在尺寸数字前加注直径符号"ϕ"；标注半径尺寸时，加注半径符号"R"，尺寸线应通过圆心	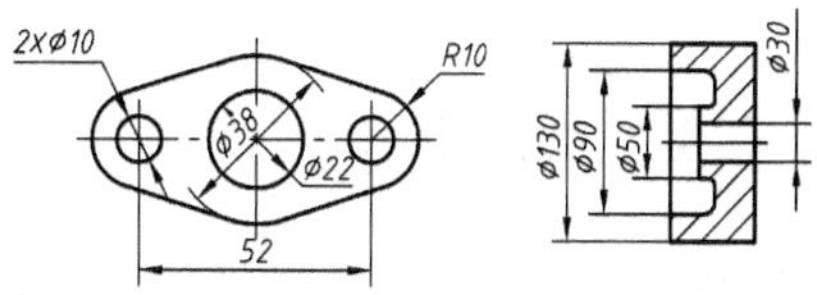
直径与半径	标注小直径或半径尺寸时，箭头和数字都可以布置在外面	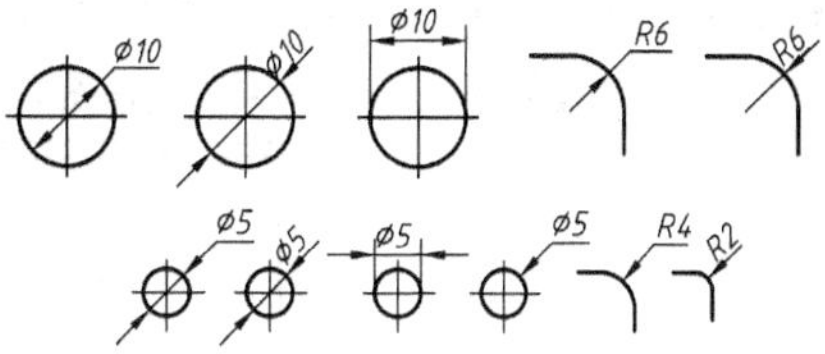
小尺寸的标注法	(1) 标注一连串的小尺寸，可用小圆点或斜线代替箭头，但最外两端箭头仍应画出。 (2) 小尺寸可按右图方法进行标注	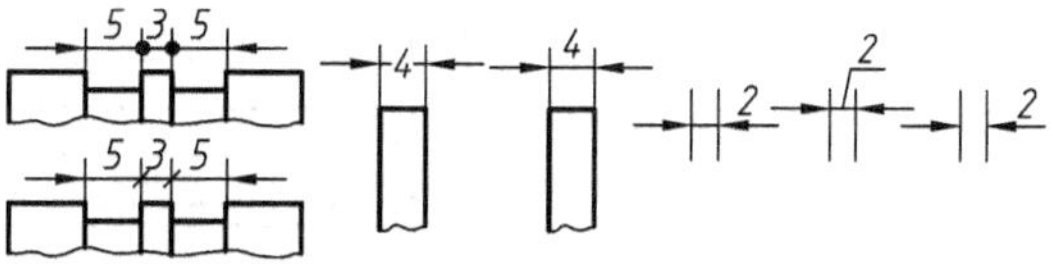
角度	(1) 角度的数字一律水平填写。 (2) 角度的数字应写在尺寸线的中断处，必要时允许写在外面或引出标注。 (3) 角度的尺寸界线必须沿径向引出	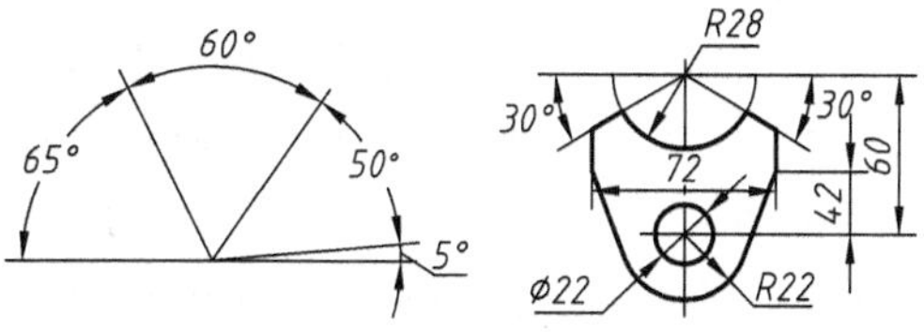

4) 尺寸标注中的符号

标注尺寸时，应尽可能使用符号和缩写词。常用的符号和缩写词见表 1-1-7。其中"ϕ"与"R"的使用规则是：当圆心角大于 180° 时，要标注圆的直径，在尺寸数字前加"ϕ"；当圆心角小于等于 180° 时，要标注圆的半径，在尺寸数字前加"R"。球直径和球半径的标法与圆直径和半径的标法相同。

表 1-1-7　常用的符号和缩写词

名　　称	符号和缩写词	名　　称	符号和缩写词
直径	ϕ	45° 倒角	C
半径	R	深度	⊤
球直径	$S\phi$	沉孔或锪平	⌴
球半径	SR	埋头孔	⌵
厚度	t	均布	EQS
正方形	□		

1.3 平面图形的绘制

1.3.1 绘图工具及使用

1. 图板

图板是供铺放、固定图纸用的矩形木板，见图 1-1-14。板面要求平整光滑，左侧为导边，必须平直。使用时，应注意保持图板的整洁完好。

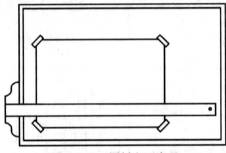

图 1-1-14 图板和丁字尺

2. 丁字尺

丁字尺由尺头和尺身构成(见图 1-1-14)，主要用来画水平线。使用时，尺头内侧必须紧靠图板的导边，用右手推动丁字尺上、下移动。移动到所需位置后，改变手势，压住尺身，用右手由左至右画水平线，如图 1-1-15 所示。

3. 三角板

三角板由 45°的和 30°—60°的两块合成为一副。将三角板和丁字尺配合使用，可画出垂直线、倾斜线和一些常用的特殊角度，如 15°、75°、105°等，如图 1-1-16 所示。

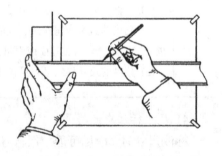

图 1-1-15 用丁字尺画水平线

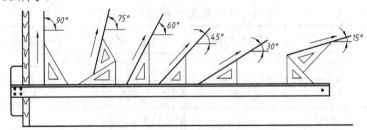

图 1-1-16 三角板和丁字尺配合使用

4. 圆规

圆规主要用来画圆或圆弧。圆规的附件有钢针插脚、铅芯插脚、鸭嘴插脚和延伸插杆等。画圆时，圆规的钢针应使用有肩台的一端，并使肩台与铅芯平齐。圆规的使用方法如

图 1-1-17 所示。

(a) 将针尖扎入圆心并向画线方向倾斜画图　　(b) 画大圆时圆规两脚垂直纸面

(c) 加入延伸插杆用双手画较大半径的圆

图 1-1-17　圆规的用法

5. 分规

分规是用来截取尺寸、等分线段和圆周的工具。分规的两个针尖并拢时应对齐，如图 1-1-18(a)所示；调整分规两脚间距离的手法如图 1-1-19 所示；用分规等分线段的手法如图 1-1-20 所示。

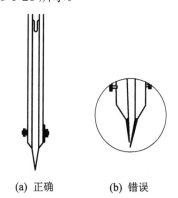  

(a) 正确　　　(b) 错误

图 1-1-18　针尖对齐　　　　图 1-1-19　调整分规的手法　　　图 1-1-20　用分规等分线段

6. 曲线板

曲线板用于绘制不规则的非圆曲线。使用时，应先徒手将曲线上各点轻轻地依次连成光滑的曲线，然后在曲线上找出足够的点，如图 1-1-21 那样，至少可使其画线边通过 5、6、7、8 四个点，其中 5、6 段为前次描绘，6、7 段为本次描绘，7、8 段留待下次描绘时使用；再移动曲线板，使其重新与 7、8、9、10 四点相吻合。依此类推，完成其非圆曲线的作图。

描画对称曲线时，最好先在曲线板上标上记号，然后翻转曲线板，便能方便地按记号的位置描画对称曲线的另一半。

图 1-1-21　曲线板的使用

7. 铅笔

铅笔分硬、中、软三种。标号有 6H、5H、4H、3H、2H、H、HB、B、2B、3B、4B、5B、6B 等十三种，6H 最硬，HB 为中等硬度，6B 最软。

绘制图形时常用 H 或 2H 的铅笔绘制底稿，用 HB 铅笔写字、徒手绘图、加深细线和画箭头，并削成尖锐的圆锥形，如图 1-1-22(a)所示；加深、描粗图线可用 B 或 2B 铅笔，铅笔头应削成扁铲形，如图 1-1-22(b)所示。铅笔应从没有标号的一端开始使用，以便保留软硬的标号。

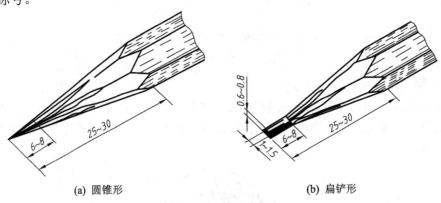

(a)　圆锥形　　　　　　　　　　　　　　　(b)　扁铲形

图 1-1-22　铅笔的削法

1.3.2　几何作图

1. 等分圆周和正多边形的作法

1) 圆周的六等分和正六边形

(1) 用圆规的作图方法如图 1-1-23 所示。用圆规作图，利用了正六边形的边长等于外接圆半径的原理。

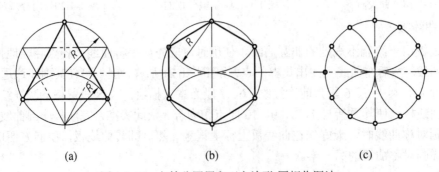

(a)　　　　　　　　　　(b)　　　　　　　　　　(c)

图 1-1-23　六等分圆周和正六边形(圆规作图法)

(2) 用 30°—60°三角板和丁字尺配合作图的方法如图 1-1-24 所示。

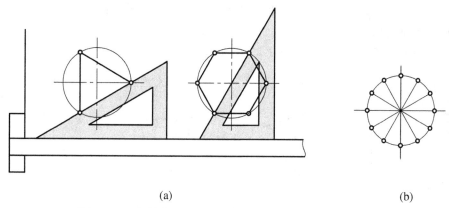

(a)   (b)

图 1-1-24 六等分圆周和正六边形(三角板、丁字尺作图法)

2) 圆周的五等分和正五边形

圆周五等分的作图方法如图 1-1-25 所示。

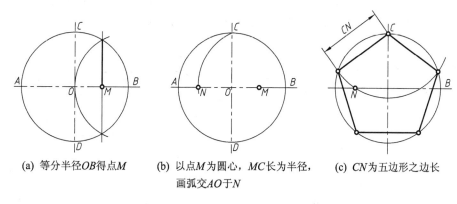

(a) 等分半径OB得点M   (b) 以点M为圆心，MC长为半径，   (c) CN为五边形之边长
                                画弧交AO于N

图 1-1-25 圆周的五等分和正五边形的作图法

2. 斜度和锥度

1) 斜度

斜度是指一直线(或平面)对另一直线(或平面)的倾斜程度，其大小用两直线或两平面间夹角的正切值来表示，在图样中常以 $1:n$ 的形式加以标注。斜度的符号、画法及标注如图 1-1-26 所示。

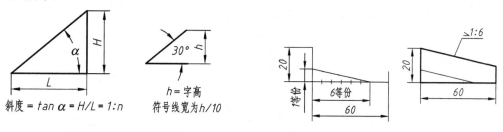

(a) 斜度的概念及符号的画法   (b) 斜度作图方法和标注

图 1-1-26 斜度的符号、画法及标注

2) 锥度

锥度是指正圆锥或圆台垂直轴线的两个截面圆的直径之差与此二截面间的轴向距离之比,图样中也常写成 1 : n 的形式。

锥度的符号、画法及标注如图 1-1-27 所示。

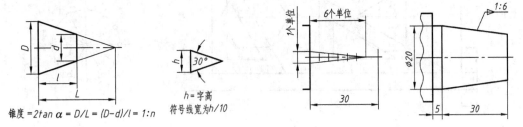

(a) 锥度的概念及符号的画法   (b) 锥度作图方法和标注

图 1-1-27　锥度的符号、画法及标注

3. 圆弧连接

用一圆弧光滑地连接相邻两线段的作图方法,称为圆弧连接。圆弧连接在机件轮廓图中经常可见,如图 1-1-28(a)所示,图 1-1-28(b)为扳手的立体图。

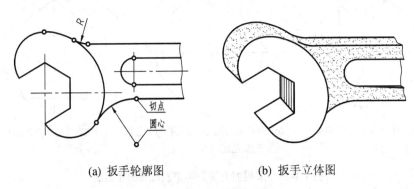

(a) 扳手轮廓图   (b) 扳手立体图

图 1-1-28　圆弧连接示例

1) 作图原理

圆弧连接的作图可归结为求连接圆弧的圆心和切点。表 1-1-8 阐明了圆弧连接的作图原理。

表 1-1-8　圆弧连接的作图原理

圆弧与直线连接(相切)	圆弧与圆弧连接(外切)	圆弧与圆弧连接(内切)

圆弧与直线连接(相切)	圆弧与圆弧连接(外切)	圆弧与圆弧连接(内切)
(1) 连接弧圆心的轨迹为一平行于已知直线的直线。两直线间的垂直距离为连接弧的半径 R。 (2) 由圆心向已知直线作垂线，其垂足即为切点	(1) 连接弧圆心的轨迹为一与已知圆弧同心的圆，该圆的半径为两圆弧半径之和($R_1 + R$)。 (2) 两圆心的连线与已知圆弧的交点即为切点	(1) 连接弧圆心的轨迹为一与已知圆弧同心的圆，该圆的半径为两圆弧半径之差($R_1 - R$)。 (2) 两圆心连线的延长线与已知圆弧的交点即为切点

2) 两直线间的圆弧连接

两直线间的圆弧连接如表 1-1-9 所示。

表 1-1-9　两直线间的圆弧连接

类别	用圆弧连接锐角或钝角的两边	用圆弧连接直角的两边
图例	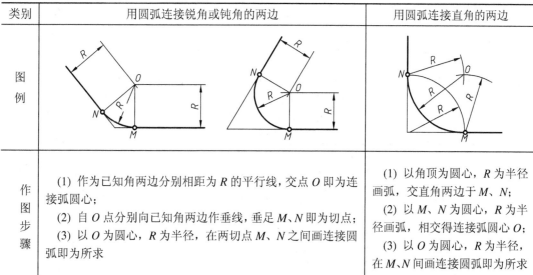	
作图步骤	(1) 作为已知角两边分别相距为 R 的平行线，交点 O 即为连接弧圆心; (2) 自 O 点分别向已知角两边作垂线，垂足 M、N 即为切点; (3) 以 O 为圆心，R 为半径，在两切点 M、N 之间画连接圆弧即为所求	(1) 以角顶为圆心，R 为半径画弧，交直角两边于 M、N; (2) 以 M、N 为圆心，R 为半径画弧，相交得连接弧圆心 O; (3) 以 O 为圆心，R 为半径，在 M、N 间画连接圆弧即为所求

3) 直线和圆弧及两圆弧之间的圆弧连接

直线和圆弧及两圆弧之间的圆弧连接如表 1-1-10 所示。

表 1-1-10　直线和圆弧及两圆弧之间的圆弧连接

名称	已知条件和作图要求	作　图　步　骤		
直线和圆弧间的圆弧连接	以已知的连接弧半径 R 画弧，与直线 I 和 O_1 圆外切	(1) 作直线 II 平行于直线 I (其间距离为 R);再作已知圆弧的同心圆(半径为 $R_1 + R$)与直线 II 相交于点 O	(2) 作 OA 垂直于直线 I;连接 OO_1 交已知圆弧于点 B，A、B 即为切点	(3) 以 O 为圆心，R 为半径画圆弧，连接直线 I 和圆弧 O_1 于 A、B 点，即完成作图

名称		已知条件和作图要求	作 图 步 骤		
两圆弧间的圆弧连接	外连接	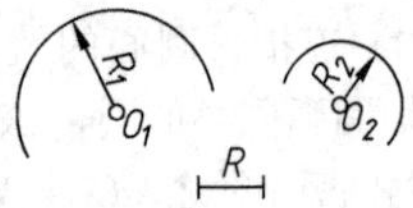 以已知的连接弧半径 R 画弧，与两圆外切	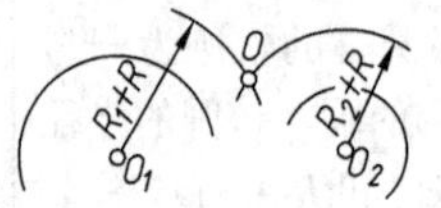 (1) 分别以 (R_1+R) 及 (R_2+R) 为半径，O_1、O_2 为圆心，画弧交于点 O	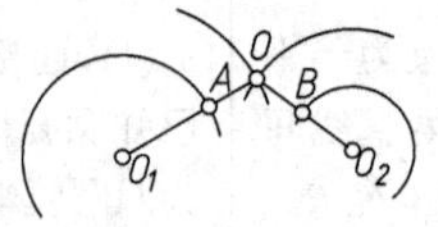 (2) 连接 OO_1 交已知弧于点 A，连接 OO_2 交已知弧于点 B，A、B 即为切点	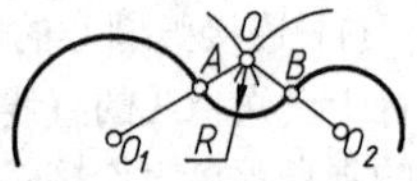 (3) 以 O 为圆心，R 为半径画圆弧，连接已知圆弧于 A、B 点，即完成作图
	内连接	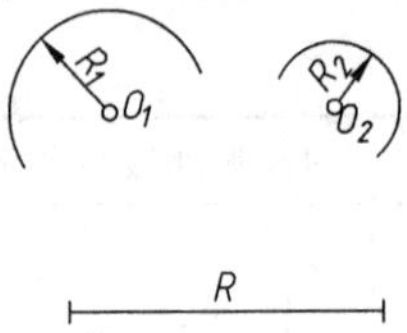 以已知的连接弧半径 R 画弧，与两圆内切	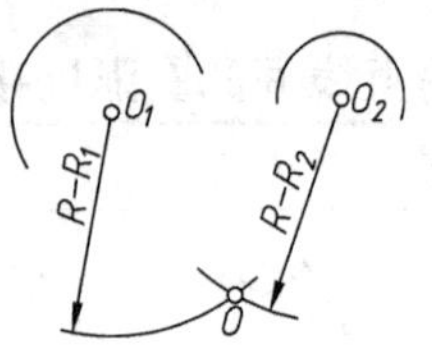 (1) 分别以 $(R-R_1)$ 和 $(R-R_2)$ 为半径，O_1 和 O_2 为圆心，画弧交于点 O	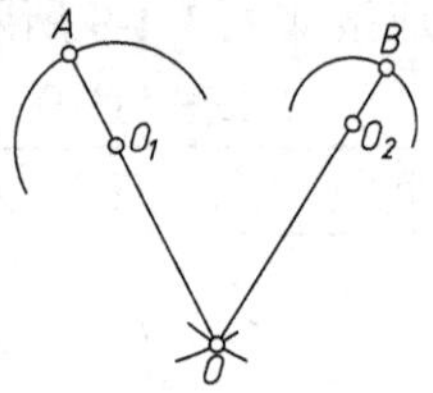 (2) 连接 OO_1、OO_2 并延长，分别交已知弧于点 A、B，A、B 即为切点	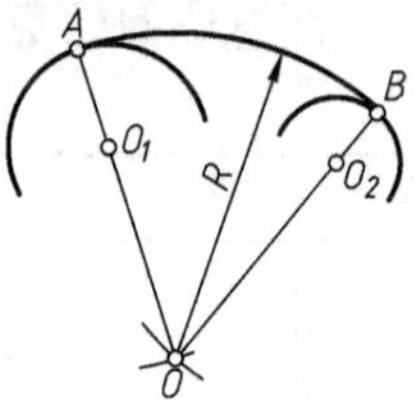 (3) 以 O 为圆心，R 为半径画圆弧，连接两已知弧于 A、B 点，即完成作图
	混合连接	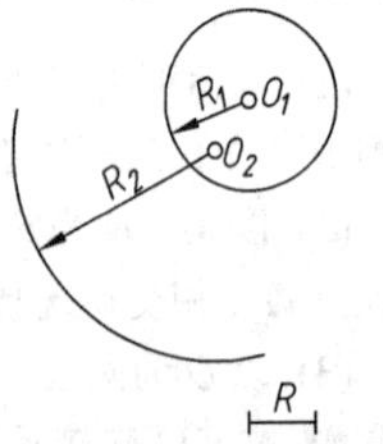 以已知的连接弧半径 R 画弧，与 O_1 圆外切，与 O_2 圆内切	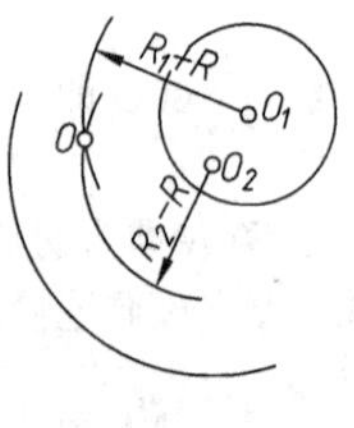 (1) 分别以 (R_1+R) 及 (R_2-R) 为半径，以 O_1、O_2 为圆心，画弧交于点 O	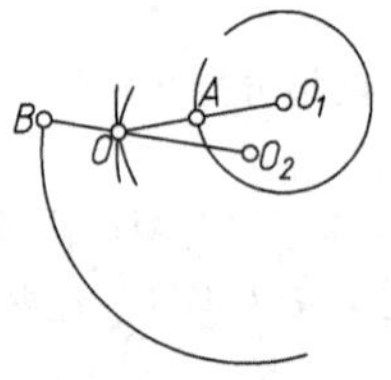 (2) 连接 OO_1 交已知弧于点 A；连接 OO_2 并延长交已知弧于点 B，A、B 即为切点	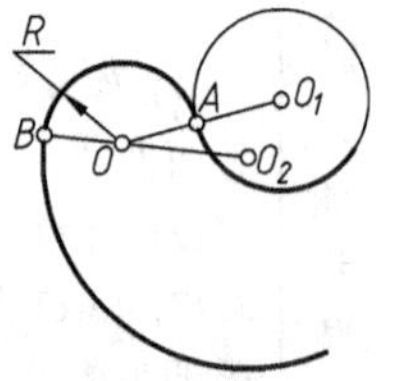 (3) 以 O 为圆心，R 为半径画圆弧，连接两已知弧于 A、B 点，即完成作图

1.3.3 平面图形的分析及绘制

平面图形是由若干直线和曲线组合而成的图形。而这些线段之间的相对位置和连接关系，是靠给定的尺寸来确定的。画图时，只有通过分析尺寸和线段之间的关系，才能明确该平面图形应从何处着手，以及按什么顺序去作图。

1. 平面图形的尺寸分析

1) 尺寸基准

标注尺寸的起点，称为尺寸基准。分析尺寸时，首先要查找尺寸基准。通常以图形的对称中心线、较大圆的中心线、图形轮廓线等来作为尺寸基准。

一个平面图形具有两个坐标方向的尺寸，每个方向至少要有一个尺寸基准，如图 1-1-29 中的 A 和 B。尺寸基准常常也是画图的基准。画图时，要从尺寸基准开始画。

2) 尺寸分类

平面图形中的尺寸按其作用可分为以下两类：

(1) 定形尺寸：指确定平面图形上各几何图形形状大小的尺寸，如圆的直径、圆弧半径、线段的长度、角度的大小等。图 1-1-29 中的 $\phi 9$、$\phi 18$、R12、R18、R30、6 等都是定形尺寸。

(2) 定位尺寸：指确定平面图上各几何图形间的相对位置的尺寸。图 1-1-29 中的确定 $\phi 18$ 圆心位置的尺寸 36 和 40 均为定位尺寸。

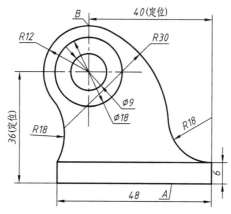

图 1-1-29 平面图形的尺寸分析

2. 平面图形的线段分析与画法

平面图形中的线段(直线或圆弧)，根据所给出的尺寸是否完整，一般可将线段分为三类：

(1) 已知线段。定形、定位尺寸齐全，可以直接画出的线段称为已知线段，如图 1-1-29 中的 $\phi 9$、$\phi 18$、R12 等。

(2) 中间线段。给定定形尺寸而定位尺寸不全，须借助于相邻线段的连接关系才能画出的线段称为中间线段，如图 1-1-29 中的 R18。

(3) 连接线段。只有定形尺寸而无定位尺寸的圆弧或未标注出任何尺寸的连接两段圆弧的线段才称为连接线段，如图 1-1-29 中的 R30。连接线段在画图时两端都得借助于相邻线段的连接关系，用前面介绍过的圆弧连接的作图方法才能画出。

画图时，应先画已知线段，再画中间线段，最后画连接线段。

3. 绘图的步骤

1) 绘制底稿的步骤

绘制底稿时用 H 或 2H 铅笔，铅芯应经常修磨以保持尖锐；底稿上，各种线型均暂不分粗细，并要画得很轻很细。绘制底稿的步骤如下：

(1) 画基准线：如对称中心线、圆的中心线等，如图 1-1-30(a)所示。

(2) 画已知线段：根据已知的定形尺寸和定位尺寸，画出各已知线段，如图 1-1-30(b)所示。

(3) 画中间线段：按连接关系，依次画出中间线段，如图 1-1-30(c)所示。

(4) 画连接线段：如图 1-1-30(d)所示。

(5) 描深：检查无误后，擦去多余图线并加深。

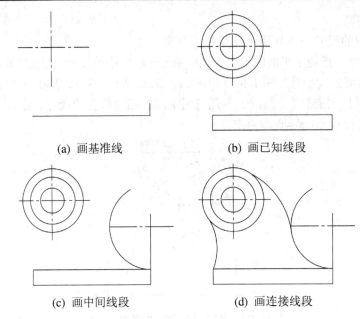

(a) 画基准线　　　　　　(b) 画已知线段

(c) 画中间线段　　　　　　(d) 画连接线段

图 1-1-30　平面图形绘制底稿的步骤

2) 描深底稿的步骤

描深底稿时，用 B 或 2B 铅笔描深各种图线。描深底稿的步骤如下：

(1) 先粗后细——一般应先描深全部粗实线，再描深全部细虚线、细点画线及细实线等。这样既可提高绘图效率，又可保证同一线型在全图中粗细一致，不同线型之间的粗细也符合比例关系。

(2) 先曲后直——在描深同一种线型(特别是粗实线)时，应先描深圆弧和圆，然后再描深直线，以保证连接圆滑。

(3) 先水平、后垂斜——先用丁字尺自上而下画出全部相同线型的水平线，再用三角板自左向右画出全部相同线型的垂直线，最后画出倾斜的直线。

(4) 尺寸标注，画箭头，填写尺寸数字、标题栏等。

1.3.4　徒手画图的方法

所谓徒手画图，就是不用或只用简单的绘图工具，凭纸、笔以较快的速度，徒手画出图形。徒手画图是一项重要的基本功，在设计方案讨论、技术交流及现场测绘中，经常用到。

徒手图也称草图，常用 HB 或 B 铅笔，在印有线格的草图纸上画图。

徒手画图的要求：目测准确、比例均匀、线型分明、图形正确、字体工整、图面整洁，并要有一定的绘图速度。画图时，手握笔的位置要稍高一些，以利于运笔和观察画线方向。

1. 徒手画直线

画直线时，眼睛看着图线的终点，用力均匀，一次画成。画较长线时，可以先目测，在直线中间定出几个点，然后再分段画。水平线由左向右画，如图 1-1-31(a)所示；铅垂线由上向下画，如图 1-1-31(b)所示；画倾斜线时，可将图纸转动一定角度，使它成水平方向再画，如图 1-1-31(c)所示。

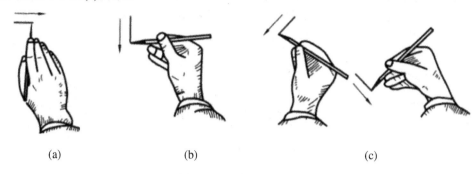

(a)   (b)   (c)

图 1-1-31 徒手画直线法

2. 徒手画角度

画 30°、45°、60° 等常用角度时，可根据两直角边的比例关系，在两直角边上定出几点，然后连线而成，如图 1-1-32(a)、(b)、(c)所示。画 10°、15°、75° 等角度时，可先画出 30° 的角后再二等分、三等分得到，如图 1-1-32(d)所示。

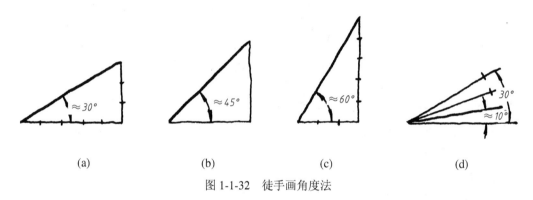

(a)   (b)   (c)   (d)

图 1-1-32 徒手画角度法

3. 徒手画圆

画圆时，先画出水平、垂直两条中心线，交点为圆心，再根据半径尺寸，在中心线上定出四点，然后过四点直接画圆(见图 1-1-33(a))；如果画较大的圆，可增加两条 45° 的斜线，在斜线上再根据半径大小定出四个点，然后过八点画圆(见图 1-1-33(b))。

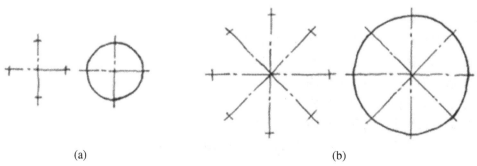

(a)   (b)

图 1-1-33 徒手画圆法

4. 徒手画圆弧

画圆弧时，先将两直线徒手画成相交，然后目测，在分角线上定出圆心位置，使它与角两边的距离等于圆角半径的大小，过圆心向两边引垂线定出圆弧的起点和终点，并在分角线上也定出一圆周点，然后过圆弧把三点连接起来(见图 1-1-34)。

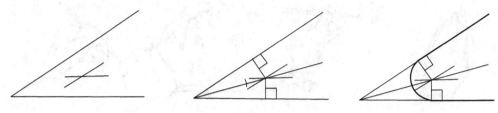

图 1-1-34　徒手画圆弧法

5. 徒手画椭圆

画椭圆时，先在水平、垂直中心线上定出长、短轴端点，再过四点画与之相切的菱形，然后画四段圆弧构成椭圆，如图 1-1-35 所示。

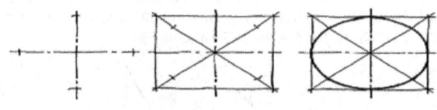

图 1-1-35　徒手画椭圆法

■■■➡ 任务实施

根据前面所讲的知识绘制如图 1-1-1 所示挂轮架的平面图形。挂轮架平面图形的线段分析及绘图步骤如下。

1) 挂轮架平面图形的线段分析

将图 1-1-1 中的线段(直线或圆弧)分为以下三类：

(1) 在图 1-1-1 中，尺寸 $\phi45$、$\phi90$、$R9$、$R18$、$R5$ 与 $R64$ 为已知线段，可以直接画出。

(2) 在图 1-1-1 中，尺寸 $R40$ 圆弧为中间线段，可借助于相邻线段的连接关系画出。

(3) 在图 1-1-1 中，$R10$、$R20$ 的圆弧为连接线段，画图时两端可借助于相邻线段的连接关系，用前面介绍过的圆弧连接的方法画出。

2) 绘图步骤

(1) 画图框线和标题栏，如图 1-1-36(a)所示。

(2) 布图，画基准线，如图 1-1-36(b)所示。

(3) 画已知线段，如图 1-1-36(c)所示。

(4) 画中间线段，如图 1-1-36(d)所示。

(5) 画连接线段，如图 1-1-36(e)所示。

(6) 描深。检查无误后，擦去多余的图线并加深，如图 1-1-36(f)所示。

描深底稿的步骤：

① 先粗后细——先描深全部粗实线，再描深全部细虚线、细点画线及细实线等。

② 先曲后直——先描深圆弧和圆，然后描深直线。

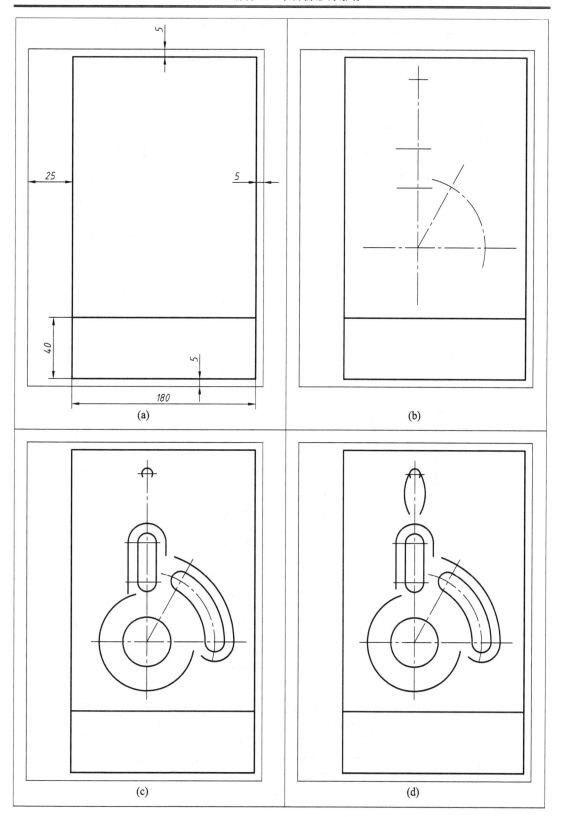

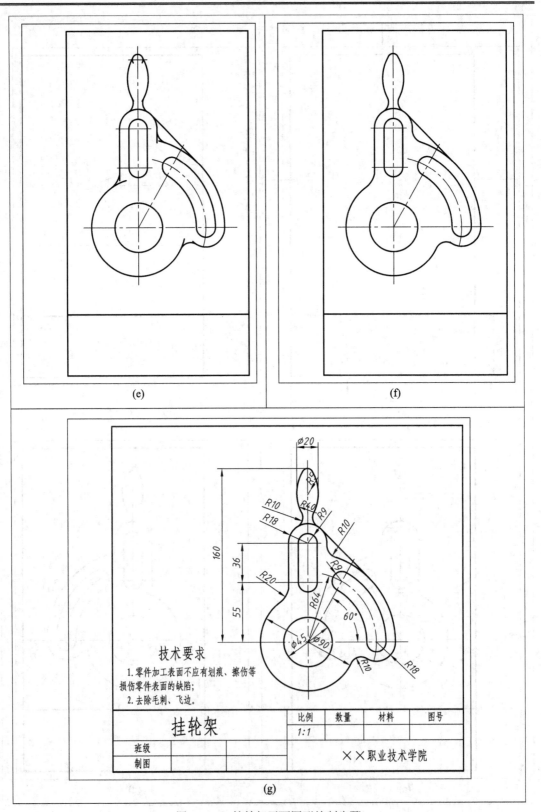

图 1-1-36 挂轮架平面图形绘制步骤

③ 先水平后垂斜——先用丁字尺自上而下画出全部相同线型的水平线，再用三角板自左向右画出全部相同线型的垂直线，最后画出倾斜的直线。

④ 尺寸标注、填写标题栏等。

完成挂轮架平面图形的绘制，如图1-1-36(g)所示。

项目二　零件图样的绘制与识读

▶▶▶ 学习目标

(1) 了解投影法的基本知识；
(2) 认识三视图的基本知识；
(3) 掌握工程上常见基本体的投影及尺寸标注法；
(4) 掌握截交体、相贯体和组合体零件视图的绘制及尺寸标注法。

任务1　平面体零件三视图的绘制

⇨ **任务描述**

图2-1-1是平面体零件V形铁的立体图,如何正确用平面图形来表达V形铁的图样呢?

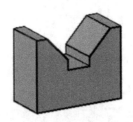

图2-1-1　V形铁

　　零件是由基本几何体独立构成或经基本几何体组合而构成的。按表面的性质不同,基本体通常分为平面体和曲面体两大类。任何基本体都是由点、线(直线或曲线)、面(平面或曲面)组成。要正确绘制、识读零件图样,我们必须掌握零件的投影原理、特点及点、线、面的投影规律。

⇨ **相关知识**

1.1　三视图的形成及其投影规律

1.1.1　投影的基本知识

1. 投影法的基本概念

在日常生活中,物体在灯光或日光的照射下,在墙面或地面上就会显现出该物体的影子，这是一种投影现象。人们在长期的生产实践中，积累了丰富的经验，找出了物体和影子的几何关系，建立了投影法。我们把光线称为投影线，地面和墙面称为投影面，影子称为物体在投影面上的投影，如图 2-1-2 所示。我们说，用平面图形表示物体的形状和大小的方法称为投影法。

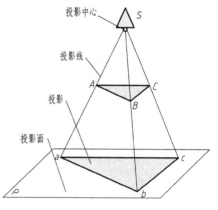

图 2-1-2 中心投影法

2. 投影法的分类

根据投影线是否平行，投影法分为中心投影法和平行投影法两大类。

1) 中心投影法

投影线交于一点的投影法称为中心投影法，如图 2-1-2 所示。用这种方法得到的投影称为中心投影。由图可见，空间三边形 *ABC* 的投影 *abc* 的大小随投影中心 *S* 距离三边形 *ABC* 的远近或者三边形 *ABC* 距离投影面 *P* 的远近而变化，所以这种方法不适用于表达机械图样。其特点是直观性好、立体感强、可度量性差，常用于绘制建筑物的透视图。

2) 平行投影法

投影线相互平行的投影法称为平行投影法。平行投影法中的物体投影的大小与物体离投影面的远近无关，如图 2-1-3 所示。

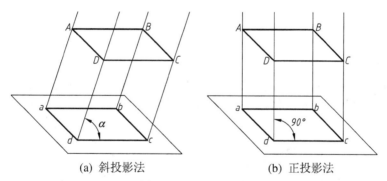

(a) 斜投影法   (b) 正投影法

图 2-1-3 平行投影法

根据投影方向与投影面是否垂直，平行投影法又分为斜投影法和正投影法。

斜投影法——投影线与投影面相倾斜的平行投影法，如图 2-1-3(a)所示。

正投影法——投影线与投影面相垂直的平行投影法，如图 2-1-3(b)所示。其特点是立体感差，可度量性好，作图简便，能反映物体的真实形状和大小，在工程中得到了广泛应用。为了叙述方便，以后若不特别指出，投影即指正投影。

3. 正投影的特性

1) 真实性

当直线或平面与投影面平行时，则直线的投影反映实长，平面的投影反映实形的性质，称为真实性，如图 2-1-4 所示。

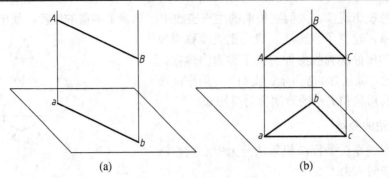

(a)　　　　　　　　　　(b)

图 2-1-4　投影的真实性

2) 积聚性

当直线或平面与投影面垂直时，则直线的投影积聚成一点、平面的投影积聚成一条直线的性质，称为积聚性，如图 2-1-5 所示。

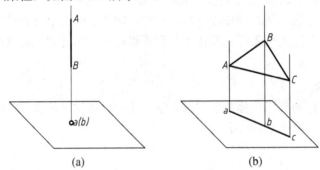

(a)　　　　　　　　　　(b)

图 2-1-5　投影的积聚性

3) 类似性

当直线或平面与投影面倾斜时，其直线的投影长度变短、平面的投影面积变小，但投影的形状仍与原来的形状相类似，这种投影性质称为类似性，如图 2-1-6 所示。

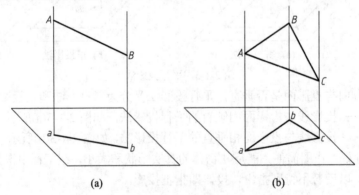

(a)　　　　　　　　　　(b)

图 2-1-6　投影的类似性

通过对正投影特性的分析，我们可将直线的投影特性归纳如下：

直线平行投影面，投影实长线——真实性；

直线垂直投影面，投影成一点——积聚性；

直线倾斜面，投影长变短——类似性。

1.1.2 三视图的形成

在机械行业中，通常把采用正投影法绘制零件的图形称为视图。

在正投影中，一般一个视图不能完整地表达零件的形状和大小，也不能区分不同的零件。如图 2-1-7 中两个不同的零件在同一投影面上的视图完全相同，单凭这个投影图来确定物体的唯一形状是不可能的。

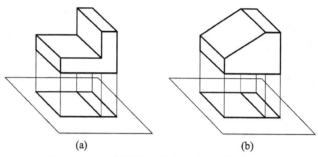

(a)   (b)

图 2-1-7 一个视图不能唯一确定零件的形状

对一个较为复杂的形体，即使是向两个投影面作投影，其形状也只能反映它的两个面的形状和大小，亦不能确定物体的唯一形状。因此，要反映零件的完整形状和大小，必须有几个不同投影方向得到的视图。在实际绘图中，常用的是三视图。

1. 三投影面体系的设立

三投影面体系由三个互相垂直的投影面组成，如图 2-1-8 所示。它们分别为正立投影面(简称正面或 V 面)、水平投影面(简称水平面或 H 面)、侧立投影面(简称侧面或 W 面)。

三个投影面之间的交线称为投影轴。V 面与 H 面的交线称为 OX 轴(简称 X 轴)，它代表物体的长度方向；H 面与 W 面的交线称为 OY 轴(简称 Y 轴)，它代表物体的宽度方向；V 面与 W 面的交线称为 OZ 轴(简称 Z 轴)，它代表物体的高度方向。

三个投影轴两两互相垂直，其交点 O 称为原点。

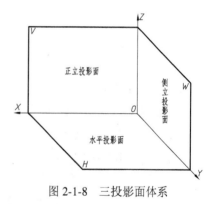

图 2-1-8 三投影面体系

2. 三视图的形成

将物体放置在三投影面体系中，按正投影法向各投影面投射，即可分别得到物体的正面投影、水平面投影和侧面投影，如图 2-1-9(a)所示。

- 从物体的前面向后投影，在 V 面上得到的视图称为主视图。
- 从物体的上面向下投影，在 H 面上得到的视图称为俯视图。
- 从物体的左面向右投影，在 W 面上得到的视图称为左视图。

3. 三投影面的展开

为了画图方便，需将互相垂直的三个投影面展开在同一个平面上。规定：V 面保持不动，H 面绕 OX 轴向下旋转 $90°$，W 面绕 OZ 轴向右旋转 $90°$(见图 2-1-9(a))，使 H 面、W 面与 V 面在同一个平面上(这个平面就是图纸)，这样就得到了如图 2-1-9(b)所示的展开后的三视图。应注意，H 面和 W 面在旋转时，OY 轴被分为两处，分别用 OY_H(在 H 面上)和 OY_W(在 W 面上)表示。国家标准规定，如此配置视图时不标注视图的名称，也不需要画出投影轴和表示投影面的边框，如图 2-1-9(c)所示。

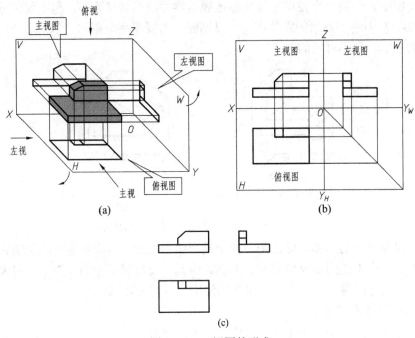

图 2-1-9　三视图的形成

1.1.3　三视图的投影规律

1. 三视图间的位置关系

以主视图为准，俯视图在它的正下方，左视图在它的正右方。

2. 三视图间的投影关系

从三视图的形成过程中可以看出(见图 2-1-10)，物体有长、宽、高三个尺度，但每个视图只能反映其中的两个，即：

- 主视图反映物体的长度(X)和高度(Z)；
- 俯视图反映物体的长度(X)和宽度(Y)；
- 左视图反映物体的宽度(Y)和高度(Z)。

由此可归纳得出：

- 主、俯视图长对正(等长)；
- 主、左视图高平齐(等高)；
- 俯、左视图宽相等(等宽)。

应当指出，无论是整个物体或是物体的局部，其三面投影都必须符合"长对正、高平齐、宽相等"的"三等"规律。

作图时，为了实现"俯、左视图宽相等"，可利用由原点 O 所作的 45° 辅助线来求得其对应关系，如图 2-1-9(b)所示。

3. 视图与物体的方位关系

所谓方位关系，指的是以绘图者(或看图者)面对正面(即主视图的投射方向)来观察物体为准，看物体的上、下、左、右、前、后六个方位在三视图中的对应关系，如图 2-1-11 所示。

- 主视图——反映物体的上、下和左、右；
- 俯视图——反映物体的左、右和前、后；
- 左视图——反映物体的上、下和前、后。

由图 2-1-11 可知，俯、左视图靠近主视图的一边(里边)，均表示物体的后面；远离主视图的一边(外边)，均表示物体的前面。

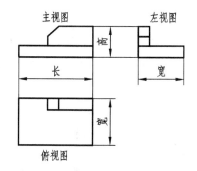

图 2-1-10 三视图的三等对应关系 　　图 2-1-11 六个方位在三视图中的对应关系

■■■➡ 任务实施

根据上面讲的视图知识，下面我们绘制如图 2-1-1 所示的平面体零件 V 形铁的三视图，其绘图步骤如下：

(1) 确定主视图的方向，其他视图方向将随之确定，如图 2-1-12(a)所示。

(2) 分析 V 形铁在 V 面投影的特性：V 形槽前后面与 V 面平行，反映投影的真实性；上下、左右面及 V 形槽的左右两个侧面与 V 面垂直，反映投影的积聚性。如图 2-1-12(b)主视图所示。

(3) 分析 V 形铁在 H 面投影的特性，并根据投影规律绘制俯视图，如图 2-1-12(b)俯视图所示。

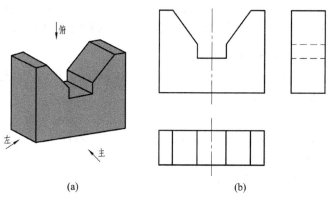

(a)　　　　　　　　　　　　(b)

图 2-1-12 V 形铁的三视图

(4) 分析 V 形铁在 W 面投影的特性：左、右面及 V 形槽底部的两个侧面与 W 面平行，反映实形性，其中 V 形槽底部的两个侧面却看不见，用虚线绘制；前后、上下面及 V 形槽底面与 W 面垂直，反映积聚性；而 V 形槽的两个侧面与 W 面倾斜，其反映类似性且投影重合。并根据投影规律绘制左视图，如图 2-1-12(b)左视图所示。

1.2　点、直线、平面的投影

1.2.1　点的投影

1．点的三面投影分析

当投影面和投影方向确定时，空间里的任意一点只有唯一的一个投影。如图 2-1-13(a)所示，假设空间有一点 A，过点 A 分别向 H 面、V 面和 W 面作垂线，得到三个垂足 a、a'、a"，便是点 A 在三个投影面上的投影。

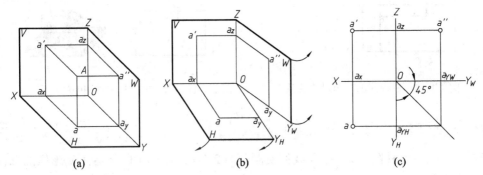

图 2-1-13　点的三面投影图

为了统一起见，规定空间点用大写字母表示，如 A、B、C 等；水平投影用相应的小写字母表示，如 a、b、c 表示；正面投影用相应的小写字母加撇表示，如 a'、b'、c' 等；侧面投影用相应的小写字母加两撇表示，如 a"、b"、c" 等。

由于 A 点的三面投影是位于空间相互垂直的三个投影面上，而实际作图时要在一个平面内体现它们之间的关系，为此，可将 H、V、W 三个面展开成一个平面。如图 2-1-13 所示，保持 V 面不动，让 H 面绕 OX 轴向下旋转 90°，让 W 面绕 OZ 轴向右旋转 90°，于是三个投影面就展开成一个平面，去掉投影面边框，即得到如图所示的点的三面投影图。

2．点的三面投影与直角坐标的关系

点的空间位置可用直角坐标来表示，如图 2-1-14(a)所示。即把投影面当做坐标面，投影轴当做坐标轴，点 O 即为坐标原点。则：

$$Aa'' = Oa_X = X_A, \quad Aa' = Oa_y = Y_A, \quad Aa = Oa_z = Z_A$$

(1) 空间点可用三个坐标表示，如 A 点坐标(X_A, Y_A, Z_A)。

点的 X 坐标：反映点到 W 面的距离。

点的 Y 坐标：反映点到 V 面的距离。

点的 Z 坐标：反映点到 H 面的距离。

(2) 一个投影点反映了两个坐标值(图 2-1-14(b))，如投影 a，其坐标为(X_A, Y_A)。

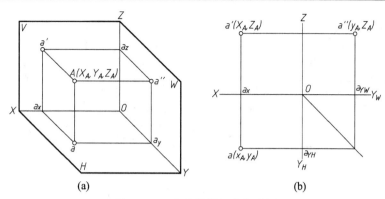

图 2-1-14 点的投影与直角坐标

结论：若已知点的两个投影，则其空间位置即可确定，其第三投影也就唯一确定。

3. 点的投影规律

由图 2-1-14(a)可知，投影线 $Aa'\perp V$ 面、$Aa\perp H$ 面，所以它们所构成的平面 $Aa'a_Xa$ 同时垂直于 V 面和 H 面，也必垂直于它们的交线 OX 轴，因此该平面与 V 面的交线 $a'a_X$ 及与 H 面的交线 aa_X 都分别垂直于 OX 轴，所以展开后投影图上的点 a'、a_X、a 必在垂直于 OX 轴的同一直线上，即 $a'a\perp OX$ 轴，如图 2-1-14(b)所示。同理，$a'a''\perp OZ$ 轴。

综上所述，可以得到点在三投影面体系中的投影规律：

(1) 点的正面投影与水平投影的连线垂直于 OX 轴。

(2) 点的正面投影与侧面投影的连线垂直于 OZ 轴。

(3) 点的水平投影至 OX 轴的距离等于侧面投影到 OZ 轴的距离。

例 2-1-1 已知点 A 的坐标 $A(20，10，18)$，求点 A 的三面投影，并画出其立体图。

点 A 的三面投影图作图步骤如下：

(1) 画投影轴 OX、OY_H、OY_W、OZ，建立三投影面体系；

(2) 沿 OX 轴正方向量取 20，得到 a_X，如图 2-1-15(a)所示；

(3) 过 a_X 作 OX 轴的垂线，并使 $a_Xa = 10$，$a_Xa' = 18$，分别得到 a 和 a'，如图 2-1-15(b)所示；

(4) 过 a' 点作 OZ 轴的垂线，并使 $a_Za'' = 10$，得到 a''，如图 2-1-15(c)所示。

(或利用 45° 斜线，求得 a''。)

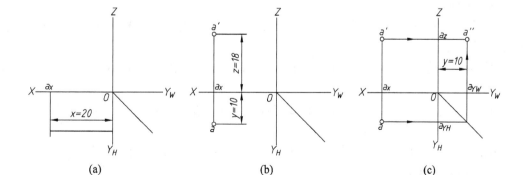

图 2-1-15 已知空间点求点的三面投影

立体图的作图步骤如图 2-1-16 所示(作法略)。

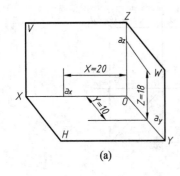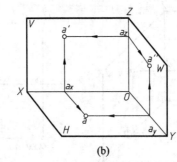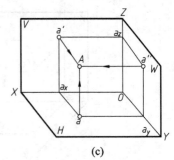

(a)　　　　　　　　　　(b)　　　　　　　　　　(c)

图 2-1-16　由点的坐标作立体图

4. 两点的相对位置

空间两点的相对位置是指两点间前后、左右、上下的位置关系。两点在空间的相对位置由两点的坐标差来确定。

1) 两点相对位置的确定

空间两点左右相对位置可由正面和水平投影来判断，由 X 坐标的大小来确定；上下相对位置可由正面和侧面投影来判断，由 Z 坐标的大小来确定；前后相对位置可由水平投影和侧面投影来判断，由 Y 坐标的大小确定。

如图 2-1-17 所示，已知两点 $A(x_a, y_a, z_a)$ 和 $B(x_b, y_b, z_b)$ 的三面投影，就可以通过投影图上各组同面投影的坐标差来确定 A、B 两点的相对位置。

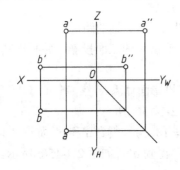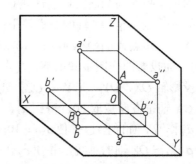

图 2-1-17　两点相对位置的确定

判断方法如下：

(1) 两点间的左、右位置关系：由 X 坐标差 $(x_a - x_b)$ 来确定，坐标值大者在左边。由于 $x_a < x_b$，因此点 A 在点 B 的右方。

(2) 两点间的前、后位置关系：由 Y 坐标差 $(y_a - y_b)$ 来确定，坐标值大者在前边。由于 $y_a > y_b$，因此点 A 在点 B 的前方。

(3) 两点间的上、下位置关系：由 Z 坐标差 $(z_a - z_b)$ 来确定，坐标值大者在上边。由于 $z_a > z_b$，因此点 A 在点 B 的上方。

故点 A 在点 B 的右、前、上方；反过来说，就是点 B 在点 A 的左、前、下方。

2) 重影点及可见性判断

若空间两点在某一投影面上的投影重合，则这两点是该投影面的重影点。这时，空间两点的某两坐标相同，并在同一投射线上。

当两点的投影重合时，就需要判别其可见性，应注意：对 H 面的重影点，从上向下观察，Z 坐标值大者可见；对 W 面的重影点，从左向右观察，X 坐标值大者可见；对 V 面的重影点，从前向后观察，Y 坐标值大者可见。在投影图上不可见的投影加括号表示，如图 2-1-18 所示，e' 与 f' 在 V 面上重影且空间点 E 在前，F 在后，标记为 $e'(f')$。

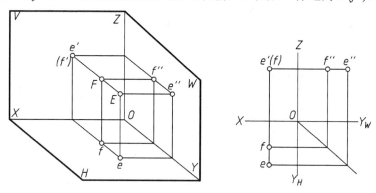

图 2-1-18　重影点和可见性

1.2.2　直线的投影

1. 直线投影的形成

由于直线的空间位置可由直线上任意两点来确定，也就是说，只要确定了直线上任意两点的位置，则该直线在空间的位置也就确定下来了。因此，要作一条直线(或线段)的三面投影，只需作出直线上任意两点(或线段的两个端点)的三面投影，然后再用直线连接端点的同名投影即可。

2. 各种位置直线的投影

根据直线在三投影体系中对投影面所处的位置不同，可将直线分为投影面垂直线、投影面平行线和一般位置直线。投影面垂直线和投影面平行线统称为特殊位置直线。

1) 投影面垂直线

垂直于一个投影面且同时平行于另外两个投影面的直线称为投影面垂直线。投影面垂直线可分为三种，其投影特性详见表 2-1-1。

表 2-1-1　投影面垂直线的投影特性

名　　称	立 体 图	投 影 图	投 影 特 性
正垂线 （⊥V）			(1) V 面投影为一点，有积聚性； (2) $ab \perp OX$，$a''b'' \perp OZ$； (3) $ab = a''b'' = AB$

续表

名　称	立体图	投影图	投影特性
铅垂线 (⊥H)			(1) H 面投影为一点, 有积聚性; (2) $c'd'\perp OX$, $c''d''\perp OY_W$; (3) $c'd' = c''d'' = CD$
侧垂线 (⊥W)			(1) W 面投影为一点, 有积聚性; (2) $e'f'\perp OZ$, $ef\perp OY_H$; (3) $e'f' = ef = EF$

综合表中内容,可总结投影面垂直线的投影特性如下:

(1) 直线在与其所垂直的投影面上的投影积聚成一点;

(2) 直线在其他两个投影面上的投影分别垂直于相应的投影轴,且反映该线段的实长。

2) 投影面平行线

平行于一个投影面且倾斜于另外两个投影面的直线称为投影面平行线。

投影面平行线可分为三种,其投影特性详见表 2-1-2。

表 2-1-2　投影面平行线的投影特性

名　称	立体图	投影图	投影特性
正平线 (∥V)			(1) $ab\parallel OX$, $a''b''\parallel OZ$; (2) $a'b' = AB$; (3) 反映 α、γ 大小
水平线 (∥H)			(1) $c'd'\parallel OX$, $c''d''\parallel OY_W$; (2) $cd = CD$; (3) 反映 β、γ 大小
侧平线 (∥W)			(1) $e'f'\parallel OZ$, $ef\parallel OY_H$; (2) $e''f'' = EF$; (3) 反映 α、β 大小

综合表中内容，可总结投影面平行线的投影特性如下：

(1) 直线在与其平行的投影面上的投影，反映该线段的实长和与其他两个投影面的倾角；

(2) 直线在其他两个投影面上的投影分别平行于相应的投影轴，且比线段的实长短。

3) 一般位置直线

与三个投影面都倾斜的直线称为一般位置直线。如图 2-1-19 所示。

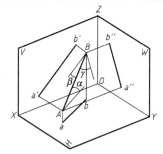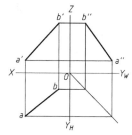

图 2-1-19 一般位置直线

其投影特性为：

(1) 直线的三个投影和投影轴都倾斜，各投影和投影轴所夹的角度不等于空间线段对相应投影面的倾角；

(2) 任何投影都小于空间线段的实长，也不能积聚为一点。

对于一般位置直线的辨认：直线的三面投影如果与三个投影轴都倾斜，则可判定该直线为一般位置直线。

1.2.3 平面的投影

1. 平面的表示法

1) 用几何元素表示平面

由初等几何可知，平面的空间位置可用一组几何元素来表示，因而也可用平面上的点、直线或平面图形等几何元素的投影来表示平面的投影，如图 2-1-20 所示。

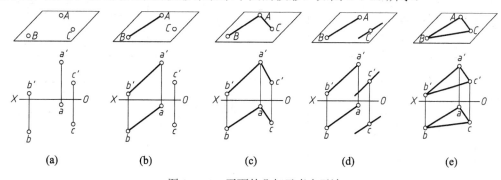

| (a) | (b) | (c) | (d) | (e) |

图 2-1-20 平面的几何元素表示法

2) 用迹线表示平面

平面与投影面的交线即平面的迹线。如图 2-1-21(a)所示，平面 P 与 H 面的交线称为水平迹线，用 P_H 表示；平面 P 与 V 面的交线称为正面迹线，用 P_V 表示；平面 P 与 W 面的交线称为侧面迹线，用 P_W 表示。P_H、P_V、P_W 两两相交的交点 P_X、P_Y、P_Z 称为迹线集合点，它们分别位于 OX、OY、OZ 轴上。

由于迹线既是平面内的直线，又是投影面内的直线，所以迹线的一个投影与其本身重合，另两个投影与相应的投影轴重合。在用迹线表示平面时，为了简明起见，只画出并标注与迹线本身重合的投影，而省略与投影轴重合的迹线投影，如图 2-1-21(b)所示。

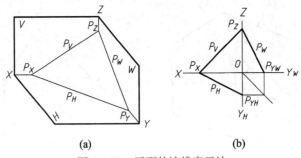

(a)　　　　　　　　(b)

图 2-1-21　平面的迹线表示法

2. 各种位置平面的投影特性

在三投影面体系中，平面对投影面的相对位置有平行、垂直、倾斜三类。按其相对位置可把平面分为投影面平行面、投影面垂直面、投影面倾斜面三种。前两种又可称为特殊位置平面，投影面倾斜面称为一般位置平面。

1) 投影面平行面

平行于一个投影面(必同时垂直于另外两个投影面)的平面称为投影面平行面。投影面平行面可分为三种，其投影特性详见表 2-1-3。

表 2-1-3　投影面平行面的投影特性

名称	水平面(//H 面)	正平面(//V 面)	侧平面(//W 面)
立体图			
投影图			
投影特性	(1) 水平投影反映实形； (2) 正面投影和侧面投影积聚为一条线段，且分别平行于 OX 轴和 OY_W 轴	(1) 正面投影反映实形； (2) 水平投影和侧面投影积聚为一条线段，且分别平行于 OX 轴和 OZ 轴	(1) 侧面投影反映实形； (2) 正面投影和水平投影积聚为一条线段，且分别平行于 OZ 轴和 OY_H 轴

综合表中内容，可总结出投影面平行面的投影特性如下：

(1) 在所平行的投影面上的投影反映实形；

(2) 其他投影为有积聚性的直线段，且平行于相应的投影轴。

2) 投影面垂直面

垂直于一个投影面且倾斜于另外两个投影面平面称为投影面垂直面。投影面垂直面可分为三种，其投影特性详见表 2-1-4。

表 2-1-4　投影面垂直面的投影特性

名称	铅垂面(⊥H 面)	正垂面(⊥V 面)	侧垂面(⊥W 面)
立体图	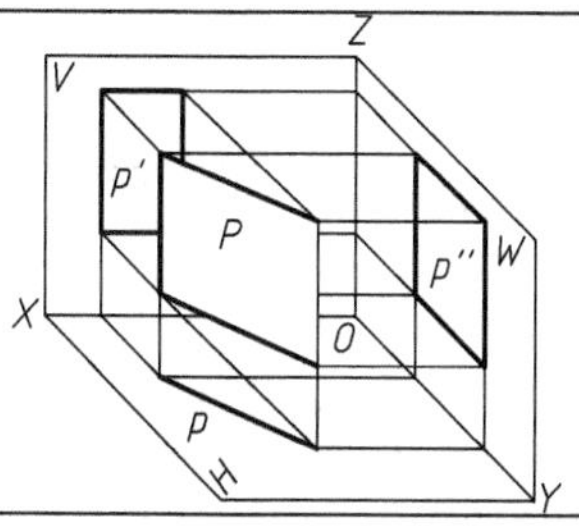	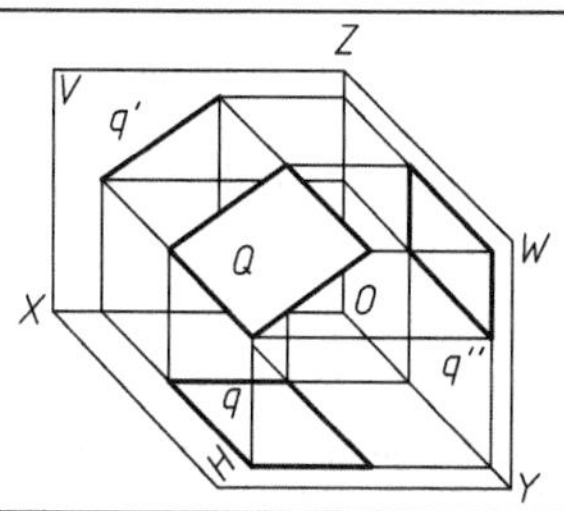	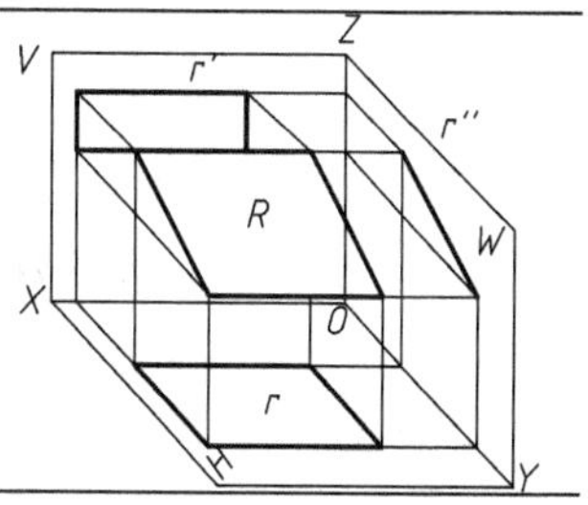
投影图	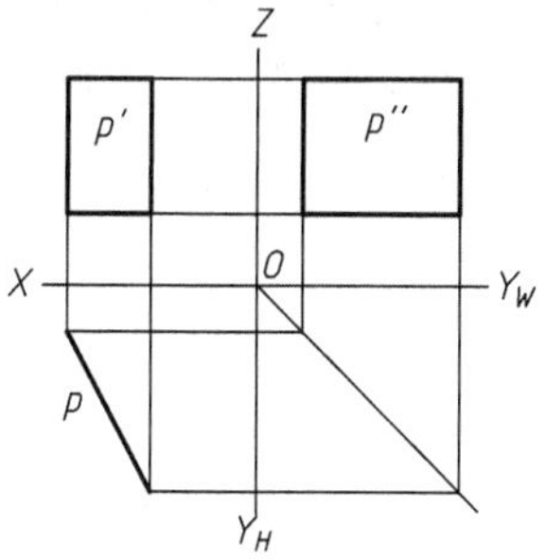	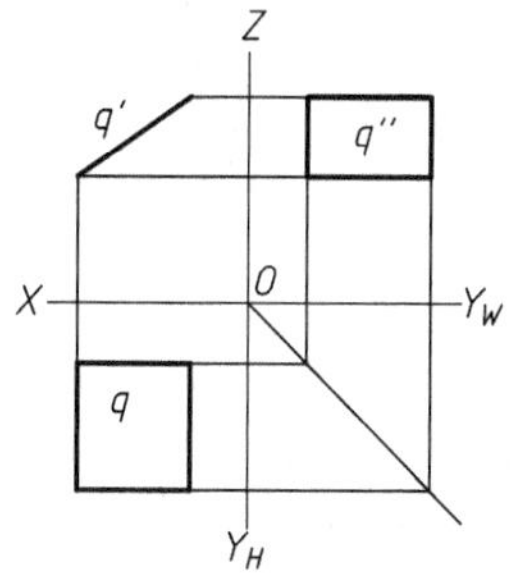	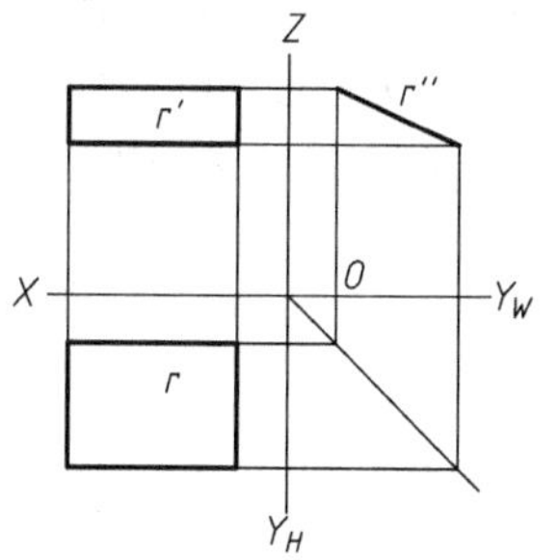
投影特性	(1) 水平投影积聚为一条线段； (2) 水平投影与 OX 轴的夹角反映 β 角，与 OY_H 轴的夹角反映 γ 角	(1) 正面投影积聚为一条线段； (2) 正面投影与 OX 轴的夹角反映 α 角，与 OZ 轴的夹角反映 γ 角	(1) 侧面投影积聚为一条线段； (2) 侧面投影与 OY_W 轴的夹角反映 α 角，与 OZ 轴的夹角反映 β 角

综合表中内容，可总结出投影面垂直面的投影特性如下：

(1) 在所垂直的投影面上的投影为有积聚性的直线段，且倾斜于投影轴，与投影轴的夹角反映该平面与另外两个投影面的真实倾角。

(2) 其他的投影为原形的类似形。

3) 一般位置平面

与三个投影面都倾斜的平面称为投影面倾斜面，也称一般位置平面。

如图 2-1-22 所示，△ABC 对投影面 V、H、W 都倾斜，故其投影特点是：三面投影既不反映空间平面 ABC 的实形，也不反映该平面与投影面 H、V、W 的倾角，而是原形的类似形。

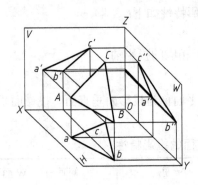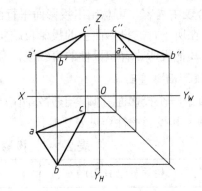

图 2-1-22　一般位置平面

由此得出一般位置面的投影特征：它的三个投影仍是缩小了的平面图形。

3. 平面上的点和直线

1) 平面上的点

点在平面上的几何条件是：点在平面内的一直线上，则该点必在平面上。因此在平面上取点，必须先在平面上取一直线，然后再在该直线上取点。这是在平面的投影图上确定点所在位置的依据。如图 2-1-23 所示，相交两直线 AB、AC 确定一平面 P，点 K 取自直线 AB，所以点 K 必在平面 P 上。

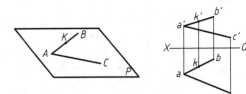

图 2-1-23　平面上的点

例 2-1-2　已知点 k 属于△ABC 所确定的平面，k 为水平投影，如图 2-1-24(a)所示，求正面投影 k'。

解：由于点 k 属于△ABC 所确定的平面，则必属于平面内已知直线，因此在平面内可作过点 k 的辅助线，求出其正面投影，再利用点属于直线的投影规律求出 k'，如图 2-1-24(b)所示。

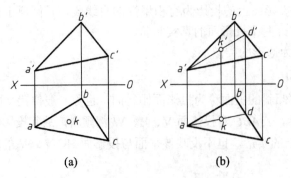

(a)　　　　　　　　(b)

图 2-1-24　求平面内的点

作图步骤如下：

(1) 连接 ak 并延长交 bc 于 d。

(2) 求出直线 AD 的正面投影 a'd'。

(3) 由 k 引直线垂直 OX 轴交 a'd' 于 k'，则 k' 即为所求。

2) 平面上的直线

(1) 若一直线通过平面上的两个点，则此直线必定在该平面上。

(2) 若一直线通过平面上的一点并平行于平面上的另一直线，则此直线必定在该平面上。

上述两条件之一，是在平面的投影图上选取直线的作图依据。如图 2-1-25(a)所示，相交两直线 AB、AC 确定一平面 P，分别在直线 AB、AC 上取点 E、F，连接 EF，则直线 EF 为平面 P 上的直线。作图方法见图 2-1-25(b)所示。

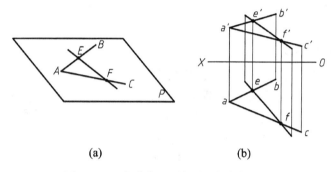

图 2-1-25 直线在平面上的几何条件之一

相交两直线 AB、AC 确定一平面 P，在直线 AC 上取点 E，过点 E 作直线 MN，则直线 MN 为平面 P 上的直线。作图方法见图 2-1-26 所示。

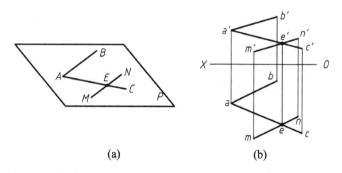

图 2-1-26 直线在平面上的几何条件之二

例 2-1-3 已知直线 MN 属于△ABC 所确定的平面，如图 2-1-27(a)所示，求正面投影 m'n'。

解：直线 MN 在△ABC 所确定的平面内，一定通过平面内的两点。因此，可利用该两点作一条属于平面内的辅助线，再利用直线上的点的投影特性求正面投影 m'n'，如图 2-1-27(b)所示。

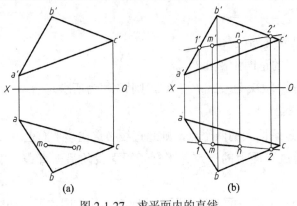

图 2-1-27　求平面内的直线

作图步骤如下：

(1) 延长 *mn*，与 *ab*、*bc* 分别相交于 1、2 点。

(2) 由 1、2 点在 *a'b'*、*b'c'* 上求得 1'、2' 点。

(3) 由 *m*、*n* 分别引直线垂直于 *OX* 轴交 1'2' 于点 *m'*、*n'*，*m'n'* 即为所求。

3) 平面上的投影面平行线

属于平面且又平行于一个投影面的直线称为平面上的投影面平行线。平面上的投影面平行线一方面要符合平行线的投影特性，另一方面又要符合直线在平面上的条件。如图 2-1-28 所示，过 *A* 点在平面内要作一水平线 *AD*，可过 *a'* 作 *a'd'* ∥ *OX* 轴，再求出它的水平投影 *ad*，*a'd'* 和 *ad* 即为△*ABC* 上一水平线 *AD* 的两面投影。如过 *C* 点在平面内要作一正平线 *CE*，可过 *c* 作 *ce* ∥ *OX* 轴，再求出它的正面投影 *c'e'*，*c'e'* 和 *ce* 即为△*ABC* 上一正平线 *CE* 的两面投影。

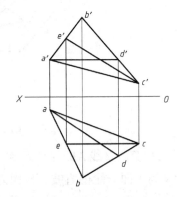

图 2-1-28　平面上的投影面平行线

1.3　平面体的三视图及其表面取点

1.3.1　棱柱的三视图及其表面取点

表面由平面围成的形体称为平面体，可看成是由棱面和底面所围成的，各棱面的交线称为棱线，棱面与底面的交线称为底边。为了便于画图和看图，在绘制平面体三视图时，应尽可能地将它的一些棱面或棱线放置在与投影面平行或垂直的位置。常见的平面体是棱柱和棱锥(包括棱台)。

1. 棱柱的三视图

常见的棱柱为直棱柱，它的顶面和底面是两个全等且相互平行的多边形，各侧面为矩形，侧棱垂直于底面。顶面和底面为正多边形的直棱柱称为正棱柱。下面我们以正六棱柱为例分析棱柱的投影特性及三视图的画法。

1) 形体分析

正六棱柱是由两个形状、大小完全相同的正六边形的顶面、底面和六个矩形侧面及六条侧棱所组成。其顶面和底面是大小相同的两个水平面，左右四个侧棱面为铅垂面，前后两侧棱面为正平面，六条侧棱线为铅垂线，如图 2-1-29(a)所示。

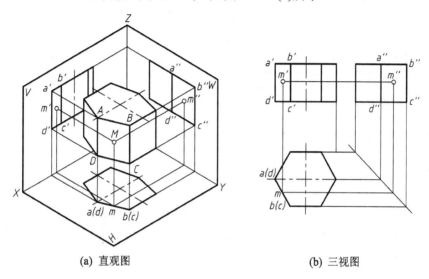

| (a) 直观图 | (b) 三视图 |

图 2-1-29 正六棱柱的投影

2) 投影分析

俯视图的正六边形为六棱柱顶面与底面的实形，也是特征面。六个侧面分别积聚在六条边上。主、左视图上的矩形框分别为棱柱侧面的类似形和实形。

平面柱体的投影特性如下：

(1) 在底面平行的投影面上的投影是多边形，反映顶底面的真实形状，各侧面积聚成多边形的边，该视图就是平面柱体的特征视图。

(2) 另两个投影都是由粗实线或粗实线和虚线组成的矩形线框，它们是平面柱体的一般视图。

3) 绘制视图

一般先画反映底面真实形状的特征视图，然后再画主左视图的投影，并判断其可见性。如图 2-1-29(b)所示。

2. 棱柱的表面取点

由于棱柱的表面都是平面，所以在棱柱表面取点的方法与在平面上取点的方法相同。如图 2-1-29(b)所示，已知棱柱面上 M 点的正面投影，求其另两个投影并判断可见性。

1) 分析

由图 2-1-29(b)可知，点 M 位于左前棱面 ABCD 上，该棱面在俯视图上的投影积聚成一条直线 ab，点 M 的水平投影 m 也相应位于该直线的水平投影 ab(cd)上，根据长对正，可求出 m，再根据高平齐、宽相等求出 m″。

2) 作图

如图 2-1-29(b)所示,由 m' 向 H 面作投影连线与左前棱面的水平投影 $ab(cd)$ 相交求得 m,由 m、m' 按"三等"关系求得 m''。

3) 判断可见性

判断可见性的原则:若点所在的面的投影可见(或有积聚性),则点的投影也可见。由于点 M 位于左前棱面上,正面投影和侧面投影均可见,故 m'、m'' 均可见。

综上所述,可归纳出棱柱表面取点的方法如下:

(1) 棱柱表面都处于特殊位置,其表面上的点可利用平面的积聚性求得。

(2) 求解时,注意水平投影和侧面投影的宽度(即 Y 值)要相等。

(3) 点的可见性的判断:面可见,点则可见,反之不可见。

1.3.2 棱锥的三视图及其表面取点

1. 棱锥的三视图

1) 形体分析

棱锥的底面为多边形,各侧棱为若干具有公共顶点的三角形。从棱锥顶点到底面的距离称为锥高。底面为正多边形,各侧面是全等等腰三角形的棱锥称为正棱锥。图 2-1-38 所示为一正三棱锥。

2) 投影分析

(1) 如图 2-1-30 所示的位置,正三棱锥的底面为水平面,其投影反映实形,正面投影和侧面投影均积聚为平行于相应投影轴的直线。

(2) 三棱锥的两个三角形棱面是一般位置平面,另一个为侧垂面,因此,它们的投影都不反映其真实的形状和大小,但都是小于对应棱面的三角形线框或积聚的直线。

(3) 三个棱面的交线即三棱锥的棱线有两条是一般位置直线,其投影都是小于实长的倾斜直线,另一条是侧平线。

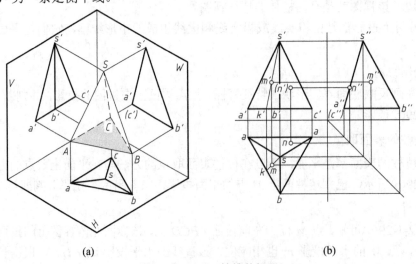

(a)   (b)

图 2-1-30　正三棱锥的投影

3) 视图绘制

作图步骤如下：

(1) 画出底面的水平投影以及另外两个积聚为直线的投影。

(2) 画出锥顶的 3 个投影。

(3) 将锥顶和底面 3 个顶点的同面投影连接起来，即可得正三棱锥的三面投影。

2. 棱锥的表面取点

求棱锥表面上点的投影时，如果点在特殊位置平面上可利用该平面投影的积聚性直接作图。如果点在一般位置平面上，则需作辅助线求得。

如图 2-1-30(b)，已知三棱锥表面上点 M 的正面投影 m'，点 N 的水平投影 n 求点 M 和点 N 的其他投影。由 m' 和 n 可见，可判断点 M 在棱面 $\triangle SAB$ 上，点 N 在棱面 $\triangle SAC$ 上。棱面 $\triangle SAB$ 是一般位置面，过锥顶 S 及 M 作一辅助线 SK，根据求直线上点的投影方法，先求出直线 SK 的水平投影 sk，就可求得 M 点的水平投影 m，再由 m 和 m' 可求得 m''。点 N 所在的棱面 $\triangle SAC$ 是侧垂面，其侧面投影具有积聚性，所以点 N 的侧面投影 n'' 必然在 $s''a''(c'')$ 上，再由 n 和 n'' 可求得 (n')。

任务2 回转体零件三视图的绘制

⇨ 任务描述

如图 2-2-1 是回转体零件套筒的立体图，如何正确用平面图形来表达回转体零件的图样呢？

由回转面或回转面与平面所围成的立体称为回转体。如图 2-2-2 所示，由一条母线(直线或曲线)绕轴线回转而形成的表面称为回转面。母线回转到任意位置时称为素线。母线上任意一点 M 运动的轨迹为一个圆，称为纬圆。M 点到回转轴线的距离是纬圆的半径。

最常见的回转体有圆柱、圆锥、圆球、圆环等。

图 2-2-1 套筒

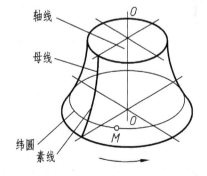

图 2-2-2 回转表面的形成

从图 2-2-1 所示的零件可知，该类零件均属于简单的回转体零件，其共同点为一定的线段绕空间一直线做定轴旋转运动而形成的光滑曲面；该类零件的具体形状取决于其中的特征面形状。因此，要解决以上工作任务，我们必须掌握回转体的投影原理、特点及规律等相关知识。

2.1 圆柱的三视图及其表面取点

1. 圆柱的三视图

1) 圆柱的形成

如图 2-2-3(a)所示,圆柱体是由顶面、底面和圆柱面组成。圆柱面可以看成是由直线绕着与它平行的轴线旋转一周而形成的表面,该直线称为母线。圆柱面上任意一条平行于轴线的直线,称为圆柱面的素线。

2) 圆柱的投影分析及特性

在图 2-2-3(b)中,圆柱体是由圆柱面和上、下底面围成的立体。圆柱的顶面和底面均为水平面,其水平投影反映实形,正面和侧面投影分别积聚成一条直线。图中圆柱轴线垂直于水平面,所以圆柱面的水平投影积聚为一个圆(与顶面和底面投影的轮廓圆重合),其正面和侧面投影为表示其投影范围的转向线,因此圆柱体的主、左视图都是一个矩形框。

在主视图中,矩形左、右两边的 $a'a_1'$ 和 $b'b_1'$ 分别是圆柱面最左、最右素线的投影,也是前半圆柱面与后半圆柱面上可见与不可见部分的分界线,它们的水平投影积聚为点,侧面投影与圆柱轴线的投影重合(因圆柱面是光滑曲面,图中不需画出其投影)。而对侧面的转向轮廓线为最前和最后的两条素线,其投影与主视图类似。

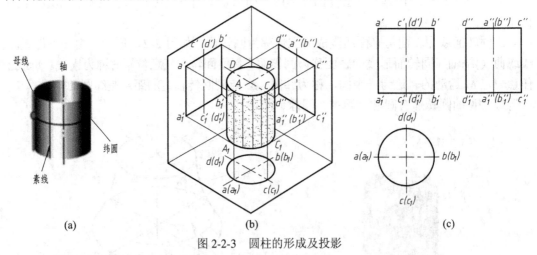

图 2-2-3 圆柱的形成及投影

3) 三视图的绘制步骤

(1) 画出轴线和圆的对称中心线,即俯视图的中心线及轴线的正面和侧面投影。

(2) 画出圆柱面有积聚性的投影,此时为水平投影——圆。

(3) 画出其他两个矩形的投影,如图 2-2-3(c)所示。

2. 圆柱的表面取点

求圆柱表面上点的投影,可利用圆柱面在垂直于其轴线投影具有积聚性来求得。如图

2-2-4(a)所示，已知属于圆柱面上点 *A*、*B*、*C* 的一个投影，求它们的另外两个投影。

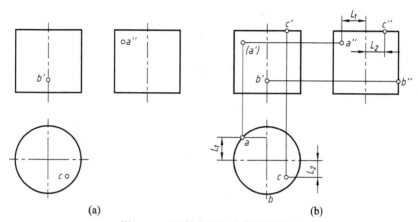

(a)　　　　　　　　　　　　　　　　(b)

图 2-2-4　圆柱表面取点的作图方法

作图步骤如图 2-2-4(b)所示。

(1) 求点 *a*、*a′*。由已知的 *a″* 可知，点 *A* 在圆柱的左半柱和后半柱表面上，其水平投影必积聚在左后 1/4 圆周上，根据"三等"关系求出 *a*，然后再求出 *a′*。因为 *a′* 在后半个圆柱面上，所以是不可见的，用(*a′*)表示。

(2) 求点 *b*、*b″*。由点 *b′* 可知，点 *B* 在圆柱前面的侧视转向线上，故将其投影至侧视转向线的水平和侧面投影上，即可得点 *b* 和 *b′*。

(3) 求点 *c′*、*c″*。由于点 *C* 是在圆柱顶平面上，其正面和侧面必在顶平面所积聚的直线段上，可直接求出 *c′*。求 *c″* 时，将水平投影中的距离 *L2* 量取到侧面投影中，即可得点 *c″*。

2.2　圆锥的三视图及其表面取点

1. 圆锥的三视图

1) 圆锥的形成

如图 2-2-5(a)所示，圆锥面可看做是一条与轴线相交的直线 *SA* 绕轴线回转一周所形成的表面。母线 *SA* 转至任一位置时称为素线(即过锥顶的任意直线)。

2) 圆锥的投影分析及特性

圆锥体是由圆锥面和底平面围成的。如图 2-2-5(b)、(c)所示，圆锥轴线为铅垂线，故其底面为水平面，因此它的水平投影为一圆，反映底面的实形，同时也表示圆锥面的投影。圆锥的主、左视图为等腰三角形线框，其底边都是圆锥底面的积聚投影。主视图中三角形左、右两边分别表示圆锥面最左、最右素线的投影(反映实长)，它们是圆锥面的正面投影可见与不可见部分的分界线(也是正面投影的转向线)，其侧面投影与圆锥轴线的投影重合。左视图中三角形的两边分别表示圆锥面最前、最后素线的投影，它们是圆锥面的侧面投影可见与不可见部分的分界线(也是侧面投影的转向线)。

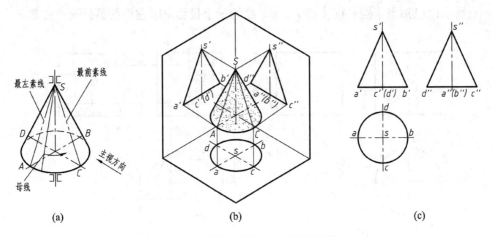

图 2-2-5 圆锥面的形成及视图分析

3) 三视图的绘制步骤

(1) 画出轴线和圆的对称中心线。

(2) 画出投影是圆的投影。

(3) 画出锥顶 S 的三面投影。

(4) 画出转向轮廓线的投影，即得圆锥体的三面投影，如图 2-2-5(c)所示。

2. 圆锥的表面取点

如图 2-2-6 所示，已知圆锥面上的 M 点的正面投影 m'，求作其水平投影 m 和侧面投影 m"。作图方法有辅助素线法和辅助纬圆法两种。

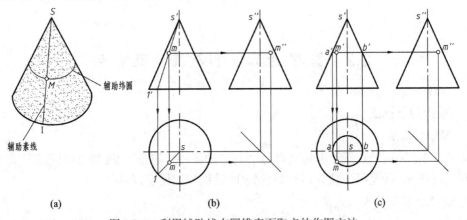

图 2-2-6 利用辅助线在圆锥表面取点的作图方法

(1) 辅助素线法。如图 2-2-6(a)所示，过锥顶 S 和锥面上 M 点作一素线 S I，再利用在线上求点的方法，作出 M 点的投影。即连接 s'm' 其延长线交底面于 1'，先求出点 I 的水平投影 1，连接 s1，然后利用在线上求点的方法作出 M 点的水平投影 m。再由 m、m' 可求出 m"。如图 2-2-6(b)所示。

由于锥面的水平投影均是可见的，故 m 也是可见的，又因 M 点在左半部的锥面上，而左半部锥面的侧面投影是可见的，所以 m" 也是可见的。

(2) 辅助纬圆法。如图 2-2-6(a)所示，由于垂直圆锥轴线的截面与圆锥表面的交线均是圆(即纬圆)，因此，求圆锥面上点的投影时，也可以过已知点 *M*，在圆锥面上作垂直于圆锥轴线的辅助纬圆。该圆的正面投影积聚为一直线，水平投影为圆。具体作法如图 2-2-6(c) 所示，在主视图上过点 *m'* 作水平线交圆锥轮廓素线 *a'b'*，即为辅助纬圆的正面投影，该圆的水平投影为一直径等于 *a'b'* 的圆(圆心为 *s*)。点 *M* 的投影应在辅助纬圆的同面投影上，即可由 *m'* 求得 *m*，再由 *m'* 和 *m* 求得 *m"*。

2.3　圆球的三视图及其表面取点

1. 圆球的三视图

1) 圆球面的形成

如图 2-2-7(a)所示，圆球面可看成由一个圆(母线)绕其直径回转而成。

2) 圆球的投影分析及特性

圆球的三个视图都是与圆球直径相等的圆，它们分别表示三个不同方向的球面的转向线的投影，如图 2-2-7(b)、(c)所示。圆球的各个投影虽然都是圆，但各个圆的意义却不同。主视图中的圆 *a'* 是轮廓素线圆 *A* 的正面投影，是球面上平行于 V 面的素线圆，也就是前半球和后半球可见和不可见部分的分界圆。它的水平投影和侧面投影都与圆的相应中心线重合，不应画出。

作类似的分析可知，水平投影的圆，是平行于 H 面的素线圆 *B* 的投影；侧面投影的圆，是平行于 W 面的素线圆 *C* 的投影。这两个素线圆的其他两面投影分别与相应的中心线重合。

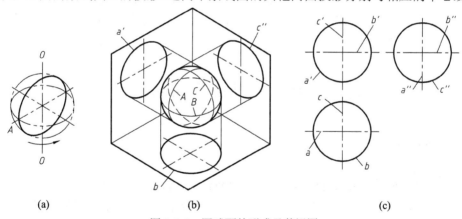

图 2-2-7　圆球面的形成及其视图

3) 三视图的绘制步骤

(1) 以球心 *O* 的 3 个投影 *O*、*O'* 和 *O"* 为中心，画出 3 组对称中心线；

(2) 再以球心 *O* 的 3 个投影为圆心，分别画出 3 个与圆球直径相等的圆。

2. 圆球的表面取点

圆球表面上点的投影，当点位于圆球的最大轮廓线上时，可直接求出点的投影；处于球面上非轮廓位置的点的投影，则可用辅助纬圆法求得。如图 2-2-8 所示，已知球面上 *M* 点的正面投影 *m'*，求作其另两个投影 *m* 和 *m"*。

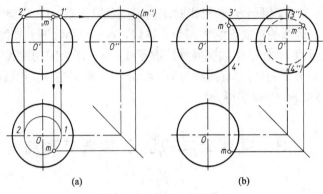

图 2-2-8　球面上点的投影

1) 分析

根据 m' 的位置和可见性，说明 M 点在前半球面的右上部，并且不在轮廓线上，故可作辅助纬圆求解，过 M 点在球面上作平行于 H 面或 W 面的辅助纬圆，即可在此辅助圆的各个投影上求得 M 点的相应投影。

2) 作图

(1) 如图 2-2-8(a)所示，在球面的主视图上过 m' 作水平辅助圆的投影 $1'2'$，再在俯视图中作辅助圆的水平投影(即以 O 为圆心，以 $1'2'$ 为直径画圆)，然后由 m' 作其水平投影线与水平辅助圆的交点即为 m。

(2) 由 m 和 m' 即可求得 m''。

(3) 判断可见性。由 m' 投影可知，M 点在圆球的右、上半部，所以 m 可见，m'' 不可见。

同样，也可按图 2-2-8(b)所示，在球面上作平行于 W 面的辅助圆，先求出其侧面投影 m''，再由 m' 和 m'' 求得 m。

2.4　圆环的三视图及其表面取点

1. 圆环的三视图

1) 圆环及圆环面的形成

圆环是由环面围成的几何形体。圆环可以看做是平面圆 Q 绕圆平面上不通过圆心的轴线 OO_1 旋转而成，如图 2-2-9(a)所示。其中，半圆 ACB 形成的环面为外环面，半圆 ADB 形成的环面为内环面，如图 2-2-9(b)所示。

2) 圆环的投影分析及特性

图 2-2-9(b)是轴线垂直 H 面的圆环面的投影图，其中水平投影的两个实线圆是上、下环面转向线的投影，也是环上最大和最小水平圆的投影(即点 C 和点 D 的旋转轨迹)。正面投影上、下两条直线是内、外环面分界线的投影。

3) 三视图的绘制步骤

作圆环的投影图时，一般先画出三个投影的中心线，确定圆环轴线到母线圆中心的距离，画出各转向线圆(注意正面投影中内环面不可见)，再作正面投影的二转向线圆的公切线。

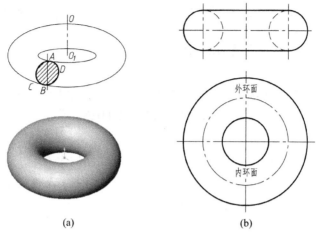

(a)　　　　　　　　　　(b)

图 2-2-9　圆环的形成

2. 圆环的表面取点

如图 2-2-10(a)所示，已知圆环面上点 A、B 的一个投影，求它们的另一个投影。

1) 分析

a' 不可见，表示点 A 在上后半外环面上；b 不可见，表示点 B 在下半环面上。同时 A、B 两点均不在转向线上，所以需用辅助圆法求之。

2) 作图步骤

(1) 求点 a。过点 A 取辅助平面进行作图。过点(a')作垂直于轴线的辅助平面 P 的正面投影，它与圆环面相交于两水平圆，画出这两圆的水平投影(平面 P 与内、外环面的交点为半径)。因为 a' 不可见是已知的，所以在水平投影的内环面上、外环面上作出点 a 共有三解。如图 2-2-10(b)所示。

(2) 求点 b。过点(b)作辅助圆，由此求出该圆的正面投影，点 b' 必属其上。点 b' 只有一解。如图 2-2-10(b)所示。

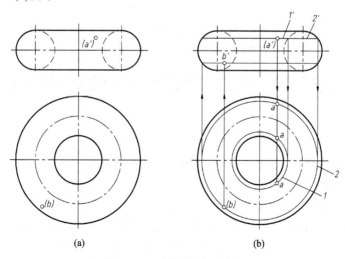

(a)　　　　　　　　　　(b)

图 2-2-10　圆环的表面取点

┅➡ 任务实施

1. 绘制如图 2-2-1 所示套筒的三视图

1) 形体分析

套筒是由圆柱组成，其结构是从圆柱上表面钻了一个圆柱孔，套筒的顶面、底面、圆柱面及圆柱孔的投影与圆柱体的投影相同，如图 2-2-11(a)所示。

2) 投影分析

由投影特性可知，俯视图的同心圆为套筒顶面与底面的实形，主、左视图上的矩形框分别为圆柱体的转向轮廓线的投影(左右和前后素线)，而主、左视图上各两条虚线分别为圆柱孔的转向轮廓线的投影(左右和前后素线)。

3) 三视图的绘制步骤

(1) 布置图面，画中心线、对称线等作图基准线。

(2) 画特征视图，即反映上下端面实形的同心圆。

(3) 根据套筒的高，按投影关系画其正面投影。

(4) 根据正面投影和水平投影，按投影关系画其侧面投影。

(5) 检查并描深图线，完成作图。如图 2-2-11(b)所示。

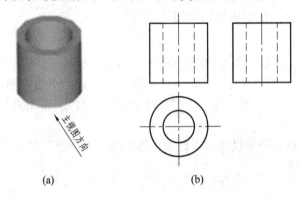

(a)　　　　　　　　　　　　(b)

图 2-2-11　套筒的三视图

任务 3　零件表面交线三视图的绘制

⇨ 任务描述

在实际生产当中，许多较为复杂的机械零件，往往不是单一、完整的立体表面或回转体，而是由基本体进行切割或相交而成的形体，如图 2-3-1 所示。那么如何在视图上正确表达这些通过切割或相交形成立体表面的交线呢？

零件表面的交线可分为截交线和相贯线。截交线是平面和立体的交线，而相贯线是两个立体相贯其表面的交线。截交线和相贯线往往是不规则的，要画出其截交线和相贯线，我们必须掌握截交线和相贯线的性质、投影规律及作图方法等相关知识。

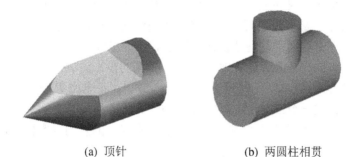

(a) 顶针　　　　　　　　　　　　(b) 两圆柱相贯

图 2-3-1　表面交线零件示例

⇨ **相关知识**

3.1　截　交　线

3.1.1　概述

平面与立体相交，称为立体被平面截切，该平面称为截平面，截交线围成的平面图形称为截断面。截切以后的立体称为截切立体，截平面与立体表面的交线称为截交线，如图2-3-2 所示。

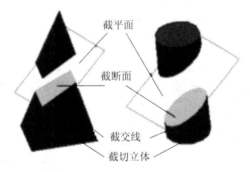

图 2-3-2　截交线

截交线是截平面与立体表面的共有交线，因此，截交线具有以下基本性质：

(1) 共有性。截交线是截平面与立体表面共有点的集合，所以具有两者的共同特征。

(2) 封闭性。由于任何立体表面都是封闭的，而截交线又为平面截切立体所得，故截交线所围成图形一定是封闭的平面图形。

因此，求画截交线投影的实质就是要求出截平面与立体表面的一系列共有点，再把这些共有点连起来，即可得到截交线。

3.1.2　平面与平面立体相交

平面与平面立体相交，可以看做是立体被平面所截，其截断面为一平面多边形。多边形的各边是立体表面与截平面的交线，而多边形的各顶点是立体各棱线与截平面的交点。

截交线既在立体表面上，又在截平面上，所以它是立体表面和截平面的共有线。因此，求截交线的投影，实际上是求截平面与平面立体各棱线的交点，或求截平面与平面立体各表面的交线。下面举例来说明求截交线投影的方法和作图步骤。

例 2-3-1 如图 2-3-3(a)所示，求作截切后三棱锥的投影。

分析：由图 2-3-3(a)可知，三棱锥被正垂面 P 截切，正垂面 P 与三棱锥的三条棱线都相交，所以截交线构成一个三角形，其顶点 D、E、F 是各棱线与平面 P 的交点。由于这些交点的正投影与正垂面 P 的正投影重合，所以利用直线上的点的投影特性，由截交线的正面投影可以求出水平投影和侧面面投影。

作图步骤：(略)。投影图如图 2-3-3(b)所示。

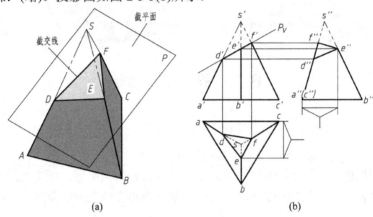

图 2-3-3　三棱锥的截交线

例 2-3-2　求截切后六棱柱的投影。

分析：由图 2-3-4(a)可以看出，正六棱柱各侧面都被正垂面截切，截交线是六边形，六边形顶点是六棱柱各棱线与截平面的交点。作图时，先利用投影积聚性求出截平面与六棱柱各棱线交点的正面投影和水平投影，然后根据点的投影规律求出各交点的侧面投影，依次连接各点即为所求截交线的投影。

作图步骤：(略)。投影图如图 2-3-4(b)所示。

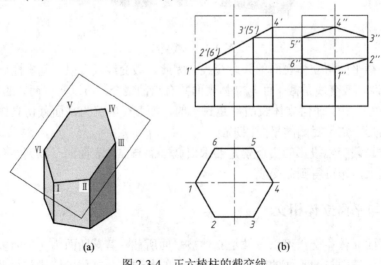

图 2-3-4　正六棱柱的截交线

例 2-3-3 如图 2-3-5 所示，求三棱柱开槽后的投影。

分析：如图 2-3-5(a)所示，三棱柱上的通槽是由三个特殊位置平面切割三棱柱面形成的。两侧壁是侧平面，它们的正面投影和水平投影均积聚成直线，而侧面投影反映两侧壁的实形，并重合在一起。槽底是水平面，其正投影和侧面投影均积聚成直线，水平投影反映其实形。

作图步骤：(略)。投影图如图 2-3-5(b)所示。

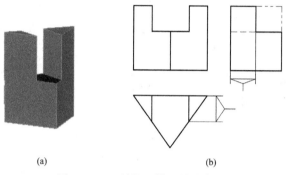

(a)　　　　　　　　　　(b)

图 2-3-5　三棱柱开槽后的截交线

3.1.3　平面与曲面立体相交

平面与曲面立体相交时，其截交线一般是封闭的平面曲线或平面曲线和直线围成的平面图形，截交线上的每一点都是截平面与曲面的共有点。因此，求曲面立体的截交线就是求一系列截交线上的点，然后光滑连接各点即可。

1. 平面与圆柱体相交

圆柱体被平面截切，根据截平面与圆柱轴线的相对位置不同，截交线有三种情况，具体见表 2-3-1 所示。

表 2-3-1　平面与圆柱体相交的各种情况

截平面位置	垂直于轴线	平行于轴线	倾斜于轴线
截交线形状	圆	矩形	椭圆
立体图			
投影图			

下面举例来说明求截切圆柱体投影的方法。

例 2-3-4 求一斜切圆柱体的截交线，如图 2-3-6 所示。

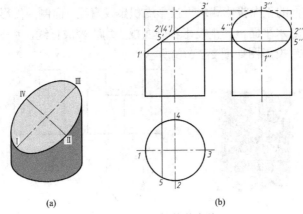

图 2-3-6 圆柱的截交线

分析：如图 2-3-6(a)所示，圆柱体被一正垂面 P 截切，由于截平面 P 与圆柱轴线斜交，故所得截交线是一椭圆。截交线的正面投影积聚为一段直线；截交线的水平投影为圆，与圆柱的底圆重合；侧面投影为椭圆，需求出椭圆上一系列点。

作图步骤如下：

(1) 找特殊点。如图 2-3-6(b)所示，特殊点一般在转向轮廓线上，Ⅰ、Ⅱ、Ⅲ、Ⅳ是截平面与圆柱四条转向轮廓线的交点，同时也是椭圆长短轴的端点。先在水平投影上找出这些点，然后在正面投影中找出对应点，再由两面投影求出它们的侧面投影。

(2) 找一般点。为使截交线作图准确，还应作出一系列的一般点。如先在截交线具有积聚的已知投影上取一点 5′，然后求出 5 和 5″。

(3) 依次光滑连接各点，即得截交线的侧面投影。

(4) 整理轮廓线，完成作图。

例 2-3-5 如图 2-3-7 所示，求作切口圆柱的水平投影和侧面投影。

分析：由图 2-3-7(a)可知，圆柱左部开槽是由两个上、下对称且平行于轴线的水平面和一个垂直于轴线的侧平面截切而成的，前者与圆柱面的截交线为矩形，其正面和侧面投影积聚成一直线，水平投影反映实形；后者与圆柱面的截交线为圆弧，其侧面投影反映实形，而正面和水平投影积聚成一直线。

作图步骤：(略)。投影图如图 2-3-7(b)所示。

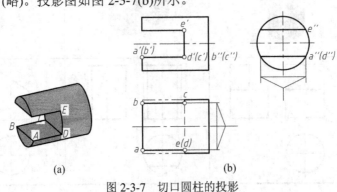

图 2-3-7 切口圆柱的投影

2. 平面与圆锥体相交

根据截平面与圆锥轴线的相对位置不同，其截交线有五种情况，具体如表 2-3-2 所示。

表 2-3-2 圆锥的五种截交线

截交线位置	垂直于轴线	倾斜于轴线			
		过锥顶	$\theta > \alpha$	$\theta = \alpha$	$0° \leq \theta < \alpha$
截交线形状	圆	三角形	椭圆	抛物线	双曲线
立体图	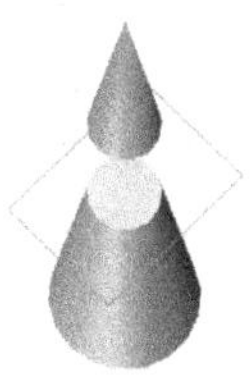	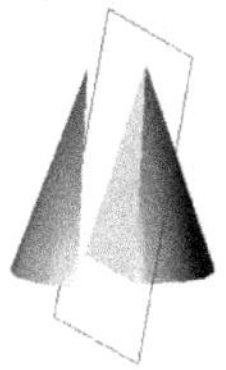	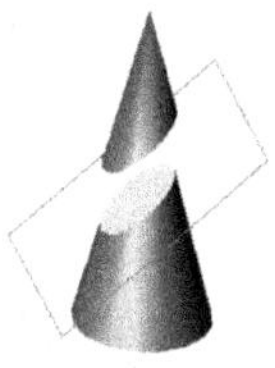	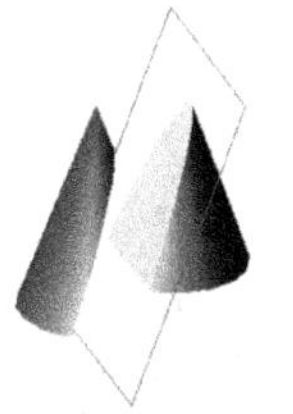	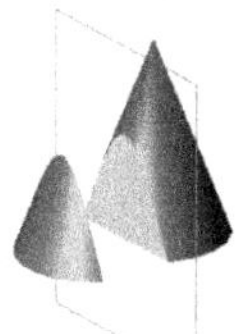
投影图	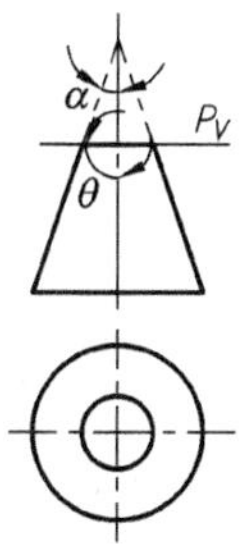	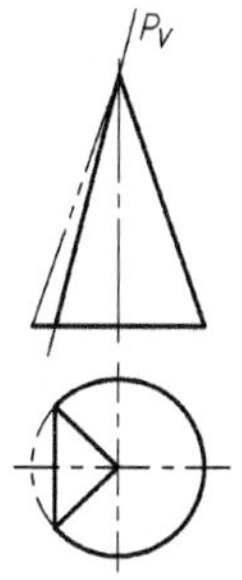	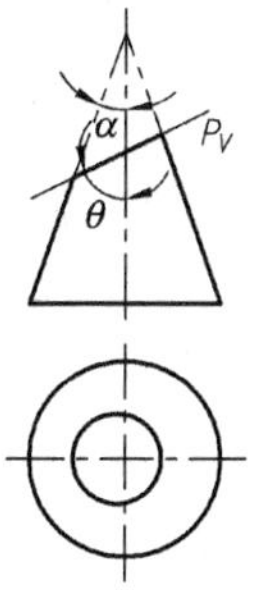	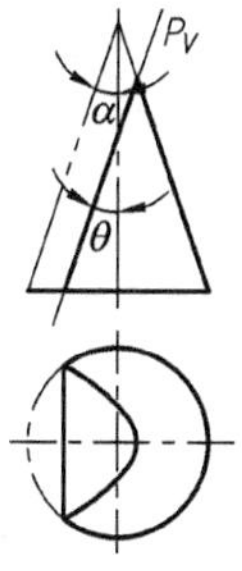	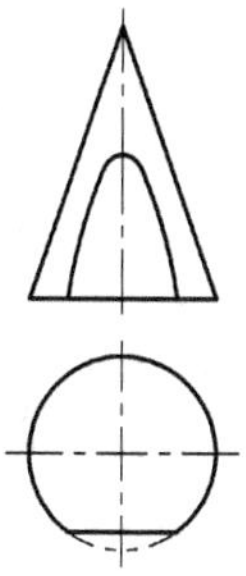

例 2-3-6 已知图 2-3-8(a)所示，圆锥被一正垂面截切，求其截交线。

分析：由给定的条件可知，截平面为正垂面，且截平面与圆锥轴线倾斜 $\theta > \alpha$，故截交线为椭圆。椭圆的正面投影与截平面的正面投影重合，积聚在一条直线上。其水平投影和侧面投影仍为椭圆。作图时，应先找出长、短轴的端点以及转向轮廓线上的交点，然后再适当找一些一般点，将它们光滑地连接起来即可。

作图步骤(如图 2-3-8(b)所示)：

(1) 找特殊点。特殊位置点包括椭圆长轴和短轴的端点以及截平面与圆锥四条转向轮廓素线的交点。

从图 2-3-8(a)立体图可以看出：椭圆的长轴 *AB* 和短轴 *CD* 互相垂直平分。*A*、*B* 两点是截交线上最高、最低点，同时也是最左、最右点，*C*、*D* 两点的正面投影位于 *a'b'* 的中点处，并重影为一点。*E*、*F* 两点为截平面与圆锥面最前、最后素线的交点，其正面投影为截平面投影积聚线与轴线的交点。

(2) 找一般点。因为截平面为正垂面，其正面投影积聚为一条直线，所以截交线上所有点的正面投影均在截平面的正面投影积聚线上。在正面投影上取点，利用在圆锥表面取点的方法可以找出它们的其他投影。用同样的方法可以求得一系列的一般点，点找得越多画出的椭圆就越准确，如 *G*、*H* 两点。

(3) 依次光滑连接各点的同面投影。

(4) 整理轮廓线。完成作图。

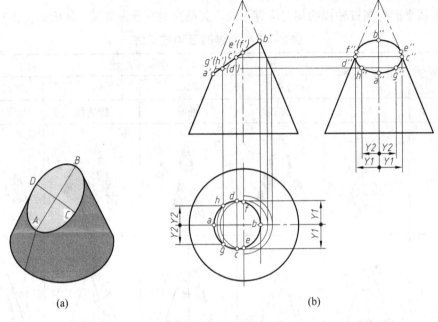

(a)   (b)

图 2-3-8　正垂面截切圆锥

3. 平面与圆球相交

平面切割圆球时，无论截平面与圆球处于任何位置，其截交线均为圆，圆的大小取决于截平面与球心的距离。截平面离球心越远，圆的直径越小；当截平面通过球心时，圆的直径最大，即球的直径。

根据截平面与投影面相对位置的不同，截交线的投影也不相同。若截平面与投影面垂直、平行和倾斜时，截交线的投影分别为直线段、圆和椭圆。

例 2-3-7　求作正垂面截切圆球的截交线，如图 2-3-9(a)所示。

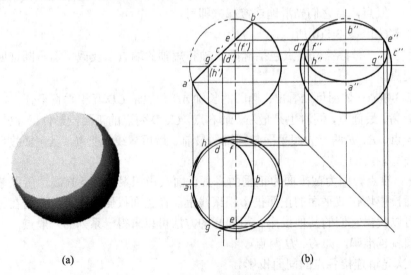

(a)   (b)

图 2-3-9　正垂面与圆球的截交线

分析：由图 2-3-9(a)可知，圆球被正垂面所截切，截交线圆的正面投影积聚为直线，其水平投影和侧面投影均为椭圆。

作图步骤如图 2-3-9(b)所示。

(1) 找特殊位置点。即椭圆长、短轴的四个端点 A、B、C、D，以及截平面与转向轮廓线的交点 A、B、E、F、G、H，其中最低点 A 和最高点 B 同时也是最左点和最右点，可直接求出。椭圆的另两端点 C 和 D 以及截平面与转向轮廓线的交点 E、F、G、H 要用辅助圆法求解。如图 2-3-9(b)所示。

(2) 找一般点。用辅助圆法求解特殊位置点之间的适当数量点的两面投影。

(3) 将各点的相应投影依次光滑连接。

(4) 整理轮廓线。完成作图。

例 2-3-8 求作切口半球的其他投影，如图 2-3-10(a)所示。

分析：由图 2-3-10(a)可知，半球上部的通槽是由左右对称的两个侧平面和一个水平面切割而成的，它们与球面的截交线均为圆弧，其正面投影都具有积聚性，只要求出它们的水平投影和侧面投影即可。

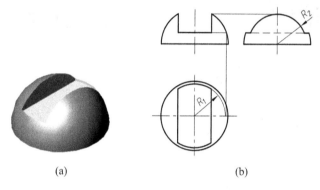

(a)   (b)

图 2-3-10 切口半球的投影

作图步骤：

(1) 求水平截平面截交线圆的水平投影。通槽底面的水平投影由两段相同的圆弧和两段积聚性直线组成，圆弧的半径为 R_1，可从正面投影中量取。如图 2-3-10(b)所示。

(2) 求侧平面截交线圆的侧面投影。通槽的两侧面为侧平面，其侧面投影为圆弧，半径 R_2 从正面投影中量取。

(3) 整理轮廓线，判别可见性。完成作图。

▸▸▸ 任务实施

绘制如图 2-3-1(a)所示顶针的三视图。

1) 分析

如图 2-3-11(a)所示，顶针是由同轴的圆锥体和圆柱体组成，被两个截平面(P、Q)截切而成。P 为水平面，与圆柱、圆锥轴线平行，所以该平面与圆锥的截交线为双曲线，与圆柱的截交线为两条平行素线(ⅡⅣ、ⅢⅥ)；Q 为正垂面，与圆柱的轴线倾斜，所以该平面与圆柱的截交线为椭圆弧。PQ 两平面的交线ⅣⅥ为正垂线。

2) 作图步骤

(1) 找特殊点。特殊点包括各段截交线的分界点。这些特殊点是Ⅰ、Ⅱ、Ⅳ、Ⅴ、Ⅵ、Ⅲ点，可由 V 面和 W 面投影直接求出 H 面上的投影 1、2、4、5、6、3 点。如图 2-3-11(b) 所示。

(2) 找一般点。在圆锥面上取Ⅶ、Ⅷ点，在圆柱面上取Ⅸ、Ⅹ点，可利用辅助圆法求得 H 面投影 7、8 点，利用积聚性法求得 H 面投影 9、10 点。

(3) 依次连接各点并整理轮廓线。完成作图。

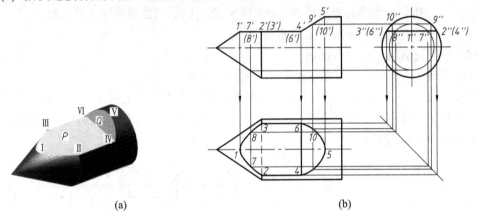

(a)   (b)

图 2-3-11　顶针的截交线

3.2　相　贯　线

3.2.1　概述

立体相交称为相贯，相交立体表面的交线称为相贯线，相交的立体称为相贯体，如图 2-3-12 所示。

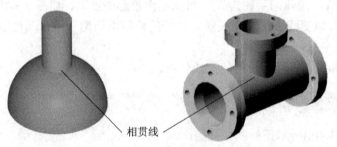

相贯线

图 2-3-12　相贯线实例

根据相贯线表面几何形状的不同，可分为两平面立体相交(图 2-3-13(a))，平面立体与回转立体相交(图 2-3-13(b))以及两回转立体(图 2-3-13(c))相交三种情况。如图 2-3-13 所示。

两平面立体相交本质上是两平面相交问题，平面立体与曲面立体相交本质上是平面与曲面立体相交问题，故不再赘述。在此将主要讨论两回转立体相交时相贯线的性质和作图方法。

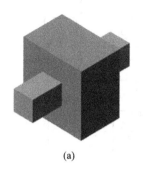 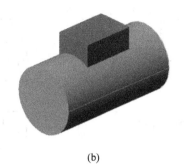 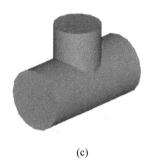

(a)   (b)   (c)

图 2-3-13 相贯线的三种情况

1. 相贯线的性质

相贯线的形状取决于相交回转体的几何形状和相对位置，一般情况下是封闭的空间曲线，特殊情况下是平面曲线或直线。尽管相贯线的形状各异，但它们都具有以下性质：

(1) 表面共有性。相贯线是两相交立体表面交线共有线、分界线。相贯线上的点一定是两相交立体表面的共有点。

(2) 封闭性。相贯线通常是由折线围成，或由折线与曲线共同围成，或由曲线围成的封闭的空间图形，特殊情况下为封闭的平面图形或不封闭的空间图形或直线。

从以上相贯线的性质可以看出，求作两回转立体的相贯线，实质上就是求两立体表面的一系列共有点的投影。求相贯线上共有点的方法有表面取点法(积聚性法)和辅助平面法等求相贯线的投影。

2. 相贯线的作图步骤

(1) 求出一系列特殊点。如立体的转向轮廓线上的点，对称的相贯线在其对称平面上的点，以及最高、最低、最左、最右、最前、最后点等。

(2) 求出一般点。

(3) 判别可见性。

(4) 依次连接各点的同面投影。

(5) 整理轮廓线。

3.2.2 圆柱与圆柱相贯

1. 表面取点法作相贯线

两圆柱相交时形成的相贯线，实际上是圆柱表面上一系列共有点的连线。求作共有点的方法通常采用表面取点法，也称积聚法。此方法就是利用投影具有积聚性的特点，先找出两圆柱表面上若干共有点的已知投影，然后用圆柱表面上取点的方法作出相贯线的其他投影，即可求出相贯线。

例 2-3-9 如图 2-3-14(a)所示，求两圆柱正交的相贯线。

分析：两圆柱轴线垂直相交为正交。如图 2-3-14(a)所示，这是一个铅垂圆柱与水平圆柱正交。其中相贯线的水平投影积聚在铅垂圆柱的水平投影圆上，侧面投影积聚在水平圆柱的侧面投影圆上，根据相贯线的两个投影，即可求出其正面投影。

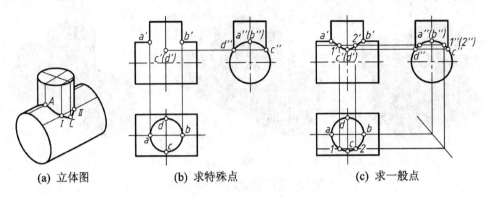

(a) 立体图　　　　　(b) 求特殊点　　　　　(c) 求一般点

图 2-3-14　圆柱与圆柱相贯

作图步骤如下：

(1) 找特殊点。在水平投影上注出 a、b、c、d 点，是相贯线的最左、最右、最前、最后点，再在 W 面投影作出 a''、b''、c''、d'' 点，由这四点的两面投影求出 V 面投影 a'、b'、c'、d' 点，也是相贯线上的最高点和最低点。如图 2-3-14(b)所示。

(2) 求一般点。在水平投影上定出左右对称两点 1、2，求出它们的 W 面投影 $1''$、$2''$，由这两点的两面投影求出 V 面投影 $1'$、$2'$。

(3) 判断可见性及各点的光滑连接。由于该相贯线前后两部分对称且形状相同，所以在 V 面投影中可见与不可见部分重合。顺次光滑连接各点，整理轮廓线，完成全图。如图 2-3-14(c)所示。

2. 两圆柱正交时相贯线的变化趋势

两圆柱正交时，若相对位置不变，改变两圆柱直径的大小，则相贯线的形状会随之改变，其变化趋势如图 2-3-15 所示。

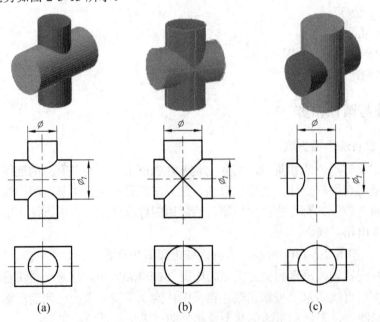

(a)　　　　　　　(b)　　　　　　　(c)

图 2-3-15　两正交圆柱相贯线的变化趋势

当 $\phi_1 > \phi$ 时，相贯线的正面投影为上下对称的曲线(图 2-3-15(a))。

当 $\phi_1 = \phi$ 时，相贯线为两个相交的椭圆，其正面投影为两条相交的直线(图 2-3-15(b))。

当 $\phi_1 < \phi$ 时，相贯线的正面投影为左右对称的曲线(图 2-3-15(c))。

3. 两圆柱内外表面相贯

两轴线垂直相交的圆柱，除了有外表面与外表面相贯之外，还有外表面与内表面相贯和两内表面相贯，如表 2-3-3 所示。这三种情况的相贯线形状和作图方法相同。

表 2-3-3　两圆柱相贯的三种形式

相交形式	两外表面相交	外表面与内表面相交	两内表面相交
立体图			
投影图			

4. 相贯线的近似画法

两轴线垂直相交的圆柱，在零件上最常见的，当两圆柱直径相差较大时，对于图 2-3-16(a) 所示的轴线垂直相交两圆柱的相贯线，为了作图方便常采用近似画法，即用一段圆弧代替相贯线，该圆弧的圆心在小圆柱的轴线上，半径为大圆的半径，如图 2-3-16(b)所示。

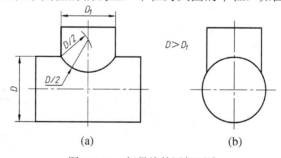

图 2-3-16　相贯线的近似画法

任务 4　组合体零件三视图的绘制与识读

⇨ 任务描述

1. 如图 2-4-1 所示的支座零件，如何表达该零件的形状、结构和大小呢？

2. 如图 2-4-2 所示为架体的主、俯视图，如何补全架体的左视图，并确定其形状？

图 2-4-1　支座

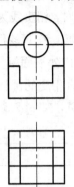

图 2-4-2　架体

以上形体都是由简单的基本体叠加或切割组合而成的组合体零件，为了表达清楚组合体零件的结构、形状和大小，我们必须学会对组合体进行形体分析，掌握识图与绘图的基本方法与步骤及尺寸标注等相关知识，这也是学习机械制图的基本能力目标。

⇨ 相关知识

从几何学的观点看，我们常可把机械零件看做为若干个基本形体按一定的相对位置经过叠加或切割等方式组成的立体。这种由两个或两个以上基本形体构成的立体即为组合体。

4.1　组合体的形体分析

4.1.1　组合体的组合形式及其表面连接关系

1. 组合体的组合形式

组合体的组合形式有切割和叠加两种基本形式，一般较复杂的机械零件往往由叠加和切割综合而成。如图 2-4-3 所示。

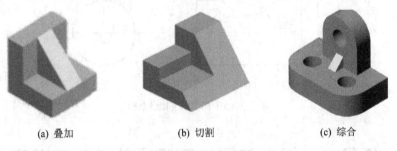

(a) 叠加　　　　　　　(b) 切割　　　　　　　(c) 综合

图 2-4-3　组合体的组合形式

2. 组合体表面间的连接关系

在分析组合体时，各形体相邻表面之间按其表面形状和相对位置的不同，连接关系可分为平齐、不平齐、相交和相切四种情况。连接关系不同，连接处投影的画法也不同。

1) 平齐

当两基本形体相邻表面相平齐(即共面)连成一个平面时,结合处没有界线,相应视图中间应无分界线,如图 2-4-4 所示。

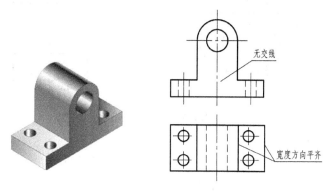

图 2-4-4 表面平齐

2) 不平齐

当两基本形体相邻表面不平齐(即不共面),而是相互错开时,结合处应有分界线,相应视图中间应有线隔开,如图 2-4-5 所示。

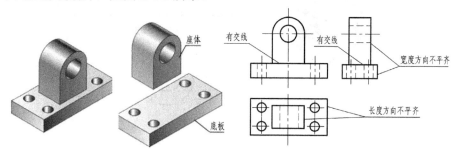

图 2-4-5 表面不平齐

3) 相交

当相邻两基本形体的表面相交时,在相交处会产生各种形状的交线,应在视图相应位置处画出交线的投影。相交又分为截交和相贯两种形式。

(1) 截交。截交处应画截交线,如图 2-4-6 所示。

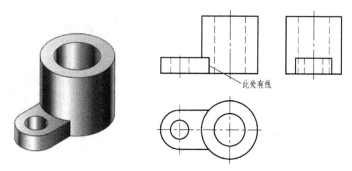

图 2-4-6 表面截交

(2) 相贯。相贯处应画相贯线,如图 2-4-7 所示。

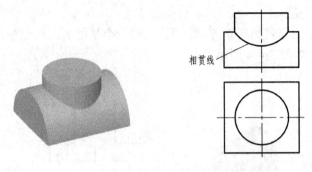

图 2-4-7　表面相贯

4) 相切

当相邻两基本形体的表面相切时，由于在相切处两表面是光滑过渡的，不存在明显的分界线，故在相切处规定不画分界线的投影，如图 2-4-8 所示。但应注意：底板顶面的正面投影和侧面投影积聚成一直线段，应按投影关系画到切点处。

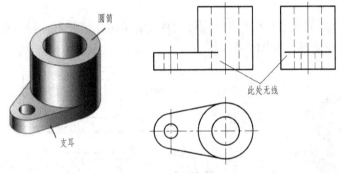

图 2-4-8　表面相切

4.1.2　形体分析法

为了便于研究组合体的画图、读图和尺寸标注，可假想将复杂的组合体分解成若干基本体，分清它们的形状、组合形式和相对位置，分析它们的表面连接关系以及投影特性，然后再进行画图、读图和标注尺寸，这种分析组合体的思维方法称为形体分析法。

4.2　组合体三视图的画法

画组合体三视图的基本方法是采用形体分析法。画组合体三视图时，应先采用形体分析法把组合体分解为几个基本几何体，然后按它们的组合关系和相对位置逐步画出其三视图。

4.2.1　叠加类组合体三视图的画法

1．形体分析

如图 2-4-9(a)所示的轴承座，是一个由上、中、下叠加为主的组合体。按形体分析法可假想地分解为五个基本形体,即加强肋板、底板、支撑板、圆筒、圆凸台,如图2-4-9(b)所示。

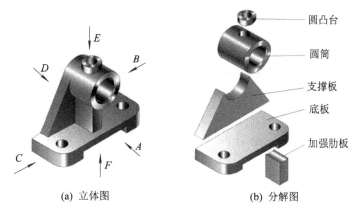

(a) 立体图　　　　　　　　　　(b) 分解图

图 2-4-9 轴承座的形体分析

分析轴承座各基本体的相对位置和表面连接关系:轴承座左右对称;支撑板和肋板对称置于底板之上表面;圆筒被支撑板和肋板支撑并加强。支撑板的左、右两侧面与圆筒的外表面相切,后表面与底板后面平齐与圆筒后面不平齐,肋板的左右表面及前表面与圆筒相交,上部的圆凸台与圆筒相贯。

2. 选择主视图

主视图是三视图中最主要的视图,因此,选择主视图时主要应从以下几个方面考虑:

(1) 形状特征原则。以最能反映该组合体各部分形状和相对位置特征的方向作为主视图。

(2) 自然放置原则。将组合体的主要表面或主要轴线放置在与投影面平行或垂直的位置。

(3) 清晰性原则。使主视图和其他两个视图上的虚线尽量少一些。

(4) 其他原则。尽量使画出的三视图长大于宽。这样既能符合习惯思维,也能突出主视图。

上述原则在具体运用时应综合考虑,当各原则之间相互冲突时,一般是先满足前者。因物体一般可有六个不同的观察方向,为此,在具体运用时可采用比较排除法。

经比较,A 向反映轴承座各部分的轮廓特征比较明显,满足上述四条原则。所以确定A 向作为主视图的投射方向。

3. 选比例,定图幅

视图确定以后,要根据组合体的复杂程度和尺寸大小,选择比例、定图幅,图幅大小应考虑有足够的地方画图、标注尺寸和画标题栏。一般情况下尽量选用原值比例1:1,这样既可直观地反映实物的大小,又便于作图。

4. 作图

首先根据选定的图幅和比例,初步考虑三个视图的位置,应尽量做到布局合理、美观。

1) 画图步骤

(1) 画作图基准线,如 2-4-10(a)。根据组合体的总长、总宽、总高,并注意各视图之间应留有适当空间来标注尺寸,匀称布图,画出作图基准线,从而确定出各视图的位置。作图基准线一般为对称中心线、轴线和较大的平面等。

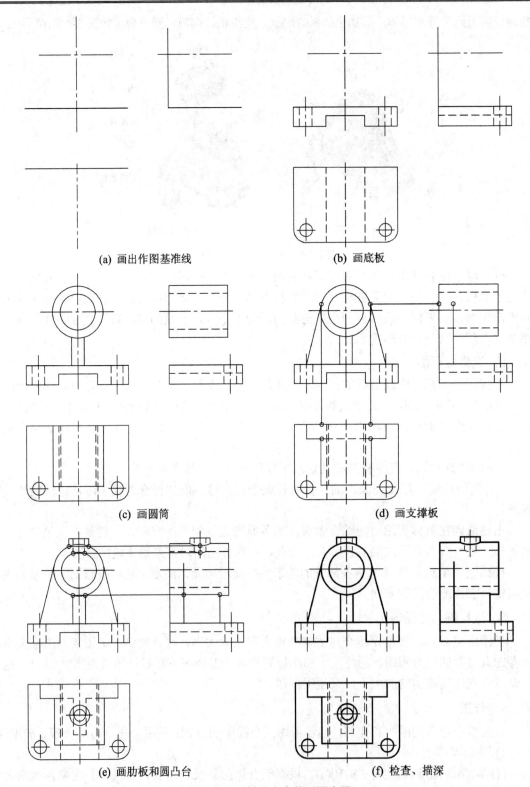

(a) 画出作图基准线　　　　　　(b) 画底板

(c) 画圆筒　　　　　　(d) 画支撑板

(e) 画肋板和圆凸台　　　　　　(f) 检查、描深

图 2-4-10　轴承支座的画图步骤

(2) 画底稿，如图 2-4-10(b)～(e)。按形体分析法逐个画出各基本形体。首先从反映形状特征明显的视图画起，后画其他两个视图，三个视图联系起来一起画，这样既能保证各部分投影关系的正确，又能提高绘图的速度。一般顺序是：先画整体，后画细节；先画主要部分，后画次要部分；先画大形体，后画小形体。轴承座是上、中、下叠加为主的组合体。按形体分析，先下、后上、再中间地逐一画出每个基本体的三视图，完成底稿图。

(3) 检查、描深，如图 2-4-10(f)。底稿画完以后，逐个仔细检查各基本形体表面的连接、相交、相切等关系的处理是否符合投影原理，纠正错误和补充遗漏，经认真修改并确定无误后，擦去多余的图线。

底稿经检查无误后，按项目一中平面图形的绘制要求再描深图线。

2) 画图注意事项

画图时应特别注意以下几点：

(1) 运用形体分析法，逐个画出各组成部分的三视图。

(2) 一般先画较大的、主要的组成部分，再画其他部分；先画主要轮廓，再画细节。

(3) 画某一基本几何体时，先从反映实形或有特征的视图开始画，再按投影关系画出其他视图。对于回转体，先画出轴线、圆的中心线，再画轮廓线。

(4) 画图过程中，应按"长对正、高平齐、宽相等"的投影规律，几个视图对应着画，以保持正确的投影关系。

4.2.2 切割类组合体三视图的绘制

对于复杂的切割类组合体除用形体分析法分析外，还应结合切平面位置特点，利用线面分析法分析。所谓线面分析法，是根据组合体形状，分析其表面的形状和位置特点，以特征形状为突破口，利用投影规律逐一画出切平面的投影的方法。

把图 2-4-11 所示组合体可以看成是基本形体长方体被切割去 1、2、3 而形成的。

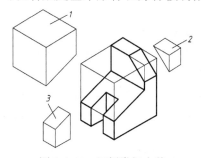

图 2-4-11 切割类组合体

画其三视图时应注意以下几点：

(1) 作每个切口的投影时，应先从反应形体特征明显，且具有积聚性投影的视图开始画，再按投影关系画出其他视图。例如，第一次切割时(见图 2-4-12(a))，先画切口的主视图，再画俯、左视图中的图线；第二次切割时(见图 2-4-12(b))，先画切角的左视图，再补画另外两面的投影；第三次切割时(见图 2-4-12(c))，先画方槽的俯视图，然后再画主、俯视图中的图线。

(2) 注意切口截面投影的类似性。如图 2-4-12(c)所示，图中方槽与斜面 P 相交而形成的截面形状，其水平投影 P 与侧面投影 P'' 应为类似形。

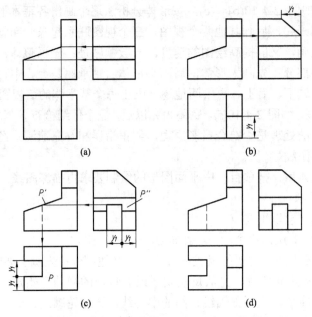

图 2-4-12　画切割类组合体视图的作图步骤

4.3　组合体零件三视图的尺寸标注

　　视图只能表达组合体的结构形状，它的大小必须由视图上所标注的尺寸来确定。视图上的尺寸是制造、加工和检验的依据，因此，尺寸是表达机械零件的必要内容。组合体尺寸标注必须做到正确、完整和清晰。

1. 基本体的尺寸标注

　　要掌握组合体的尺寸标注，必须了解基本体的尺寸标注方法。基本体的大小由长、宽、高三个方向的尺寸确定。基本体的尺寸标注分为平面体的尺寸标注和曲面体的尺寸标注。

1) 平面体的尺寸标注

　　平面体的尺寸根据其具体形状进行标注。一般标注长、宽、高三个方向的尺寸，如棱柱和棱锥，除了要标注确定其底面形状大小的尺寸外，还要标注其高度尺寸，如图 2-4-13 所示。

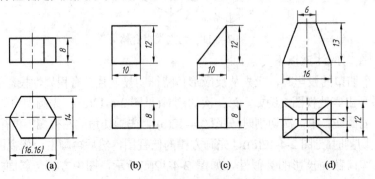

图 2-4-13　平面体的尺寸标注示例

2) 曲面体的尺寸标注

圆柱和圆锥是回转体，只须标注底圆直径和高度尺寸。直径尺寸一般应标注在非圆视图上，并在尺寸数字前加注符号"ϕ"，如图 2-4-14(a)、(b)、(c)所示。当把尺寸集中标注在一个非圆视图上时，一个视图即可表达清楚它们的形状和大小。标注圆球尺寸时，需在表示直径的尺寸数字前加注符号"$S\phi$"，在表示半径的尺寸数字前加注符号"SR"，如图 2-4-14(d)所示。

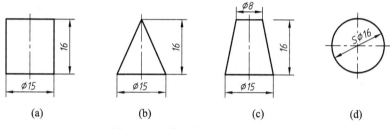

图 2-4-14 曲面体的尺寸标注示例

平板件的尺寸除了要标注确定板的形状大小的尺寸外，还要标注板的厚度尺寸，如图 2-4-15 所示。

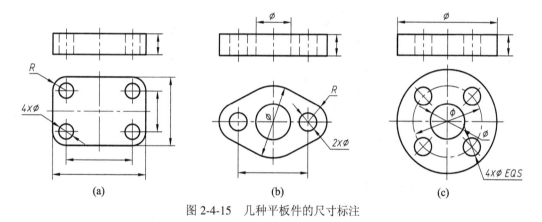

图 2-4-15 几种平板件的尺寸标注

2. 截切体和相贯体的尺寸标注

组合体的基本组合形式有切割和叠加，在切割和叠加时有时会产生截交线和相贯线。由于截交线和相贯线的形状和大小取决于形成交线的平面与立体，或立体与立体的形状、大小以及相对位置，所以截交线和相贯线上不应直接标注尺寸。在标注截断体的尺寸时，只须标注基本体的定形尺寸和截平面的定位尺寸；标注相贯体的尺寸时，只须标注参与相贯的各立体的定形尺寸及其相互间的定位尺寸，如图 2-4-16 所示。图中打"×"的为多余尺寸，应去掉。

3. 组合体零件的尺寸种类

1) 定形尺寸

确定组合体中各基本形体大小的尺寸，称为定形尺寸。在图 2-4-17 中，轴承座的圆筒直径 $\phi54$、$\phi30$ 和圆筒长度 45 即为圆筒的定形尺寸。

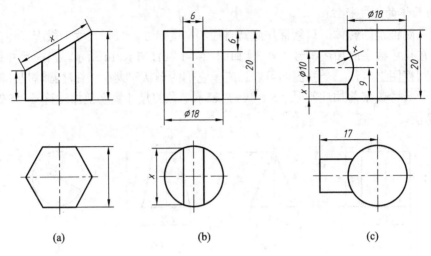

图 2-4-16 截切体和相贯体的尺寸标注

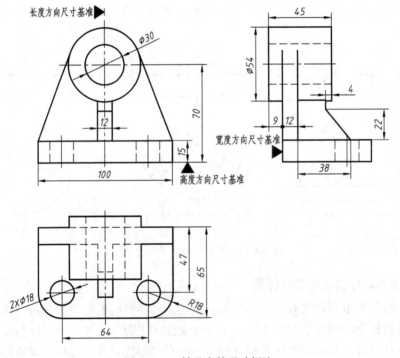

图 2-4-17 轴承座的尺寸标注

2) 定位尺寸

确定组合体中各基本形体之间相对位置的尺寸，称为定位尺寸。在图 2-4-17 中，确定轴承座的圆筒高低、前后位置的尺寸 70 和 9 即为圆筒的定位尺寸。

标注组合体定位尺寸时，应确定尺寸基准，即确定标注尺寸的起点。在三维空间中，应有长、宽、高三个方向的尺寸基准。通常以组合体的对称平面、重要的底面或端面以及回转体的轴线作为尺寸基准。如图 2-4-17 所示轴承座，以轴承座的安装面——底板的下底面作为高度方向的尺寸基准；以轴承座左右对称平面作为长度方向的尺寸基准；以底板和支撑板的后面作为宽度方向的尺寸基准。

组合体中的每个基本形体，在长、宽、高三个方向所选定的尺寸基准中，每个方向可以从基准标注一个定位尺寸。但当形体之间的定位尺寸如有下列情况之一时，一般不必单独标注：

(1) 两基本形体沿某一方向叠加，如图 2-4-17 中支撑板和肋板的高度方向。

(2) 两基本形体沿某一方向平齐，如图 2-4-17 中支撑板的前后方向。

(3) 两基本形体具有公共对称平面，如图 2-4-17 中圆筒、支撑板和肋板的左右方向。

3) 总体尺寸

确定组合体外形和所占空间大小的总长、总宽、总高的尺寸，称为总体尺寸。如图 2-4-17 中轴承座的总长为 100。

总体尺寸不一定都直接注出。如图 2-4-17 中轴承座的底板宽度 65、圆筒前后位置的定位尺寸 9 必须直接标注，那么轴承座的总宽(65+9)就不必再标注了。

若组合体的端部为回转体时，则该处总体尺寸一般不直接标注出来，通常只标注回转体中心线的位置尺寸。如图 2-4-17 中轴承座不标注总高尺寸，而只标注圆筒中心线位置，轴承座的总高尺寸可以通过计算得到。

4．标注尺寸的基本要求

组合体尺寸标注必须做到正确、完整和清晰。正确是指严格遵守国家标准规定；完整是指标注尺寸不遗漏、不重复；清晰是指尺寸注写布局整齐、清楚，便于看图。标注尺寸要注意下列几点：

(1) 同一基本形体的定形尺寸和定位尺寸最好不要分开标注，并应尽量标注在表达该形体特征最明显的视图上，以便读图。如图 2-4-18 所示。

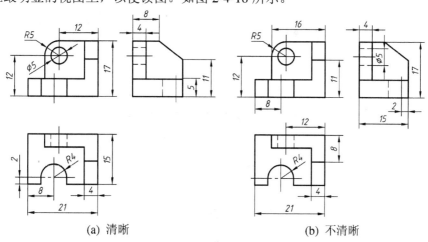

(a) 清晰 　　　　　　　　　　　(b) 不清晰

图 2-4-18 尺寸标注在形体特征明显的视图上

(2) 尺寸应尽量标注在视图的外部，与两个视图有关的尺寸应标注在相关视图之间。

(3) 虚线上尽量不标注尺寸。

(4) 同轴回转体的各径向尺寸一般标注在投影为矩形的视图上，圆弧半径应标注在投影为圆弧的视图上。如图 2-4-19 所示。

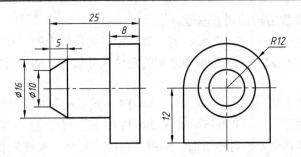

图 2-4-19　圆柱径向尺寸尽可能标注在非圆视图上

5. 标注尺寸的方法

标注组合体尺寸的基本方法是形体分析法。即先将组合体分解为若干个基本形体，然后选择尺寸基准，再逐一注出各基本形体的定形尺寸和定位尺寸，最后考虑总体尺寸，并对已标注的尺寸作必要的调整。

■■■➡ 任务实施 1

绘制如图 2-4-1 所示支座零件的三视图。

根据前面所讲的相关知识，对图 2-4-1 所示的支座零件进行形体分析，并绘制其三视图，完成前面提出的问题。

在表达支座形状、结构时应先画出三视图，然后通过标注尺寸表达其大小。具体的步骤如下(如图 2-4-20 所示)。

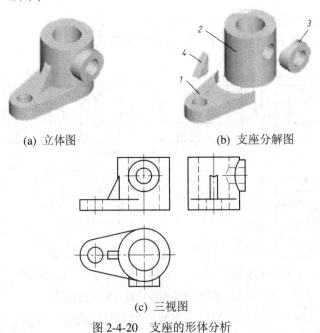

(a) 立体图　　　　　　　　　　　(b) 支座分解图

(c) 三视图

图 2-4-20　支座的形体分析

1) 进行形体分析，画其三视图

支座由底板 1、直立空心圆柱 2、水平空心圆柱 3 和肋板 4 等基本形体组成，如图 2-4-20(b) 所示。按照形体分析法的方法和步骤画出其三视图，如图 2-4-20(c) 所示。

2) 选定尺寸基准

选定组合体在长、宽、高三个方向的尺寸基准。支座的尺寸基准：长度方向的尺寸基准为直立空心圆柱轴线；宽度方向的尺寸基准为前后对称面；高度方向的尺寸基准为底板的底面，如图 2-4-21(a)所示。

3) 分别标注各基本形体的定位和定形尺寸

通常先标注组合体中最主要的基本体的尺寸，然后标注与尺寸基准或与已标注尺寸的基本体有直接联系的基本体的尺寸。

(1) 直立空心圆柱。圆筒的定形尺寸有 $\phi40$、$\phi24$ 和 40，如图 2-4-21(a)所示。

(2) 底板。底板的定形尺寸有圆角的半径 R12、底板高度 8，圆孔的定形尺寸直径 $\phi12$；底板的定位尺寸是 38。如图 2-4-21(b)所示。

(3) 水平空心圆柱。水平空心圆柱的定形尺寸有 $\phi24$、$\phi12$，高度方向定位尺寸为 26，前后的定位尺寸为 24，如图 2-4-21(c)所示。

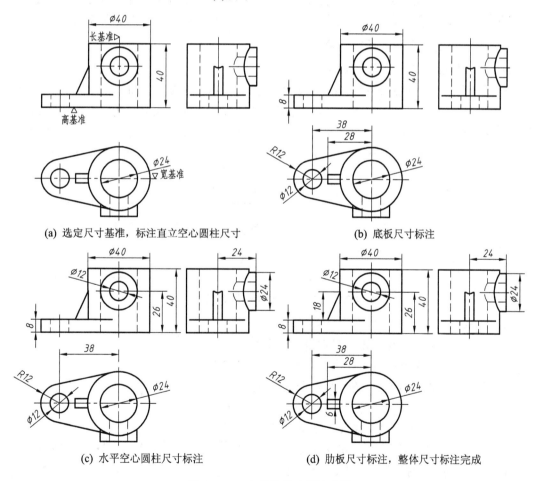

(a) 选定尺寸基准，标注直立空心圆柱尺寸　　　　　　(b) 底板尺寸标注

(c) 水平空心圆柱尺寸标注　　　　　　(d) 肋板尺寸标注，整体尺寸标注完成

图 2-4-21　支座的尺寸标注步骤

(4) 肋板。肋板的定形尺寸有高度 18 和厚度 6，肋板的前后侧面与圆筒的截交线由作图确定，不应直接标注尺寸；肋板长度方向的定位尺寸为 28，如图 2-4-21(d)所示。

(5) 标注总体尺寸。由于组合体的定形尺寸和定位尺寸已标注完整，如再加注总体尺寸会出现多余尺寸。在加注一个总体尺寸的同时，就应减少一个同方向的定形尺寸，以避免尺寸标注成封闭式的。

支座的总高即直立圆柱的高度 40，不必标注总长尺寸和总宽尺寸，总宽尺寸应为 $(R20 + 24)$，总长尺寸也可由 $(R12 + 38 + R20)$ 来确定。

(6) 检查、整理。对已标注的尺寸，按正确、完整、清晰的要求进行检查和整理，整体尺寸标注完成。如图 2-4-21(d)所示。

4.4　组合体视图的识读

读图过程是根据物体的三视图(或两个视图)，用形体分析法逐个分析投影的特点，并确定它们的相互位置，综合想象出物体的结构、形状。要正确、迅速地读懂视图，必须掌握读图的基本方法和步骤，培养空间想象能力，通过不断实践，逐步提高读图能力。

1. 识读组合体视图的基本要领

1) 熟练掌握基本体的投影规律

若基本体的两个视图为矩形线框，则基本体为柱体；若视图为圆，则基本体是圆柱、球体或圆锥；若视图为梯形，则基本体为棱台或圆锥台；若视图为三角形，则基本体为锥体，那么到底应如何确定其基本体形状，还应在分析其他视图后确定。如图 2-4-22 所示。

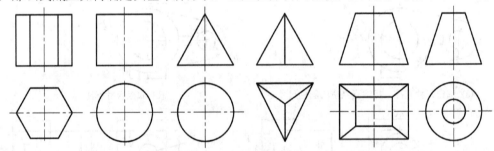

图 2-4-22　比较基本体的形状特征及投影规律

2) 明确视图中线框和图线的含义

组合体视图中的图线主要有粗实线、虚线和细点画线，读图时应根据投影规律和投影关系，正确分析视图中的每条线、每个线框所表示的含义。

如图 2-4-23 所示，粗实线 $1'2'$ 就是平面 B 与 C 的交线的投影；粗实线 a、b、c 分别是平面 A、B、C 的积聚性的投影；线框 a'、b'、c' 分别表示三个平面 A、B、C 的投影。相邻线框在空间的位置表示通常是平行或相交，如图 2-4-23 所示平面 A 与 B 平行，平面 B 与 C 相交。

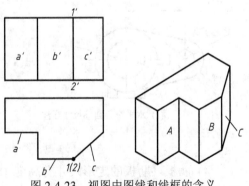

图 2-4-23　视图中图线和线框的含义

3) 以特征视图为切入点，将几个视图联系起来阅读，确定物体形状

读组合体视图时，若仅凭一个或两个视图往往不能唯一地确定物体的形状。如图 2-4-24 中相同的主视图，结合基本体的投影规律，可以想象出几种不同的形状，所以读图时应将几个视图联系起来分析，尤其是要抓住反应形状特征或位置特征的视图，分析投影，确定物体形状。

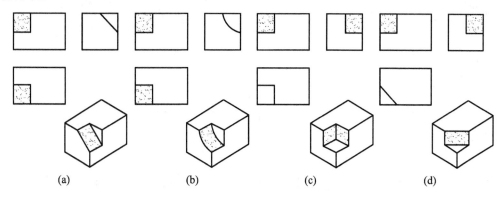

图 2-4-24 几个视图联系起来想象物体的形状

如图 2-4-25(a)所示物体，如果仅根据主视图和俯视图是不能确定主视图中长方形线框 Ⅱ 和圆 Ⅰ 哪个是凸台，哪个是通孔，显然，主视图为形状特征视图，而左视图为这两部分的位置特征视图，只有将将主、左视图联系起来阅读，才能判定图 2-4-25 所示物体的形状，如图 2-4-25(b)所示。

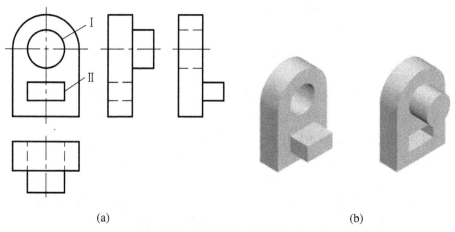

(a)   (b)

图 2-4-25 抓住反映形状特征和位置特征的视图分析物体形状

2. 读图的基本方法

1) 形体分析法

读图的基本方法与画图一样，也是主要运用形体分析法。一般从反映组合体形状特征明显的视图着手，把视图划分为若干部分，找出各部分在其他视图中的投影，然后逐一想象出各部分的形状以及各部分之间的相对位置，最后综合起来想象出组合体的整体形状。

下面以图 2-4-26 所示的轴承座为例，说明用形体分析法读图的方法要点。

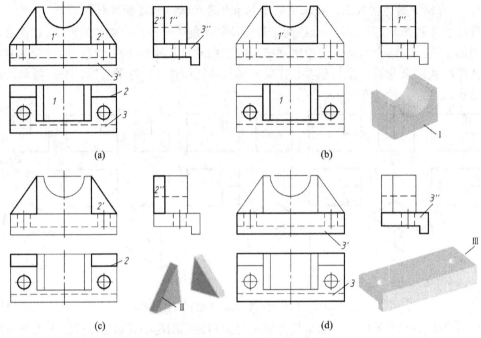

图 2-4-26　轴承座视图的读图过程

读如图 2-4-26(a)所示轴承座的三视图，想象其形状。

(1) 分线框，找投影。把一个视图分成几个部分加以考虑，一般把主视图中的封闭线框作为独立部分。每一部分可根据"长对正、高平齐、宽相等"的投影关系，用三角板、分规等工具找出它们的其他投影。2-4-26(a)将主视图分为 1′、2′、3′ 三个线框，其中线框 2′ 有左右相同的两个，每个线框各代表一个基本形体。再根据视图间的投影关系，分别找出各线框对应的其他投影。

(2) 识形体，定位置。根据基本体的投影规律分析每一个部分的三面投影，想象出各部分的形状，并确定它们之间的相对位置。图 2-4-26(b)、(c)、(d)表示对视图进行投影分析后，逐个分析各部分的投影后确定出每个部分的基本形状。Ⅰ是长方体，上部中间对称位置从前向后挖了一个半圆柱通槽；Ⅱ是两个相同的三棱柱板；Ⅲ是一个大的长方体板，在下、后方又切掉一个小的长方体，并在上面对称地钻了两个圆孔。根据视图分析，可以确定Ⅰ和Ⅱ都相贴在形体Ⅲ上，并且后表面平齐，形体Ⅰ居中，Ⅱ对称分布两侧。

(3) 综合归纳想象整体。综合考虑各个基本形体及其相对位置关系，弄清楚整个组合体的形状。该轴承座各部分按相对位置组合后其轴测图如图 2-4-27 所示。

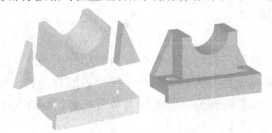

图 2-4-27　轴承座轴测图

2) 线面分析法

读图时, 对组合体视图中不易读懂的部分, 有时候需要应用另一种方法——线面分析法。此方法主要适用于以切割为主的组合体中。

组合体也可看成是由若干个面围成的, 面与面之间常存在着交线, 线面分析法就是运用投影规律分析组合体表面及线的形状和相对位置, 然后将这些表面和线综合起来想象出它们的形状和相对位置, 从而得出组合体的整体形状。

以图 2-4-28 所示压块为例, 说明用线面分析法读图的一般步骤。

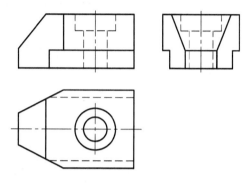

图 2-4-28 压块三视图

先分析整体形状。由于压块的三个视图(图 2-4-28)的轮廓基本上都是长方形, 所以它的基本形体是一个长方块。

再分析细节形状。从主、俯视图可以看出, 压块上有一阶梯孔。主视图的长方形缺个角, 说明在长方块的左上方切掉一角。俯视图的长方形缺两个角, 说明在长方块左端切掉前、后两个角。左视图也缺两个角, 说明前、后两边各切去一块。

用这样的形体分析法来分析压块, 压块的基本形状就大致有数了。但是, 究竟是被什么样的平面切的? 截切以后的投影为什么会是这个样子? 还需要用线面分析法进行进一步分析。

下面我们应用三视图的投影规律, 找出每个表面的三个投影。

(1) 从俯视图中的梯形线框 p 出发, 在主视图中找出与它对应的斜线 p', 可知 P 面是垂直于正面的梯形平面, 长方块的左上角就是由这个平面切割而成的。平面 P 对侧面和水平面都处于倾斜位置, 所以它的侧面投影 p″ 和水平投影 p 是类似图形, 不反映 P 面的实形, 如图 2-4-29(a)所示。

(2) 由主视图的七边形 q' 出发, 在俯视图上找出与它对应的斜线 q, 可知 Q 面是两个前后对称的铅垂面。长方块的左端, 就是由这样的两个平面切割而成的。平面 Q 对正面和侧面都处于倾斜位置, 因而侧面投影 q″ 也是一个类似的七边形, 如图 2-4-29(b)所示。

(3) 从主视图上的长方形 r' 入手, 找出其另外两面投影, 如图 2-4-29(c)所示; 从俯视图的四边形 S 出发, 找到 S 面的三个投影, 如图 2-4-29(d)所示。不难看出, R 面平行于正面, S 面平行于水平面。长方块的前、后两边, 就是这两个平面切割而成的。在图 2-4-29(d)中, a'b' 线不是平面的投影, 而是 R 面与 Q 面的交线。c'd' 线是哪两个平面的交线? 请读者自行分析。

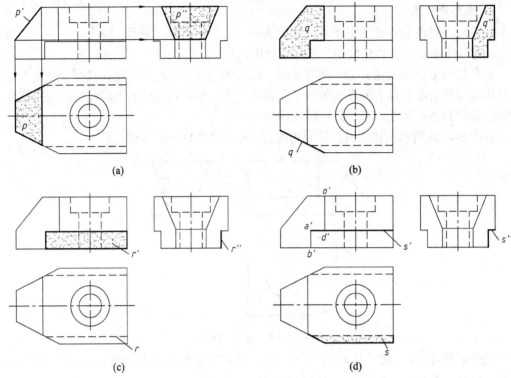

图 2-4-29　压块的读图方法

　　其余的表面比较简单易看，不需一一分析。这样，我们既从形体上，又从线、面的投影上彻底弄清了整个压块的三面视图，就可以想象出如图 2-4-30 所示压块的空间形状了。

图 2-4-30　压块立体图

　　综上所述，形体分析法多用于叠加类或叠加与切割的组合形体，而线面分析法多用于切割类形体。

　　读图时一般是以形体分析法为主，线面分析法为辅。当组合体形状较复杂时，可用形体分析法分部识别组成的各形体，而对各部分的具体形状和表面特征应用线面分析法来分析。即"形体分析看大体"、"线面分析看细节"，二者紧密配合使读图能更加容易。

　　3．读图的训练方法

　　读图是为了对组合体视图进行分析后确定其空间形状特征和位置特征的，在训练时通过补画视图或补画漏线的手段完成对视图的识读要求，是将读图和画图相互结合起来，以达到对视图形体的认识和构建。在读图时可以采用一些拉伸构形或切挖构形等辅助方法进行形体分析，想象并构建组合体的空间形状。所以通过补画视图或补画漏线可以有效地培养空间构形能力和画图能力。

　　为了加强读图的训练过程，下面举例进一步说明。

例 2-4-1 根据图 2-4-31(a)两面视图，构建物体的形状，并补画其主视图。

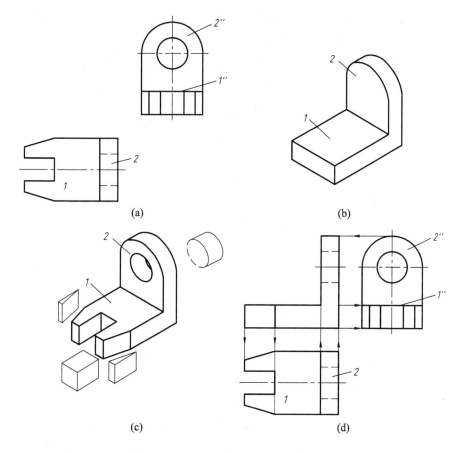

图 2-4-31 读组合体视图的过程

分析视图及作图过程：

(1) 分析已知视图 2-4-31(a)的俯视图和左视图，可以确定该形体是由 1 和 2 组成，1 为底板，2 为立板。

(2) 根据俯视图可以确定底板 1 的原始形状，结合左视图可以确定立板 2 的形状为拱形板，底板 1 和立板 2 的右侧面和前后表面平齐，组合而成，如图 2-4-31(b)所示。

(3) 分析俯视图，切割底板的两个角和中间的矩形通槽，形成底板形状，加工立板 2 上的通孔，从而形成整体形状，如图 2-4-31(c)所示。

(4) 结合形体，根据投影规律补画底板 1 和立板 2 的主视图。如图 2-4-31(d)所示。

例 2-4-2 如图 2-4-32 所示，已知主、左视图，补画俯视图。

分析视图及作图过程：

由于左视图反映物体的形状特征，为"工"字形。可用"拉伸"左视图的方法，拉伸形成"工"字钢架，然后根据主视图上斜线 p' 及对应的的 p'' 线框（"工"字形）可以确定用一正垂面 P 切割本体从而构建物体的空间形状，如图 2-4-32(b)所示。

补画俯视图时应注意：平面 1、2、3 为正平面，1、3 的水平投影重合，而平面 2 的水平投影既有可见的，又有不可见的，平面 P 的水平投影 p' 应与侧面投影 p'' 为类似形，如

图 2-4-32(c)所示。

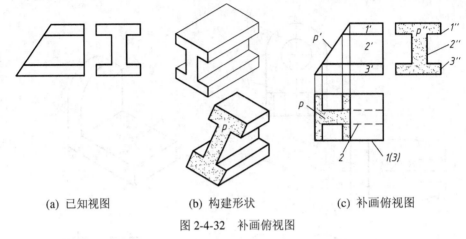

<table>
<tr><td>(a) 已知视图</td><td>(b) 构建形状</td><td>(c) 补画俯视图</td></tr>
</table>

图 2-4-32 补画俯视图

⮞ 任务实施 2

如图 2-4-2 所示，已知架体零件的主视图和俯视图，补画左视图。

通过对架体已知两面视图的分析，构建架体的形状，然后补画第三视图，以达到对读者读图能力的培养。

1) 分析过程

如图 2-4-33 所示，根据主视图可以确定架体的基本形体为拱形柱体，主视图中有三个线框，由主、俯视图的投影关系可知，三个线框分别表示架体上三个不同位置的表面，均为正平面。a' 线框表示一个凹形块，处在架体的前面。c' 线框中有圆孔，与俯视图中两条虚线对应，可以想象出 c' 为拱形竖板穿通圆孔，位于架体后面，b' 上有半圆槽，在俯视图中有两条可见的线，根据俯视图的可见性，可知三个面的位置关系应该是 A 在最前、B 在中间、C 在后面。由主、俯视图可以看出凹形槽长度和半圆槽、圆孔的直径相同。

在补画左视图的过程中，可同时逐步构建架体的轴测图，如图 2-4-33 所示。

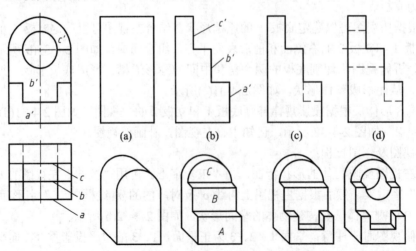

图 2-4-33 补画架体左视图

2) 作图步骤

(1) 画出架体的基本体左视图，图 2-4-33(a)所示。

(2) 根据主、俯视图中 A、B、C 三个面的位置和投影关系，画出三个面的左视图投影，构成架体的左视图轮廓，同时切割构建架体大形，如图 2-4-33(b)所示。

(3) 在 A 面上挖凹形槽到达 B 为止，补画其投影，为虚线框，如图 2-4-33(c)所示。

(4) 在 B 面中间从前向后切半圆槽到 C 面后钻取圆孔，补画半圆槽和圆孔的左视图投影，如图 2-4-33(d)所示。

项目三　零件轴测图的绘制

能够根据给定条件，按要求绘制简单零件的正等轴测图及斜二轴测图。

⇨ 任务描述

如图 3-1-1(a)所示为轴承座的三视图，如何根据三视图画出轴承座的轴测图呢？

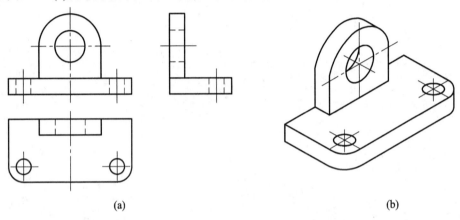

(a)　　　　　　　　　　　　　　　　　(b)

图 3-1-1　轴承座的三视图

　　如图 3-1-1(a)所示的轴承座的三视图，其度量性好、绘制简便，但需要运用正投影原理把几个视图联系起来看，对缺乏读图知识的人而言，难以看懂，所以在机械制图中我们可以采用轴测图作为辅助图样，帮助读者更清楚地表达形体的空间形状。从图 3-1-1 可知，轴承座是由水平底板和正平的立板两部分构成的，可分别绘制两部分的轴测图并叠加，就能完成轴承座的轴测图，如图 3-1-1(b)所示。要完成此任务我们需搞清楚轴测图的基本概念以及轴测图基本形体的画法。下面我们就相关知识进行具体学习。

⇨ 相关知识

1.1　轴测图的基本知识

1. 轴测图的基本概念

1) 轴测投影的形成

将物体连同其参考直角坐标系，沿不平行于任一坐标平面的方向，用平行投影法将其投射在单一投影面上所得到的图形称为轴测投影图，简称轴测图。如图 3-1-2 所示。

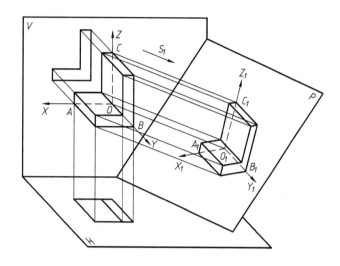

图 3-1-2 轴测图的形成

2) 轴测投影的基本概念

(1) 轴测投影面。单一投影面 P 称为轴测投影面。

(2) 轴测轴。空间直角坐标系的坐标轴在轴测投影面上的投影称为轴测投影轴，简称轴测轴。如图 3-1-2 中的 O_1X_1 轴、O_1Y_1 轴、O_1Z_1 轴。

(3) 轴间角。相邻两轴测轴之间的夹角称为轴间角。如图 3-1-2 中的 $\angle X_1O_1Y_1$、$\angle Z_1O_1Y_1$、$\angle X_1O_1Z_1$。

(4) 轴向伸缩系数。轴测轴 O_1X_1、O_1Y_1、O_1Z_1 上的单位长度与相应空间直角坐标轴上单位长度的比值称为轴向伸缩系数。X、Y、Z 三个轴测轴方向的轴向伸缩系数分别用 p、q、r 表示，即 $p = O_1X_1/OX$，$q = O_1Y_1/OY$，$r = O_1Z_1/OZ$。

(5) 轴测投影的分类。轴测图根据投射线方向和轴测投影面的位置不同可分为正轴测投影和斜轴测投影两大类。当投影方向垂直于轴测投影面时，称为正轴测投影；当投影方向倾斜于轴测投影面时，称为斜轴测投影。常用的轴测投影有正等轴测投影(正等测)和斜二等轴测投影(斜二测)两种。

2. 轴测投影的基本性质

轴测投影的基本性质：轴测投影属于平行投影，因而它具有平行投影的基本特性。

(1) 平行性。物体上的平行线段，其轴测投影也相互平行。与坐标轴平行的线段，其轴测投影必平行于轴测轴。凡是与轴测轴平行的线段，都称为轴向线段。

(2) 等比性。物体上平行于坐标轴的线段(轴向线段)，其轴测投影与相应轴测轴有着相同的伸缩系数，即物体上与坐标轴平行的线段，在其轴测图上可按原来尺寸乘轴向伸缩系数，得出轴向线段长度。

对于物体上那些与坐标轴不平行的线段(非轴向线段)，它们有不同的伸缩系数。作图时，不能应用等比性作图，而是应该采用坐标法定出直线两端点连线。

1.2　正等轴测图与斜二轴测图的绘制

1.2.1　正等轴测图的绘制

使确定物体的空间直角坐标系的三个坐标轴对轴测投影面的倾角都相等，并用正投影法将物体向轴测投影面投射所得到的图形叫正等轴测图。

1. 轴测轴、轴间角和轴向伸缩系数

1) 正等测的轴间角

由于三根坐标轴与轴测投影面倾斜的角度相同，因此，三个轴间角 $\angle XOY$、$\angle YOZ$ 和 $\angle ZOX$ 相等，都是 120°，并规定 OZ 轴画成铅垂方向，如图 3-1-3(a)所示。

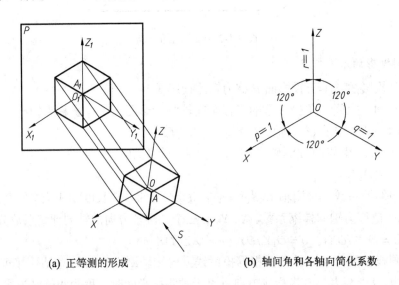

(a) 正等测的形成　　　　　　(b) 轴间角和各轴向简化系数

图 3-1-3　正等测

2) 正等测的轴向伸缩系数

正等测沿三根坐标轴的轴向伸缩系数相等，根据计算，约为 $p = q = r = 0.82$。为了作图简便，取轴向伸缩系数为 1，如图 3-1-3(b)所示，这样画出的正等轴测图就比按理论伸缩系数画出的轴测图放大了约 1.22 倍，但形状并不变，对立体感也没有影响。

2. 平面立体正等轴测图的画法

画轴测图的方法有坐标法、切割法两种，绘制轴测图最基本的方法是坐标法。

1) 坐标法

画轴测图时，先在物体三视图中确定坐标原点和坐标轴，然后按物体上各点的坐标关系，采用简化轴向变形系数(即取 1)，依次画出各点的轴测图，由点连线而得到物体的正等测图的方法称为坐标法。

画轴测图时，先要确定轴测轴的位置，然后再以轴测轴作为基准画轴测图。一般设置在物体本身某一特征位置的线上，可以是主要棱线、对称中心线、轴线等，其目的是为了画图方便。

为了简化作图步骤，要充分利用轴测图平行性的投影特性。

例 3-1-1 如图 3-1-4 所示为正六棱柱的主、俯视图，作出其正等轴测图。

分析视图及作图过程：

(1) 分析物体的形状，确定坐标原点。由于正六棱柱的前后左右对称，故把坐标原点定在顶面六边形的中心，棱柱的轴线平行 Z 轴，顶面的两条对称线作为 X、Y 轴，如 3-1-4(a) 所示。

(2) 画轴测轴，如图 3-1-4(b) 所示。

(3) 用坐标法作图。在 X_1 轴上按 1:1 量取 1_1、4_1 点；在 Y_1 轴上量取 A_1、B_1 点，过这两点作 X_1 轴平行线，在平行线上按 1:1 量取 2_1、3_1、6_1、5_1；连接六点，顶面六边形完成，如图 3-1-4(c) 所示；由这六个顶点向下作 Z_1 轴平行线，量取高度 h，完成底面六边形，如图 3-1-4(d) 所示。检查、擦去多余线，加深描粗，作图完成，如图 3-1-4(e) 所示。

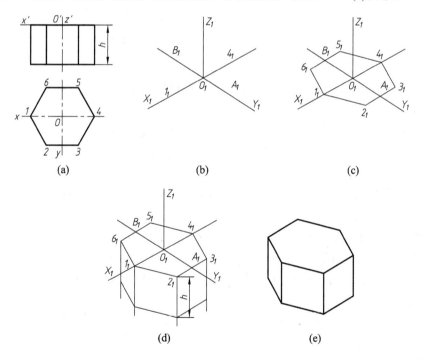

图 3-1-4　正六棱柱正等轴测图的画法

2) 切割法

有些立体是由一些基本形体经切割而成的。这些立体的轴测图就可以先用坐标法画出基本形体，然后再使用切割法完成立体轴测图。

例 3-1-2 根据图 3-1-5(a) 所示的三视图，画出它们的正等轴测图。

由投影图分析可知，该立体图形为长方体经切角、挖槽后形成的，属于切割型组合体，故采用切割法作图。

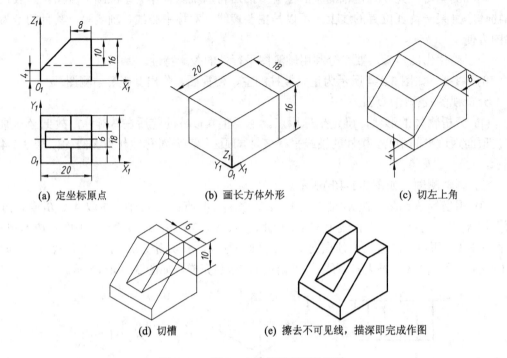

(a) 定坐标原点　　　(b) 画长方体外形　　　(c) 切左上角

(d) 切槽　　　(e) 擦去不可见线, 描深即完成作图

图 3-1-5　例 3-1-2 正等轴测图的画法

作图步骤如下:

(1) 在视图上定坐标原点 O_1 于立体左、下、前角, 如图 3-1-5(a)所示。

(2) 作出切割前的基本立体即长方体轴测图。根据投影图中立体的长、宽、高尺寸按伸缩系数 1 画出外形, 如图 3-1-5(b)所示。

(3) 由投影图知切斜角所用尺寸。X_1 轴方向 8, Z_1 轴方向 4, 在轴测图上找到对应点, 并连线, 如图 3-1-5(c)所示。

(4) 切槽。由俯视图知所挖槽在立体前后对称线上, 由槽宽尺寸 6(俯视图), 槽深尺寸 10(主视图)所确定。在轴测图长方体的顶面找出槽宽尺寸 6, 再由顶面向下量出槽深 10, 至于槽与切去左上角而得的正垂面的交线, 只需作与正垂面各边对应的平行线即可, 如图 3-1-5(d)所示。

(5) 整理全图, 擦去作图辅助线和不可见轮廓线, 加深可见轮廓线, 作图完成, 如图 3-1-5(e)所示。

3. 曲面立体正等轴测图的画法

1) 平行于坐标面的圆的画法

由于在正等轴测图中各坐标面相对于投影面都是倾斜的, 所以平行于坐标面的圆的正等测都是椭圆。该椭圆一般可以用近似画法(菱形法)进行绘制。

作图步骤如下:

(1) 如图 3-1-6(a)所示, 将坐标原点设在圆心位置, 建立坐标系。

(2) 如图 3-1-6(b)所示, 画轴测轴 O_1X_1、O_1Y_1, 并以 O_1 为圆心, 以 R 为半径在坐标轴上截取 1、2、3、4 点。过这四个点作对应轴测轴的平行线, 围成一个菱形, 连接菱形的对角线，即为所求椭圆的长轴、短轴方向。

(3) 如图 3-1-6(c)所示，过 1、2、3、4 点并以它们为垂足作菱形各边的垂线，得交点 O_1、O_2、O_3、O_5，即为画近似椭圆四段圆弧各自的圆心。

(4) 如图 3-1-6(d)所示，以 O_2、O_5 为圆心，$O_2 4$ 为半径画弧；以 O_3、O_4 为圆心，$O_3 4$ 为半径画弧，四段圆弧首尾相连即为近似的椭圆。

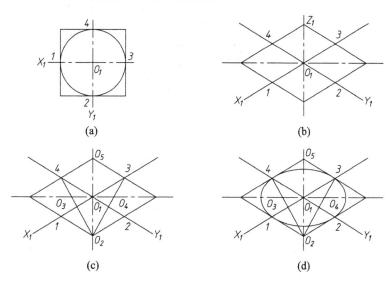

图 3-1-6 正等轴测图中椭圆的近似画法

例 3-1-3 画出圆柱的正等轴测图。

直立圆柱的顶面和底面都是直径为 d 的水平圆，其正等轴测图为平行于水平面的椭圆，长轴垂直于 $O_1 Z_1$ 轴。取圆柱顶面圆的圆心 O 为坐标原点，坐标轴如图 3-1-7(a)所示。

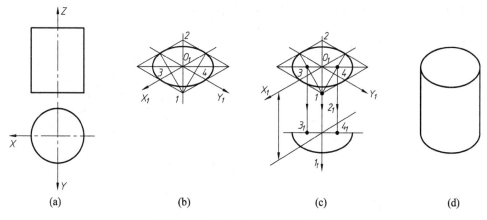

图 3-1-7 圆柱体正等轴测图的画法

作图步骤如下：

(1) 画出轴测图，并通过圆心 O_1 在轴测轴 $O_1 X_1$、$O_1 Y_1$ 上量取圆的半径 R，然后作菱形，画出顶圆的正等测椭圆，如图 3-1-7(b)所示。

(2) 将所画顶面椭圆的四个圆心沿轴测轴 $O_1 Z_1$ 方向分别向下移动圆柱高 h 的距离，即得画底面椭圆的四个圆心 1_1、2_1、3_1、4_1。用同样的方法画出圆柱底面的椭圆，如图 3-1-7(c)所示。

(3) 作两椭圆的公切线，检查、描粗，作图完成。如图 3-1-7(d)所示。

对于平行于正面与侧面的圆的正等轴测近似椭圆的基本画法与前述方法是一致的，并且这三个椭圆的形状、大小都是相同的，不同的是椭圆的长轴、短轴方向不一样，如图 3-1-8 所示。

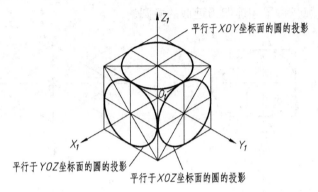

图 3-1-8　平行于坐标面的圆的正等测投影

对于平行于水平面的圆的正等轴测近似椭圆，其长轴垂直于 O_1Z_1 轴，短轴平行于 O_1Z_1 轴。

对于平行于正平面的圆的正等轴测近似椭圆，其长轴垂直于 O_1Y_1 轴，短轴平行于 O_1Y_1 轴。

对于平行于侧平面的圆的正等轴测近似椭圆，其长轴垂直于 O_1X_1 轴，短轴平行于 O_1X_1 轴。

2) 圆角的正等轴测图画法

圆角正等轴测图的绘图步骤如下：

(1) 绘出矩形平板的正等轴测图。

(2) 画圆角。根据圆角半径，求出切点；过切点作所在边的垂线，两垂线的交点即为所求圆弧的圆心；分别以两交点为圆心，在对应的两切点之间画圆弧；按平板的高度，向下复制两圆弧；最后经整理就可得如图 3-1-9 所示的圆角轴测图。

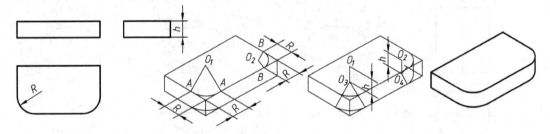

图 3-1-9　圆角正等轴测图的画法

1.2.2　斜二轴测图的绘制

1. 斜二轴测图的轴测轴、轴间角和轴向伸缩系数

斜二等轴测图的投影常选用与坐标面 XOZ 面平行，而投射方向与投影面倾斜，并不平行于任一坐标轴。在斜二轴测图中，XOZ 面投影反映实形，轴测轴 $O_1X_1 \perp O_1Z_1$ 即轴间角 $\angle X_1O_1Z_1 = 90°$，这两根轴的轴向伸缩系数为 1，轴间角 $\angle X_1O_1Y_1 = \angle Y_1O_1Z_1 = 135°$，$O_1Y_1$ 轴的轴向伸缩系数为 0.5，如图 3-1-10 所示。

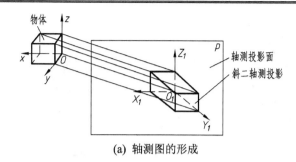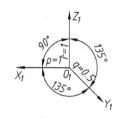

(a) 轴测图的形成   (b) 轴测轴、轴间角、轴向伸缩系数

图 3-1-10 斜二轴测图

2. 圆的斜二轴测图

在斜二轴测图中，平行于正平面的投影为与空间圆大小相等的圆，另两个圆的投影为椭圆，这两个椭圆的长轴与相应轴测轴 O_1X_1 和 O_1Z_1 的夹角为 7°10′。如图 3-1-11 所示。

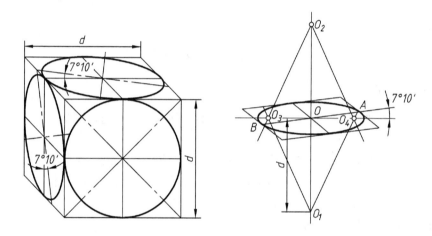

图 3-1-11 平行于坐标面的圆的斜二轴测图画法

3. 斜二轴测图的画法

在斜二等轴测图中，物体上平行于 XOZ 坐标面的直线和平面图形，都反映实长和实形。当物体上有较多的圆或曲线平行于 XOZ 坐标面时，采用斜二等轴测图作图比较方便。

例 3-1-4 画出法兰盘的斜二等轴测图。

法兰盘为阶梯回转体，为使作图方便，选取 OY 轴与回转体轴线重合，如图 3-1-12(a) 所示。这样就使法兰盘上的所有圆均平行于 XOZ 坐标面，在斜二等轴测图上反映实形。

作图步骤如下：

(1) 画出轴测轴，确定三个层次圆的圆心位置 O_1、O_2、O_3，量取 $O_1O_2 = h_1/2$、$O_1O_3 = h_2/2$，如图 3-1-12(b) 所示。

(2) 画圆筒部分，如图 3-1-12(c) 所示。

(3) 画圆盘部分，如图 3-1-12(d) 所示。

(4) 确定小圆孔的圆心，画小圆孔，如图 3-1-12(e) 所示。

(5) 擦去多余作图线，描深可见轮廓线，完成法兰盘的斜二等轴测图，如图 3-1-12(f) 所示。

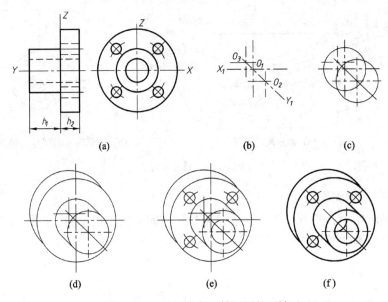

图 3-1-12 法兰盘斜二轴测图的画法

■■■➡ 任务实施

根据上面所讲的知识，现在来绘制如图 3-1-1 所示轴承座的轴测图，其作图过程分析如下。

(1) 轴承座由水平的底板和正平的立板两部分构成，其中底板存在水平圆，立板存在正平圆。比较正等轴测图和斜二轴测图，正等轴测图更能反映其空间形体，所以对于轴承座，我们选择绘制其正等轴测图。

(2) 绘制步骤见表 3-1-1 所示。

表 3-1-1 轴承座正等轴测图的画法

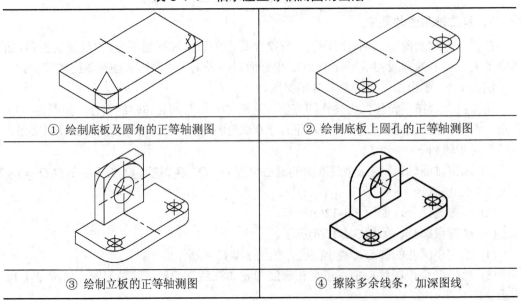

① 绘制底板及圆角的正等轴测图	② 绘制底板上圆孔的正等轴测图
③ 绘制立板的正等轴测图	④ 擦除多余线条，加深图线

项目四　轴套类零件图的绘制与识读

(1) 学会对零件进行形体分析；

(2) 掌握轴套类零件的结构特征；

(3) 掌握轴套类零件图的表面结构与几何公差的标注；

(4) 掌握轴套类零件视图的绘制；

(5) 掌握剖视图、断面图的画法和标注。

构成机器或部件的最小单元称为零件。任何一台机器或部件都是由许多零件按一定的装配关系和技术要求装配而成的，零件图是表达零件的结构形状、大小及技术要求的图样。

任务 1　轴套类零件图的绘制

⇨ 任务描述

图 4-1-1 是轴套零件的立体图，如何正确用机械图样来表达此轴套零件呢？

图 4-1-1　轴套零件立体图

轴套类零件主要是由回转体组成的，从图 4-1-1 所示的零件立体图可知，该类零件属于简单的同轴回转体零件，其共同点是：零件的主要表面为同轴度要求较高的内外回转面；零件的壁厚较薄，易变形；该类零件通常起支撑和导向作用。要正确表达其结构，取决于其中的特征面形状。因此，要完成以上工作任务，我们必须掌握常见零件的分类及剖视图的绘制方法、零件的表面结构与几何公差等相关知识。

⇨ **相关知识**

1.1 零件图的作用、内容及常见零件的分类

1. 零件图的作用

零件图是产品生产工艺过程中的重要技术文件，是生产准备、制造加工、质检装配、服务维修的基本依据。零件图全面反映了设计人员的设计思想，因此，其优劣直接影响产品的各项性能指标，也直接影响产品生产的全过程。

2. 零件图的内容

如图 4-1-2 所示是一幅齿轮油泵泵体的零件图。

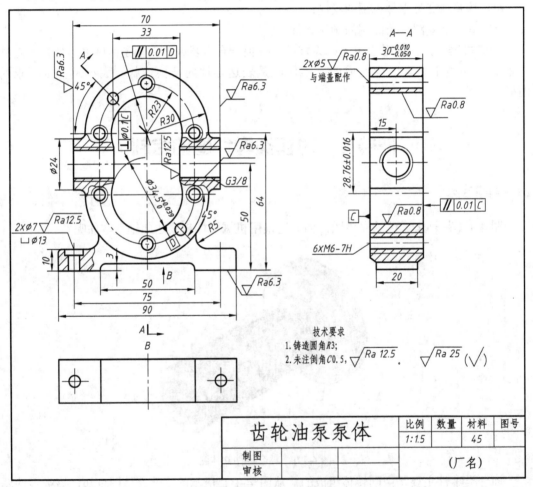

图 4-1-2 泵体零件图

由图 4-1-2 可知，一张完整的零件图应包括下列基本内容：

(1) 一组图形。选用视图、剖视图、断面图等适当的表示法，将零件的内、外结构形状正确、完整、清晰地表达出来。

(2) 全部尺寸。正确、完整、清晰、合理地标注零件在制造、检验时所需要的全部尺寸。

(3) 技术要求。用规定的符号、标记、代号和文字简明地表达出零件制造和检验时所应达到的各项技术指标，如表面粗糙度、尺寸公差、形状和位置公差、热处理等。

(4) 标题栏。填写零件的名称、材料、质量、画图比例及制图、审核人员的签名等。

3. 常见零件的分类及其特点

零件的种类很多，结构千变万化，按其在机器中的作用、结构特点、视图表达、尺寸标注、制造方法等，可将其分为轴套类、轮盘盖类、叉架类和箱体类四种类型的零件。

1) 轴套类零件

轴套类零件主要包括轴、杆、轴套、衬套等，一般起支撑传动零件和传递动力的作用。这类零件通常由几段不同直径的同轴回转体组成，轴向尺寸大于径向尺寸。常有键槽、退刀槽、中心孔、销孔，以及轴肩、螺纹等结构，这些结构的形状和尺寸大部分已标准化，如图 4-1-3 所示。轴套类零件的毛坯多系棒料或锻件，加工方法以车削、镗削和磨削为主。

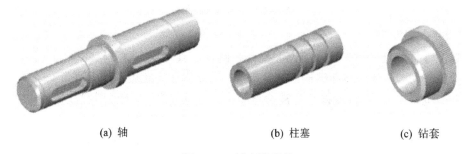

(a) 轴   (b) 柱塞   (c) 钻套

图 4-1-3 轴套类零件

2) 轮盘盖类零件

轮盘盖类零件包括端盖、压盖、法兰盘、齿轮、手轮等，一般起密封、定位、支撑轴承等作用。这类零件通常由同轴回转体或其他平板形构成，其厚度方向的尺寸比其他两个方向的尺寸小。通常有键槽、轮辐、螺孔、销孔等结构，并且常有一个端面与部件中的其他零件连接时的重要结合面，如图 4-1-4 所示。

轮盘盖类零件的毛坯多为铸件，主要在车床上进行加工。

(a) 齿轮   (b) 尾架端盖   (c) 电机端盖

图 4-1-4 轮盘盖类零件

3) 叉架类零件

叉架类零件包括拨叉、连杆、支架、支座等，一般在机器中起支撑、操纵、调节、连接等作用。这类零件通常由工作部分、支撑(或安装)部分及连接部分组成，形状比较复杂且不规则，零件上常有叉形结构、肋板和孔、槽等，如图 4-1-5 所示。

叉架类零件的毛坯多为铸件或锻件，经车、镗、铣、刨、钻等多种工序加工而成。

图 4-1-5　叉架类零件

4) 箱体类零件

箱体类零件包括各种箱体、机座、泵体、阀体、减速器壳体等，主要起支撑、包容和保护零件的作用。箱体类零件结构形状复杂，尤其是内腔。此类零件多有带安装孔的底板，上面常有凹坑或凸台结构，支撑孔处常设有加厚凸台或加强肋，表面过渡线较多，如图 4-1-6 所示。

箱体类零件的毛坯一般为铸件，主要在铣床、刨床、镗床、钻床上加工。

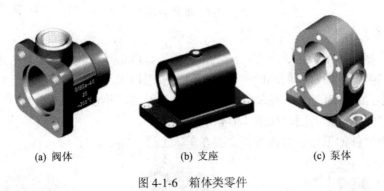

(a) 阀体　　　　　　　(b) 支座　　　　　　　(c) 泵体

图 4-1-6　箱体类零件

1.2　剖　视　图

根据国家标准规定，物体的可见轮廓线用粗实线画出，不可见轮廓线用虚线表示。当物体的内部结构形状复杂时，图中就可能出现较多的虚线，有些虚线甚至还可能与物体的外形轮廓线相重叠，如图 4-1-7 所示。虚、实线相混的图形既不利于看图，也不便于标注尺寸。为了解决这个问题，国家标准规定用剖视图来表示物体内部结构的形状。

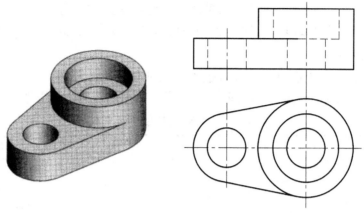

图 4-1-7 机件及视图

1. 剖视图概述

剖视图主要用于表达机件内部的结构形状,它是假想用一剖切面(平面或曲面)剖开机件,将处在观察者和剖切面之间的部分移去,而将其余部分向投影面上投射,这样得到的图形称为剖视图(简称剖视)。图 4-1-8 所示是剖视图的示意图。

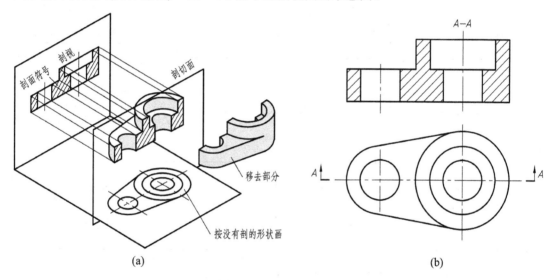

图 4-1-8 剖视图的形成

2. 剖视图的画法

1) 确定剖切面的位置

剖切面可以是平面、柱面等,其中使用最多的为剖切平面。通常剖切面位置在通过物体内部结构的对称面或回转轴线上,且平行于某一投影面,如图 4-1-8 所示。

2) 画剖视图

(1) 用粗实线画出剖面区域的轮廓线,当用剖切面剖开物体,移去被剖开的前半部分后,剖切面与物体接触部分(剖切区域)的轮廓线要用粗实线画出。实际上,当物体被剖开后,其内部一些原本看不见的结构,如孔、槽等即成为可见结构,画剖面区域的轮廓线也就是画这些可见结构的轮廓线。

(2) 应用粗实线画出剖切平面后方的所有可见轮廓线。剖视图中除画出剖切面与物体接触部分的投影外，还要画出物体上处于剖切面位置之后的其他可见部分的投影轮廓线。

3) 画剖面符号

在剖视图中，剖切面与机件接触的部分称为剖面区域。国家标准规定，剖面区域内要画上剖面符号。不同的材料采用不同的剖面符号，各种材料的剖面符号见表4-1-1。

表4-1-1 各种材料的剖面符号

材料	部面符号	材料	剖面符号
金属材料 (已有规定剖面 符号者除外)	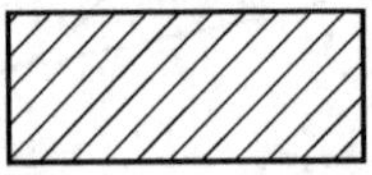	胶合板 (不分层数)	
线圈绕组元件	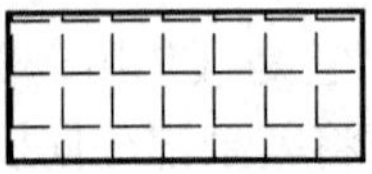	基础周围的混土	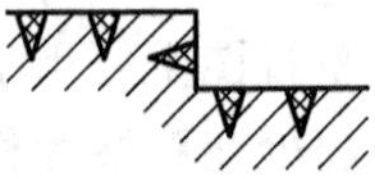
转子、电枢、变压器和 电抗器等的迭钢片	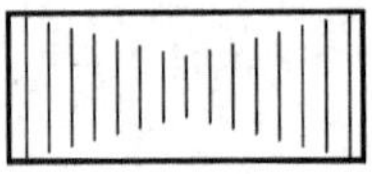	混凝土	
非金属材料 (已有规定剖面 符号者除外)	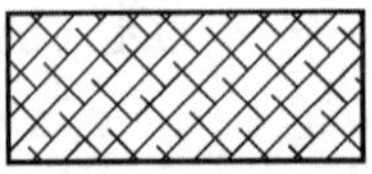	钢筋混凝土	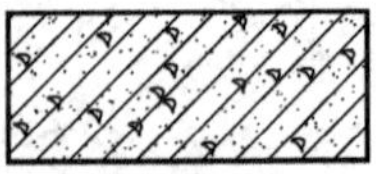
型砂、填砂、粉末冶金、 砂轮、陶瓷刀片、硬质 合金刀片等	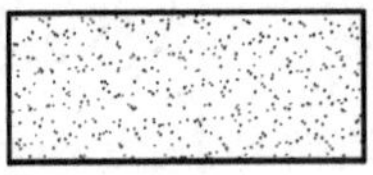	砖	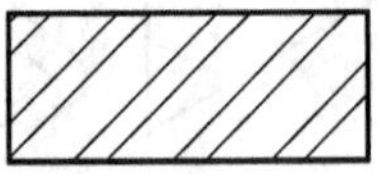
玻璃及供观察用的 其他透明材料	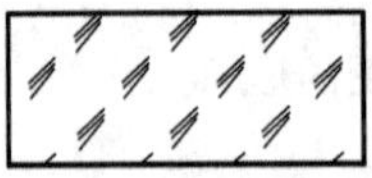	格网 (筛网、过滤网等)	
木材	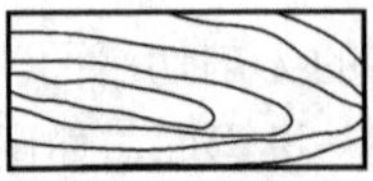 纵剖面	液体	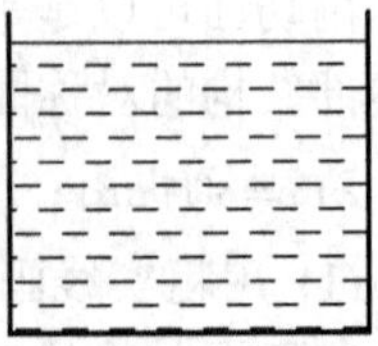
	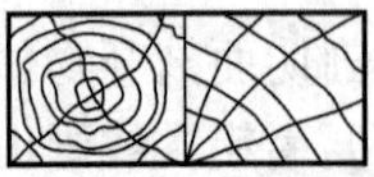 横剖面		

金属材料的剖面符号(也称剖面线)为与水平线成 45°(向左或向右倾斜)且间隔相等的细实线；同一机件在各个剖视图上剖面线的方向和间距应相同，如图 4-1-8 所示；当图形的主要轮廓线与水平方向成 45°时，该图形的剖面线画成与水平方向成 30°或 60°的细实线。

3. 剖视图的标注

为了便于看图，在剖视图上通常要标注剖切符号、投射箭头和剖视名称三项内容。

剖切符号：表示剖切面位置，用粗实线画出，长度为 5 mm 左右，在剖面的起、迄及转折处表示，并尽可能不与图形的轮廓线相交。

投射箭头：表示投影方向，画在剖切符号的两端，且应与剖切符号垂直。

剖视名称：在剖视图的正上方用大写字母标出剖视图的名称 $X—X$，并在剖切符号的两端和转折处注上相同字母。

在下列情况下，可以简化或省略标注：

(1) 当剖视图按照基本视图配置，中间无其他视图隔开时，可省略投射箭头。

(2) 当单一剖切平面通过物体的对称平面，剖视图按照基本视图配置，中间无其他视图隔开时，可省略标注。如图 4-1-8、图 4-1-11 均可省略标注。

(3) 当采用单一剖切平面且位置明显时，局部剖视图的标注可以省略。

4. 剖视图的种类

按剖切范围的大小，剖视图可分为全剖视图、半剖视图和局部剖视图三种。

1) 全剖视图

用剖切面完全地剖开物体所得的剖视图，称为全剖视图，如图 4-1-9 所示。

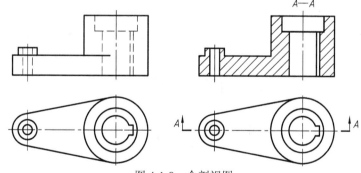

图 4-1-9　全剖视图

全剖视图用于表达机件完整的内部结构，通常用于内部结构较为复杂的机件。

2) 半剖视图

当机件具有对称平面时，在垂直于机件对称面的投影面上的投影所得的图形以对称中心线(细点画线表示)为界，一半画成剖视图，另一半画成视图，这样组合的图形称为半剖视图，如图 4-1-10 所示。

半剖视图主要用于内、外形状需在同一图上兼顾表达的对称机件。半剖视图的标注仍符合剖视图的标注规定。

画半剖视图时应注意以下几点：

(1) 剖视部分与视图部分的分界线为细点画线，不能是其他任何图线。

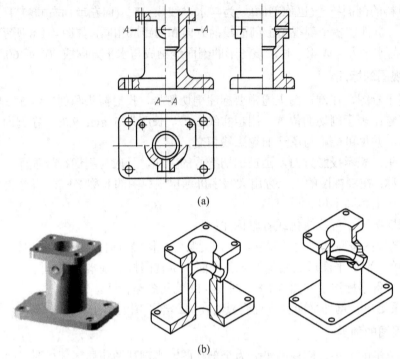

(a)

(b)

图 4-1-10　半剖视图

(2) 由于半个剖视图已将机件内部结构表示清楚,因此半个视图中不应再画出虚线;但对于孔或槽等,应画出中心线位置。对于那些在半个剖视图中未表示清楚的结构,可以在半个视图中作局部剖视,如图 4-1-10 所示。

(3) 当机件形状接近于对称,且不对称部分已有图形表示清楚时,也可画成半剖视图,如图 4-1-11 所示。

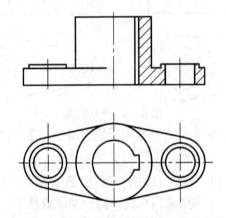

图 4-1-11　用半剖视图表示基本对称的机件

3) 局部剖视图

假想用剖切面局部地剖开机件所得的剖视图,称为局部剖视图,如图 4-1-12 所示。

局部剖视图主要用于表达机件的局部内部结构,或不宜采用全剖视图或半剖视图的地方(孔、槽等)。局部剖视图的剖切位置和剖切范围应根据需要而定,是一种比较灵活的表达方法。

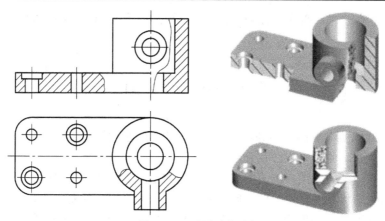

图 4-1-12 局部剖视图

画局部剖视图时，应注意以下几点：

(1) 在局部剖视图中，一般用波浪线或双折线作为剖开部分和未剖部分的分界线。波浪线不应与其他图线重合，若遇到可见的孔、槽等空洞结构，则波浪线应断开，不能穿空而过，也不允许画到外轮廓线之外，如图 4-1-13 所示。

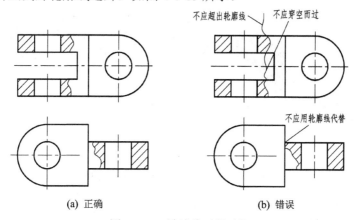

(a) 正确 (b) 错误

图 4-1-13 波浪线正误对比

(2) 当被剖切的结构为回转体时，允许将该结构的中心线作为局部剖视图与视图的分界线，如图 4-1-14(a)所示。

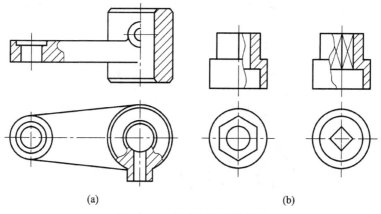

(a) (b)

图 4-1-14 局部剖视图的应用

(3) 对于不宜采用半剖视图的对称机件，可用局部剖视图表达其内部结构，如图 4-1-14(b)所示。

1.3 断 面 图

用假想的剖切面将机件的某处切断，仅画出断面(剖切面与机件接触部分)的图形称为断面图，简称断面，如图 4-1-15 所示。

断面图和剖视图的区别：断面图仅画出断面的形状，如图 4-1-15(a)所示，而剖视图不但要画出断面的形状，还要画出剖面后其他可见部分的投影，如图 4-1-15(b)所示。比较断面图和剖视图可以看出，用断面图表达轴上键槽的深度时，要比用剖视图表达得更加简捷、清晰。

断面图主要用于表达机件某处的断面形状，例如机件上的肋板、轮辐、键槽、小孔及各种型材的断面形状等。

根据断面图的配置不同，可将断面图分为移出断面图和重合断面图两类。

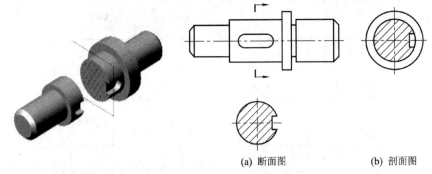

(a) 断面图   (b) 剖面图

图 4-1-15   断面图与剖视图的区别

1. 移出断面图

画在视图之外的断面图称为移出断面图。

1) 移出断面图的画法及注意事项

(1) 移出断面图的轮廓线用粗实线绘制，并在剖到的实体范围内绘制剖面线。

(2) 移出断面图可配置在剖切符号的延长线上，也可以自由配置或按投影关系配置，如图 4-1-16 所示。

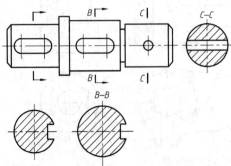

图 4-1-16   移出断面图的配置

(3) 当断面对称时，移出断面图可配置在视图的中断处，如图 4-1-17 所示。

(4) 当移出断面图是由两个或两个相交的剖切平面剖切时，断面的中间应断开，如图 4-1-18 所示。

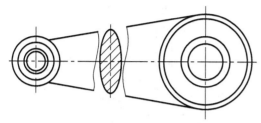

图 4-1-17 断面图配置在视图的中断处

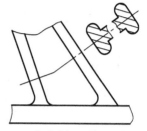

图 4-1-18 相交剖切面剖切的断面图

(5) 移出断面图的标注形式和内容与剖视图相同，根据断面是否对称及断面的配置，有些标注内容可以省略或简化，见表 4-1-2。

表 4-1-2 移出断面图的标注

断面类型	断面不同配置时的标注情况		
	配置在割切符号的延长线上	按投影关系配置	配置在其他位置
对称的移出断面	省略标注	$A—A$ A 省略箭头	$A—A$ 省略箭头
非对称的移出断面	省略字母	$A—A$ A 省略箭头	$A—A$ 标注剖切符号、字母和箭头

2) 画移出断面图的两种特殊情况

(1) 当剖切面通过回转面形成的孔或凹坑的轴线时，这些结构应按剖视图绘制，如图 4-1-19(a)所示。

(2) 当剖切平面通过非圆孔，导致出现完全分离的两个断面时，这些结构应按剖视图绘制，如图 4-1-19(b)所示。

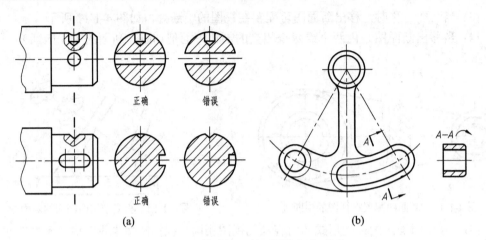

图 4-1-19　特殊情况断面图的规定画法

2. 重合断面图

画在视图之内的断面图称为重合断面图。

重合断面图的画法及注意事项如下：

(1) 重合断面图的轮廓线用细实线绘制，与原视图轮廓线的重合部分，视图轮廓线不中断，在剖到的实体范围内绘制剖面线，如图 4-1-20(a)所示。

(2) 画局部断面图时，断面轮廓不封闭，如图 4-1-20(b)所示。

(3) 对称断面的标注可省略，如图 4-1-20(b)、(d)所示；不对称断面图，要标注剖切符号和投影方向(用箭头)，如图 4-1-20(c)所示。

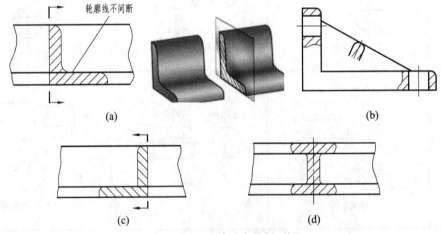

图 4-1-20　四种重合的断面图

1.4　局部放大图

将机件的部分结构用大于原图形的比例放大画出的图形，称为局部放大图，如图 4-1-21 轴的局部放大图所示。

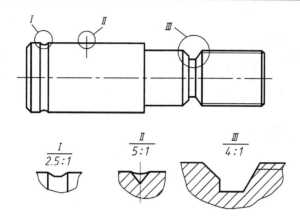

图 4-1-21　局部放大图

当机件上的细小结构在视图中表达不清，或不便于标注尺寸时，可采用局部放大图。局部放大图可以画成视图、剖视图或断面图，与被放大部分在原图中的表达方式无关。

局部放大图的画法和注意事项如下：

(1) 在原图上用细线圆或细线长圆将需要放大的部位圈起来，当被放大的部位有两处以上时，必须用罗马数字编号。

(2) 放大图一般配置在被放大部位的附近，当被放大的部位为两处以上时，在放大图上方以分数的形式标出比例和放大部位的编号。当放大部位仅为一处时，在局部放大图上方只注明所采用的比例。局部放大图的投影方向应与被放大部分的投影方向一致。

(3) 局部放大图的断裂边界用波浪线表示。

1.5　轴套类零件视图表达方案的选择

根据轴套类零件的结构特点，其视图表达方案的选择如下。

1. 主视图的选择

(1) 轴套类零件主要在车床上加工，位置将轴线水平安放来画主视图。这样既符合投射方向的"大信息量(或特征性)原则"，也基本符合其工作位置(或安装位置)原则。通常将轴的大头朝左，小头朝右；轴上键槽、孔可朝前或朝上，表示其形状和位置明显。

(2) 形状简单且较长的零件可采用折断法；实心轴上个别部分的内部结构形状，可用局部剖视图兼顾表达；空心轴套可用剖视图(全剖、半剖或局部剖)表达；轴端中心孔不作剖视，用规定标准代号来表示。

2. 其他视图的选择

(1) 轴套类零件的主要结构形状是同轴回转体，在主视图上标注出相应的直径符号"ϕ"即可表达清楚其形体特征，故一般不必再画其他基本视图(结构复杂的轴例外)。

(2) 对未表达完整清楚的局部结构形状(如键槽、退刀槽、孔等)，可另用断面图、局部视图和局部放大图等补充表达，这样既清晰又便于标注尺寸，如图 4-1-22 所示。

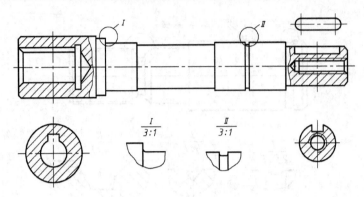

图 4-1-22　轴类零件视图的表达

1.6　轴套类零件图的尺寸标注

　　零件图的尺寸标注是零件图的主要内容之一，是零件加工制造的主要依据。因此，在标注零件尺寸时既要符合尺寸标注的有关规定，又要达到完整、清晰、合理的要求。尺寸标注合理，是指所标注尺寸既要满足设计要求，又要满足加工、测量和检验等制造工艺要求。为了能做到尺寸标注合理，必须对零件进行结构分析、形体分析和工艺分析，正确选择尺寸基准，并选择合理的标注形式，结合零件的具体情况标注尺寸。

1. 尺寸基准的选择

　　零件在设计、制造和检验时，计量尺寸的起点称为尺寸基准。根据基准的作用不同，尺寸基准分为设计基准和工艺基准。

1) 设计基准

　　根据机器的结构和设计要求，用以确定零件在机器中位置的一些面、线、点，称为设计基准。如图 4-1-23(a)所示，依据轴线 *B* 及右轴肩 *A* 确定齿轮轴在机器中的位置(标注尺寸 100)，因此该轴线和右轴肩端平面分别为齿轮轴的径向和轴向的设计基准。

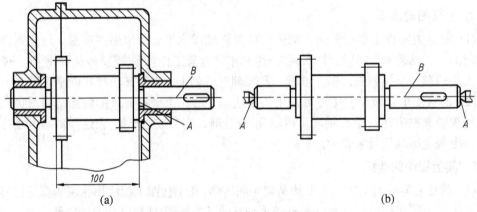

| (a) | (b) |

图 4-1-23　设计基准与工艺基准

2) 工艺基准

　　根据零件加工制造、测量和检测等工艺要求所选定的一些面、线、点，称为工艺基准。

图 4-1-23(b)所示的齿轮轴,加工、测量时是以轴线 *B* 和左、右端面 *A* 分别作为径向和轴向的基准,因此该零件的轴线和左、右端面为工艺基准。

3) 基准的选择

任何一个零件都有长、宽、高三个方向(或轴向、径向两个方向)的尺寸,每个尺寸都有基准,因此每个方向至少要有一个基准。同一方向上有多个基准时,其中必定有一个基准是主要的,称为主要基准;其余的基准则为辅助基准。主要基准与辅助基准之间应有尺寸联系,如图 4-1-24 所示。

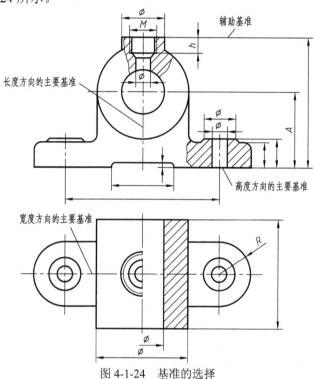

图 4-1-24 基准的选择

主要基准应与设计基准和工艺基准重合,工艺基准应与设计基准重合,这一原则称为基准重合原则。符合基准重合原则既能满足设计要求,又能满足工艺要求。一般情况下,工艺基准与设计基准是可以做到统一的,当两者不能统一起来时,要按设计要求标注尺寸,在满足设计要求的前提下,力求满足工艺要求。可作为设计基准或工艺基准的面、线、点主要有:对称平面、主要加工面、结合面、底平面、端面、轴肩平面,轴线、对称中心线、球心等。

对于轴套类零件一般选择轴线作为径向尺寸基准(轴线既是设计基准又是工艺基准),重要的轴肩面或端面(为定位面或接触面)作为长度方向的尺寸基准。有设计要求的主要尺寸须从基准直接标注出,其余尺寸一般按加工顺序标注。标准结构(如倒角、退刀槽、键槽等)的尺寸,应该先查阅有关手册,再进行标注。

2. 尺寸标注的形式

零件的结构设计、工艺要求不同,尺寸的基准选择也不尽相同。零件图上的尺寸标注一般有下列三种形式。

1) 链状式

零件同一方向的几个尺寸依次首尾相接,后一尺寸以它邻接的前一个尺寸的终点为起点(基准)，注写成链状，称为链状式，如图 4-1-25(a)所示。

优点：能保证每一段尺寸的精度要求，前一段尺寸的加工误差不影响后一段。

缺点：各段的尺寸误差累积在总体尺寸，总体尺寸的精度得不到保证。

在机械制造业中，链状式常用于标注中心之间的距离、阶梯状零件中尺寸要求十分精确的各段及用组合刀具加工的零件。

2) 坐标式

零件同一方向的几个尺寸由同一基准出发进行标注，如图 4-1-25(b)所示。

优点：各段尺寸的加工精度只取决于本段的加工误差，不会产生累积误差。

当需要从一个基准定出一组精确的尺寸时经常采用这种方法。

3) 综合式

零件同一方向的多个尺寸，既有链状式又有坐标式，是这两种形式的综合，如图 4-1-25(c)所示。

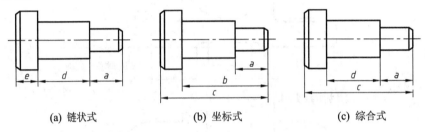

(a) 链状式   (b) 坐标式   (c) 综合式

图 4-1-25　尺寸标注的三种形式

实际上，单纯采用链状式或坐标式标注尺寸是极少见的，用得最多的是综合式。

3. 标注尺寸的注意事项

(1) 零件图上的重要尺寸必须直接标注出，以保证设计要求。如零件上反映该零件所属机器或部件规格性能尺寸，零件间的配合尺寸、有装配要求的尺寸以及保证机器或部件正确安装的尺寸等，图上都应直接标注出来，如图 4-1-24 所示的 A 尺寸。

(2) 不能标注成封闭的尺寸链。封闭的尺寸链是首尾相接，形成一个封闭圈的一组尺寸。如图 4-1-26 中，已分别标注出各段尺寸 a、b、c，如再标注出总长 d，这四个尺寸就构成了封闭尺寸链，每个尺寸为尺寸链中的组成环。根据尺寸标注形式对尺寸误差的分析，尺寸链中任一环的尺寸误差，都等于其他各环的尺寸误差之和。因此，如标注成封闭尺寸链，欲同时满足各组成环的尺寸精度是办不到的。

因此，标注尺寸时应在尺寸链中选一个不重要的环不标注尺寸，该环称为开口环，如图 4-1-27(a)中长度方向的未注尺寸段。

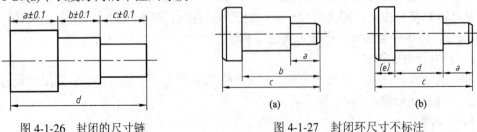

图 4-1-26　封闭的尺寸链   图 4-1-27　封闭环尺寸不标注

但出于某种需要，有时也可标注出开口环尺寸，但必须加括号，称之为参考尺寸，加工时不作测量和检验，如图 4-1-27(b)中的(e)。

(3) 应按加工顺序标注尺寸。按加工顺序标注尺寸符合加工过程，方便加工和测量，从而易于保证工艺要求。轴套类零件的一般尺寸或零件阶梯孔等都按加工顺序标注尺寸。表 4-1-3 表示齿轮轴在车床上的加工顺序，车削加工后还要铣削轴上键槽和加工轮齿。从加工顺序的分析中可以看出，图 4-1-28 对该齿轮轴的尺寸标注法是符合加工要求的。图中除了轮齿宽度 $28_{-0.041}^{-0.020}$ 这一功能尺寸是从设计基准直接注出之外，其余轴向尺寸因结构上没有特殊要求，都按加工顺序来标注。

表 4-1-3 齿轮轴在车床上的加工顺序

序号	说 明	图 例	序号	说 明	图 例
1	车齿轮轴的两端面，使长度为140，并打中心孔		4	车外圆到 $\phi14$，长度为 35	
2	车齿轮坯齿顶圆到 $\phi40$，车外圆到 $\phi16$，长度为 17，并切槽、倒角		5	车外圆到 $\phi12$，并控制 $\phi14$ 的长度为 14	
3	调头，车外圆到 $\phi16$，并保证齿轮宽度为 28		6	切槽、倒角，车螺纹	

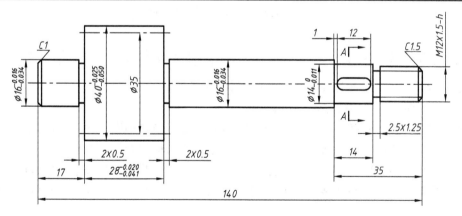

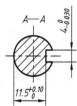

图 4-1-28 齿轮轴的尺寸标注示例

(4) 不同工种加工的尺寸应尽量分开标注。如图 4-1-28 所示,齿轮轴上的键槽是在铣床上加工的,标注键槽尺寸应与其他的车削加工尺寸分开,这样有利于看图。图中将键槽长度尺寸及其定位尺寸标注在主视图上方,车削加工的各段长度尺寸标注在主视图下方,键槽的宽度和深度集中标注在断面图上,这样配置尺寸,清晰易找,加工时看图方便。

(5) 标注尺寸应尽量方便测量。在没有结构上或其他重要的技术要求时,标注尺寸应尽量考虑测量方便。如图 4-1-29(a)所示的一些图例是由设计基准标注出中心至某面的尺寸,但不易测量;考虑到对设计要求影响不大,按图 4-1-29(b)所示的标注法则便于测量。在满足设计要求的前提下,所标注尺寸应尽量做到使用普通量具就能测量,以减少专用量具的设计和制造。

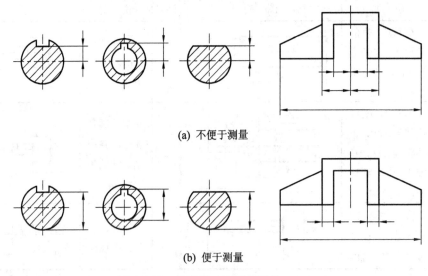

(a) 不便于测量

(b) 便于测量

图 4-1-29 标注尺寸要便于测量

••••➡ 任务实施

根据所学知识,绘制如图 4-1-1 所示的轴套零件图。

(1) 分析零件结构,确定表达方案。

① 结构分析。该零件属于轴套类零件,其基本形状是同轴回转体。在轴套上通常有通孔、沉头孔、退刀槽、倒圆等结构。此类零件主要在车床或磨床上加工。

② 主视图的选择。该零件的主视图按其加工位置来选择,一般按水平位置放置。这样既可把各段形体的相对位置表示清楚,同时又能反映出轴上孔、轴肩、退刀槽等结构。采用全剖视图。

③ 其他视图的选择。该零件的主要结构形状是回转体,一般先画一个主视图。确定了主视图后,会发现对轴套的沉头孔未表达出,因此再画出其左(或右)视图。

(2) 选择比例(优选 1 : 1),计算尺寸标注位置,确定图纸幅面,画图框线和标题栏。

(3) 布图,画各图形的基准线,如图 4-1-30 所示。

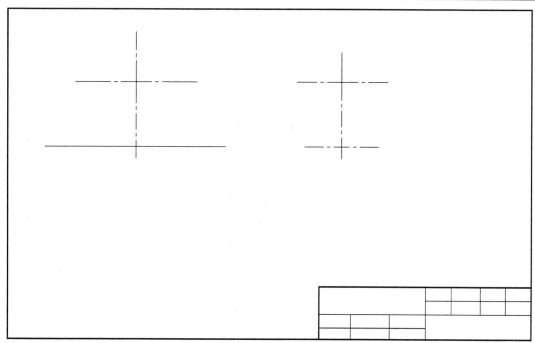

图 4-1-30 绘制基准线

(4) 画一组视图的底稿，如图 4-1-31 所示。

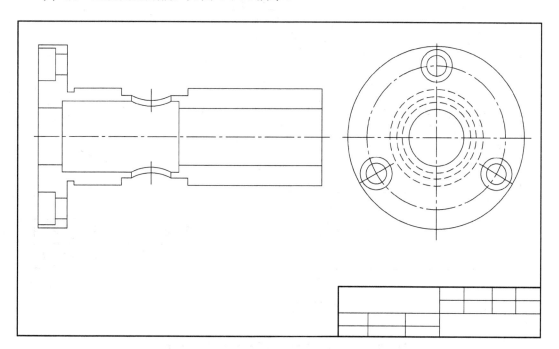

图 4-1-31 绘制底稿

(5) 检查底稿，标注尺寸及注写技术要求，如图 4-1-32 所示。

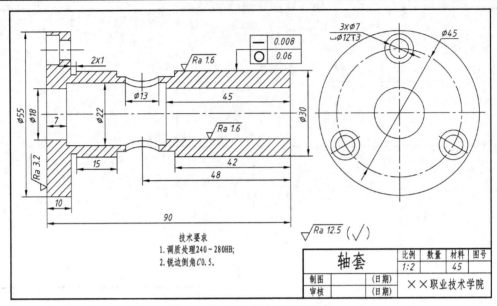

图 4-1-32　标注尺寸及技术要求

(6) 校核，加深图线，填写标题栏，完成轴套零件工作图，如图 4-1-33 所示。

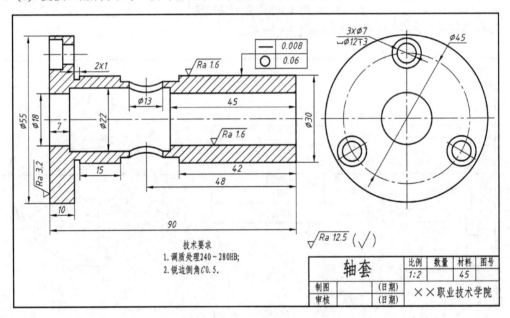

图 4-1-33　轴套零件图

任务 2　传动轴零件图的绘制

⇨ 任务描述

图 4-2-1 是传动轴的立体图，如何正确地用机械图样表达该零件工作图呢？

常见的轴类零件有光轴、阶梯轴、空心轴。轴上常见的结构有退刀槽、倒角、圆角、键槽、中心孔、螺纹等。轴类零件主要用来支撑转动零件和传递转矩。要正确表达轴类零件，就必须掌握轴类零件的视图表达方案、断面图、局部放大图、轴类零件的尺寸标注与技术要求、轴类零件的常见结构等相关知识。

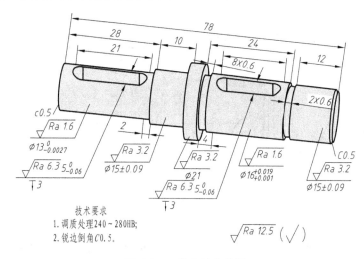

技术要求
1. 调质处理240～280HB；
2. 锐边倒角C0.5。

图 4-2-1　传动轴立体图

⇨ **相关知识**

2.1　零件的表面结构

为保证零件装配后的使用要求，机械图样上除了对零件各部分结构的尺寸、形状和位置给出公差要求外，还应根据功能需要对零件的表面质量——表面结构给出要求。表面结构是表面粗糙度、表面波纹度、表面缺陷、表面纹理和表面几何形状的总称。GB/T 131—2006(产品几何技术规范(GPS)技术产品文件中表面结构的表示法)对表面结构的各项要求在图样上的表示法作了具体规定。

1. 表面结构中的表面粗糙度的概念

无论是机械加工的零件表面，还是铸、锻、焊等方法获得的零件表面，在加工过程中由于系统的高频振动、材料、环境和人为等一些因素的影响，加工表面总会留下高低不平的加工痕迹，如图 4-2-2 所示。这种加工表面上具有的较小间距的峰谷所组成的微观几何形状特性称为表面粗糙度。

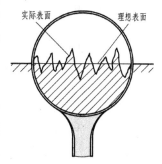

图 4-2-2　表面粗糙度

表面粗糙度是衡量零件质量的一项主要指标，对零件的配合、耐磨性、抗腐蚀性、接触刚度、抗疲劳强度、密封性和外观都有影响。

2. 表面结构中表面粗糙度的评定参数及数值

国家标准 GB/T 3505—2000 中规定了表面粗糙度的评定参数，分别为轮廓算术平均偏差 Ra、微观不平度十点高度 Ry、轮廓最大高度 Rz 三种参数，其中使用最广的是轮廓算术平均偏差 Ra(如图 4-2-3 所示)。Ra 是在取样长度 L 内轮廓偏距 Y 的绝对值的算术平均值，可用下面算式表示：

$$Ra = \frac{|Y_1| + |Y_2| + |Y_3| + \cdots + |Y_n|}{n} = Ra = \frac{1}{l} \int_0^n |y(x)| \, dx$$

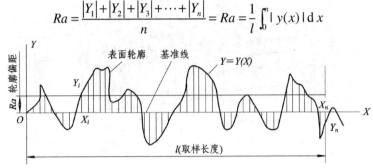

图 4-2-3　轮廓算术平均偏差 Ra

Ra 的数值愈小，零件表面愈平整光滑；Ra 的数值愈大，零件表面愈粗糙。零件表面粗糙度数值的选用原则是既要满足零件表面的功能要求，又要考虑经济合理性。即在满足使用要求的前提下，应选用较大的 Ra 值。

常用的轮廓算术平均偏差 Ra 的数值见表 4-2-1。

表 4-2-1　轮廓算术平均偏差 Ra 的数值　　　　　　　　　　　　μm

第一系列	第二系列	第一系列	第二系列	第一系列	第二系列	第一系列	第二系列
	0.008						
	0.010						
0.012			0.125		1.25	12.5	
	0.016		0.160	1.6			16
	0.020	0.20		2.0			20
0.025			0.25		2.5	25	
	0.032		0.32	3.2			32
	0.040	0.40			4.0		40
0.050			0.50		5.0	50	
	0.063		0.63	6.3			63
	0.080	0.80			8.0		80
0.100			1.00		10.0	100	

注：优先选用第一系列数值。

3. 表面结构的图形符号与代号

(1) 表面结构的图形符号。标注表面结构要求时的图形符号种类、名称、尺寸及其含义见表 4-2-2 和表 4-2-3。

表 4-2-2　表面粗糙度符号及含义

符号名称	符　号	含　义
基本图形符号	H_1, H_2, d' 尺寸见表4-2-3	未指定加工方法的表面，通过注释可以单独使用
扩展图形符号		用去除材料的方法获得的表面，仅当其含义为"被加工表面"时可单独使用
		用不去除材料的方法获得的表面，也可用于保持上道工序形成的表面
完整图形符号		对基本符号和扩展符号的扩充，用于对表面结构有补充要求的标注
		表示在图样某个视图上构成封闭轮廓的各种表面有相同的表面结构要求
补充要求的注写		位置 a：注写表面结构的单一要求；位置 a 和 b：注写两个或多个要求；位置 c：注写加工方法；位置 d：注写表面纹理和方向；位置 e：注写加工余量

表 4-2-3　表面结构图形符号的尺寸　　　　　　mm

数字与字母的高度 h	2.5	3.5	5	7	10	14	20
符号宽度 d'	0.25	0.35	0.5	0.7	1	1.4	2
字母线宽	0.25	0.35	0.5	0.7	1	1.4	2
高度 H_1	3.5	5	7	10	14	20	28
高度 H_2(最小值)	7.5	10.5	15	21	30	42	60

(2) 表面结构代号。表面结构代号包括图形符号、参数代号及相应的数值等其他有关规定。表面结构代号的标注示例及其含义见表 4-2-4。

表 4-2-4　表面结构代号的标注示例及含义

序号	符　号	含　义
1	Rz 0.4	表示不允许去除材料，单向上限值，默认传输带，R 轮廓，粗糙度的最大高度为 0.4 μm，评定长度为 5 个取样长度(默认)，"16%"规则(默认)
2	Rzmax 0.2	表示去除材料，单向上限值，默认传输带，R 轮廓，粗糙度的最大高度为 0.2 μm，评定长度为 5 个取样长度(默认)，"最大规则"

序号	符 号	含 义
3	$\sqrt{0.008-0.8/Ra\ 3.2}$	表示去除材料，单向上限值，传输带为 0.008～0.8 mm，R 轮廓，算术平均偏差为 3.2 μm，评定长度为 5 个取样长度(默认)，"16%"规则(默认)
4	$\sqrt{-0.8/Ra3\ 3.2}$	表示去除材料，单向上限值，传输带：根据 GB/T 6062 取样长度为 0.8 mm，R 轮廓，算术平均偏差为 3.2 μm，评定长度为 3 个取样长度，"16%"规则(默认)
5	$\sqrt{\begin{array}{l}U\ Ra\ max\ 3.2\\L\ Ra\ 0.8\end{array}}$	表示不允许去除材料，双向极限值，两极限值均使用默认传输带，R 轮廓，上限值：算术平均偏差为 3.2 μm，评定长度为 5 个取样长度(默认)，"最大规则"；下限值：算术平均偏差 0.8μm，评定长度为 5 个取样长度(默认)，"16%"规则(默认)
6	$\sqrt[3]{\begin{array}{l}0.008-4/Ra\ 50\\0.008-4/Ra\ 6.3\end{array}}$	表示去除材料，双向极限值，上极限：$Ra = 50$ μm，下极限：$Ra = 6.3$ μm；上、下极限传输带均为 0.008～4 mm；默认的评定长度均为 20 mm，"16%"规则(默认)，加工余量为 3 mm
7	铣 $\sqrt{\begin{array}{l}Ra\ 0.8\\-2.5/Rz\ 3.2\end{array}}\perp$	表示去除材料，两个单向上限值：① 默认传输带和评定长度，算术平均偏差为 0.8 μm，"16%"规则(默认)；② 传输带为 −2.5μm；默认的评定长度，轮廓的最大高度为 3.2 μm，"16%"规则(默认)
8	$\sqrt[y]{}\sqrt[z]{}$	简化符号：符号及所加字母的含义由图样中的标注来进行说明

4. 表面结构要求在图样上的标注法

(1) 表面结构要求对每一表面一般只标注一次，并尽可能标注在相应的尺寸及其公差的同一视图上。除非另有说明，所注写的表面结构要求是对完工零件表面的要求。

(2) 表面结构的注写和读取方向与尺寸的注写和读取方向一致，如图 4-2-4 所示。表面结构要求可标注在轮廓线上，其符号应从材料外指向并接触表面，如图 4-2-5 所示。必要时，表面结构也可用带箭头或黑点的指引线引出标注，如图 4-2-6 所示。

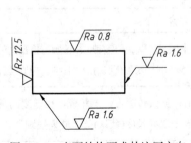

图 4-2-4 表面结构要求的注写方向

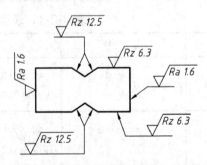

图 4-2-5 表面结构要求在轮廓线上的标注

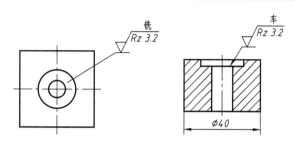

图 4-2-6 用指引线引出标注表面结构要求

(3) 在不致引起误解时，表面结构要求可以标注在给定的尺寸线上，如图 4-2-7 所示，也可标注在形位公差框格的上方，如图 4-2-8 所示。

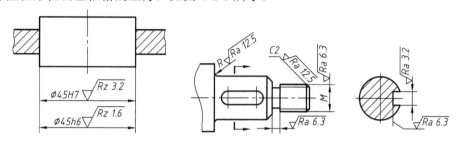

图 4-2-7 表面结构要求在尺寸线上的标注法

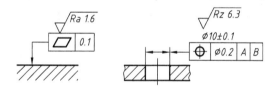

图 4-2-8 表面结构要求在形位公差框格上方的标注法

(4) 圆柱和柱体表面结构要求只标注一次，如图 4-2-9 所示。如果每个棱柱表面有不同的表面要求，则应分别单独标注，如图 4-2-10 所示。

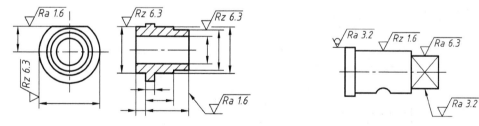

图 4-2-9 表面结构要求标注在圆柱特征的延长线上　　图 4-2-10 圆柱和棱柱表面结构要求的标注法

5. 表面结构要求在图样中的简化标注法

(1) 有相同表面结构要求的简化标注法。如果在工件的多数(包含全部)表面有相同的表面结构要求，则其表面结构要求可统一标注在图样的标题栏附近。此时，表面结构要求的符号后面应在圆括号内给出无任何其他标注的基本符号，如图 4-2-11(a)所示，或在圆括号内给出不同的表面结构要求，如图 4-2-11(b)所示。

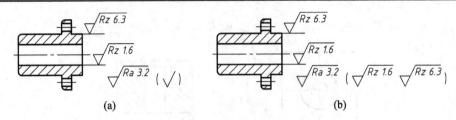

图 4-2-11　大多数表面有相同表面结构要求的简化标注法

图中括号内给出的粗糙度参数是指定表面的粗糙度的要求(即图中标出的表面的粗糙度的要求：$Rz1.6$ 和 $Rz6.3$)，括号外是大多数表面的粗糙度的要求(即其余表面的粗糙度要求)。图示的简化标注方法可以任选其一。

(2) 用带字母的完整符号的简化标注法。当多个表面具有相同的表面结构要求或图纸空间有限时，也可采用简化标注法，以等式的形式给出说明，如图 4-2-12 所示。

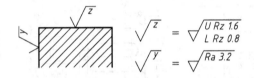

图 4-2-12　在图纸空间有限时的简化标注法

(3) 只用表面结构符号的简化标注法。当多个表面有相同的表面结构要求时，在图中只标注基本符号或扩展符号，然后以等式的形式注释在标题栏附近，如图 4-2-13 所示。

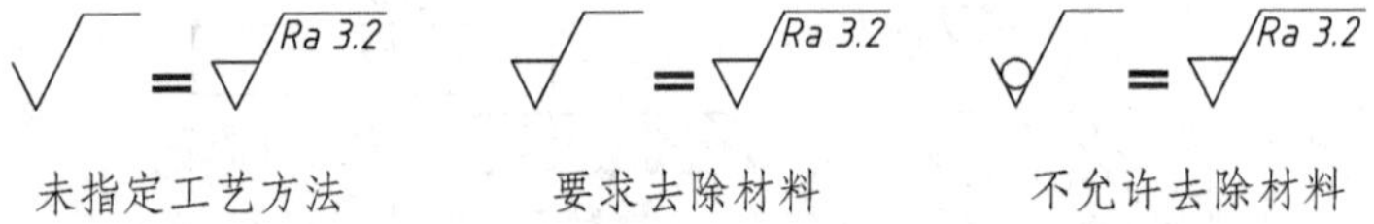

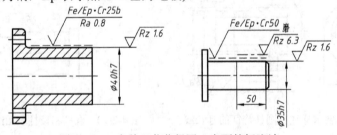

图 4-2-13　只用表面结构符号的简化标注法

(4) 两种或多种工艺获得的同一表面的标注法。由几种不同的工艺方法获得的同一表面，当需要明确每种工艺方法的表面结构要求时，可按图 4-2-14 所示进行标注(注：图中 Fe 表示基体材料为钢，Ep 表示加工工艺为电镀)。

图 4-2-14　多种工艺获得同一表面的标注法

6. 表面结构的选用原则

表面结构的选用原则：在满足功能要求的前提下，尽量选择较大的表面粗糙度参数值，以减小加工困难，降低生产成本。

(1) 同一零件上工作表面比非工作表面粗糙度参数值小。

(2) 摩擦表面比非摩擦表面、滚动摩擦表面比滑动摩擦表面的粗糙度参数值小。

(3) 承受交变载荷的表面及易引起应力集中的部分(如圆角、沟槽等),粗糙度参数值应小些。

(4) 要求配合稳定可靠时,粗糙度参数值应小些;小间隙配合表面、受重载作用的过盈配合表面,其粗糙度参数值应小些。

(5) 表面粗糙度与尺寸及形状公差应协调,同一尺寸公差的轴比孔的粗糙度参数值要小。

(6) 密封性、防腐性要求高的表面或外形美观的表面,其表面粗糙度参数值都应小些。

(7) 凡有关标准已对表面粗糙度要求作出规定者(如轴承、量规、齿轮等),应按标准规定选取表面粗糙度参数值。

表 4-2-5 中列出了常用的 Ra 值与表面特征、加工方法的对应关系及应用举例,供读者选用时参考。

表 4-2-5 常用的 Ra 值和应用举例

$Ra/\mu m$	表面特征	主要加工方法	应 用 举 例
50、100	明显可见刀痕	粗车、粗铣、粗刨、钻、粗铰锉刀和粗砂轮加工	粗糙度最低的加工面,一般很少使用
25	可见刀痕		
12.5	微见刀痕	粗车、刨、立铣、平铣、钻	不接触表面、不重要的接触面,如螺钉、倒角、机座底面等
6.3	可见加工刀痕	精车、精铣、精刨、铰、镗、粗磨等	没有相对运动的零件接触面,如箱、盖、套筒要求紧贴的表面,键和键槽工作表面;相对运动速度不高的接触面,如支架孔、衬套的工作表面等
3.2	微见加工刀痕		
1.6	看不见加工刀痕		
0.8	可辨加工痕迹方向	精车、精铣、精拉、精镗、精磨等	要求很好密合的接触面,如与滚动轴承配合的表面、锥销孔等;相对速度较高的接触面,如滑动轴承的配合表面、齿轮轮齿的工作表面等
0.4	微辨加工痕迹方向		

7. 表面结构要求标注示例

标注零件图的表面结构要求示例如图 4-2-15 所示。

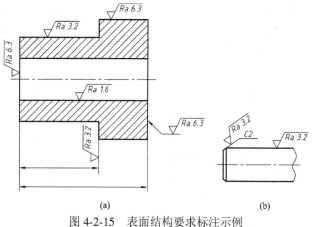

(a)   (b)

图 4-2-15 表面结构要求标注示例

2.2　零件的几何公差

机械零件几何要素的形状、方向和位置精度是该零件的一项主要质量指标，很大程度上影响着该零件的质量和互换性，因而它也影响着整个机械产品的质量。为了保证机械产品的质量和零件的互换性，应该在零件图上给出几何公差(以前称为形状和位置误差，简称形位公差)，规定零件加工时产生的几何误差的允许变动范围，并按零件图上给出的几何公差来检测加工后零件的几何误差是否符合设计要求。

1. 几何公差的概念

几何公差是指实际被测要素对图样上给定的理想形状、理想方位的允许变动量。因此，形状公差是指实际单一要素的形状的允许变动量；方向或位置公差是指实际关联要素的方位对基准所允许的变动量。

GB/T 1182—2008 规定的几何公差的特性项目分为形状公差、方向公差、位置公差及跳动公差等四种，共有 19 项，它们的名称和符号见表 4-2-6。其中，形状公差没有基准要求，方向公差、位置公差和跳动公差都有基准要求。

表 4-2-6　几何公差的特征项目及其符号

公差类型	几何特征	符号	有或无基准要求	公差类型	几何特征	符号	有或无基准要求
形状公差	直线度	—	无	位置公差	同心度(用于中心点)	◎	有
	平面度	▱	无		同轴度(用于轴线)	◎	有
	圆度	○	无		对称度	≡	有
	圆柱度	⌭	无		位置度	⊕	有
	线轮廓度	⌒	无		线轮廓度	⌒	有
	面轮廓度	⌓	无		面轮廓度	⌓	有
方向公差	平行度	//	有				
	垂直度	⊥	有	跳动公差	圆跳动	↗	有
	倾斜度	∠	有				
	线轮廓度	⌒	有		全跳动	⌰	有
	面轮廓度	⌓	有				

2. 几何公差的标注

(1) 几何公差的代号。零件要素的几何公差要求按规定的方法表示在图样上。对被测要素提出特定的几何公差要求时，采用水平绘制的矩形方框的形式给出该要求。这种矩形框称为几何公差框格，由两格或多格组成，如图 4-2-16 所示。框格中的内容，从左到右第一格填写公差特征项目符号，第二格填写以毫米(mm)为单位表示的公差值和有关符号，从第三格起填写被测要素的基准所使用的字母和有关符号。

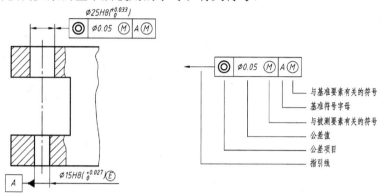

图 4-2-16　几何公差框格中的内容填写示例

带箭头的指引线从框格的一端(左端或右端)引出，并且必须垂直于该框格，用它的箭头与被测要素相连。它引向被测要素时，允许弯折，通常只弯折一次。

(2) 被测要素。当被测要素为线或表面时，指引线箭头应指在该要素的轮廓线或其延长线上，并应明显地与该要素的尺寸线错开，如图 4-2-17 所示。

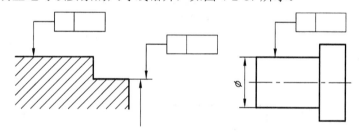

图 4-2-17　被测要素为线或表面

当被测要素为轴线、球心或中心平面时，指引线箭头应与该要素的尺寸线对齐，如图 4-2-18 所示。

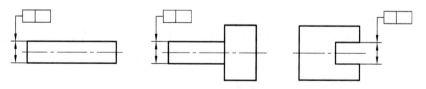

图 4-2-18　被测要素为轴线或中心平面时

当被测要素相同且有不同公差项目时，可以把框格叠加在一起，如图 4-2-19 所示。

(3) 基准要素的标注。基准要素用基准符号表示，基准符号由一个带方格的英文大写字母用细实线与一个涂黑或空白三角形相连而组成。GB/T 1182—2008 规定的基准符号的画法如图 4-2-20 所示(涂黑的和空白的基准三角

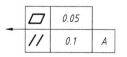

图 4-2-19　同一表面有不同的几何公差要求

形含义相同)。表示基准的字母也要标注在相应被测要素的公差框格内。基准符号引向基准要素时，其方格中的字母应水平书写。

当基准要素是轮廓线或轮廓面时，基准三角形放置在要素的轮廓线或其延长线上，与尺寸线明显错开，如图 4-2-21(a)所示。基准三角形也可放置在该轮廓面引出线的水平线上，如图 4-2-21(b)所示。

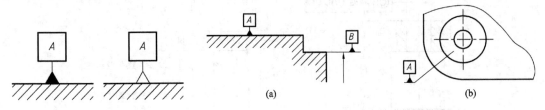

图 4-2-20　基准符号　　　　　　　图 4-2-21　基准为轮廓线或轮廓面

当基准要素是确定的轴线、中心平面或中心点时，基准三角形应放置在该尺寸线的延长线上。如果没有足够的位置标注基准要素的两个尺寸箭头，则其中一个箭头可用基准三角形来代替，如图 4-2-22 所示。

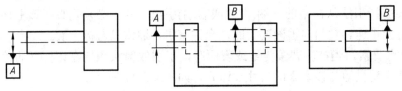

图 4-2-22　基准为轴线、中心平面

如果给定的公差仅适合于要素的某一指定局部，则应用粗点画线表示出该局部的范围，并加注尺寸，如图 4-2-23 所示。

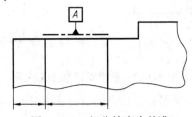

图 4-2-23　部分轮廓为基准

由两个要素组成的公共基准，在框格中用由横线隔开的大写字母来表示，如图 4-2-24(a)所示；由两个或三个要素组成的基准体系(如多基准组合)，表示基准的大写字母应按基准的优先次序从左至右分别置于各框格中，如图 4-2-24(b)所示。

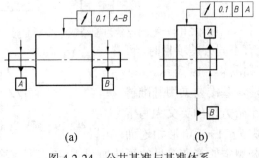

(a)　　　　　　　　(b)

图 4-2-24　公共基准与基准体系

3. 几何公差标注示例

识读图 4-2-25 中所示各种几何公差的含义。

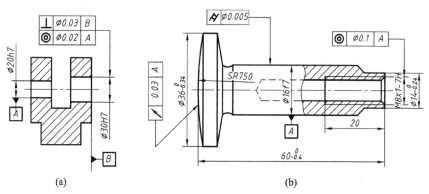

图 4-2-25 几何公差标注示例

图 4-2-25 中几何公差的含义如表 4-2-7 所示。

表 4-2-7 综合标注示例说明

图 号	标 注 代 号	含 义 说 明
图 4-2-25(a)	⊥ ⌀0.03 B	表示零件上两孔轴线与基准平面 B 的垂直误差，必须位于直径为公差值 0.03 mm 的圆柱面范围内
	◎ ⌀0.02 A	表示零件上两孔轴线的同轴度误差，⌀30H7 的轴线必须位于直径为公差值 0.02 mm，且与 ⌀20H7 基准孔轴线 A 同轴的圆柱面范围内
图 4-2-25(b)	⌀ ⌀0.005	表示 ⌀16f7 阀杆杆身的圆柱度公差为 0.005 mm
	◎ ⌀0.1 A	表示 M8×1-7H 螺纹孔的轴线对 ⌀16f7 轴线的同轴度公差为 ⌀0.1 mm
	∕ 0.03 A	表示 SR750 球面对 ⌀16f7 轴线的圆跳动公差为 0.03 mm

2.3 零件的尺寸极限与配合

极限与配合是零件图和装配图中一项重要的技术要求，也是产品检验的技术指标。它们的应用几乎涉及国民经济的各个部门，对机械工业更是具有重要的作用。

1. 零件的互换性

互换性是指按同一零件图生产出来的零件，不经任何选择或修配就能顺利地同与其相配的零部件装配成符合要求的成品的性质。零件具有互换性，既便于装配和维修，又利于组织生产协作，提高生产率。

2. 极限与配合的基本概念

(1) 基本尺寸：基本尺寸指进行零件结构设计时给定的尺寸，如图 4-2-26(a)、(b)中的尺寸 ⌀50。

(2) 实际尺寸：通过测量获得的某一孔或轴的尺寸。

(3) 极限尺寸：允许尺寸变化的两个极限值，上限称为最大极限尺寸，如图 4-2-26(c)、(d)中孔的最大极限尺寸 $\phi45.025$、轴的最大极限尺寸 $\phi44.991$；下限称为最小极限尺寸，如图 4-2-26(c)、(d)中孔的最小极限尺寸 $\phi45$、轴的最小极限尺寸 $\phi44.975$。实际尺寸位于两极限尺寸之间(包含极限尺寸)就为合格。

(4) 尺寸偏差(简称偏差)：某一尺寸减去其基本尺寸所得到的代数差。两极限偏差分为上偏差和下偏差。

上偏差 = 最大极限尺寸 – 基本尺寸。国家标准规定：孔的上偏差代号为 ES，轴的上偏差代号为 es。在图 4-2-26(c)、(d)中，ES = 45.025 – 45 = 0.025，es = 44.991 – 45 = –0.009。

下偏差 = 最小极限尺寸 – 基本尺寸。孔的下偏差代号为 EI，下偏差代号为 ei。在图 4-2-26(c)、(d)中，EI = 45 – 45 = 0，ei = 44.975 – 45 = 0.025。

偏差可以为正值、负值或零。

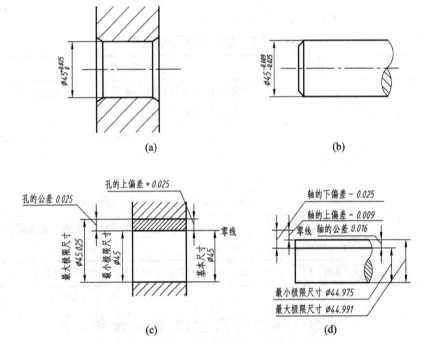

图 4-2-26　极限与配合示意图及孔、轴公差带图

(5) 尺寸公差(简称公差)：允许尺寸的变动量。

$$公差 = 最大极限尺寸 – 最小极限尺寸 = 上偏差 – 下偏差$$

(6) 零线：在极限与配合图解(简称公差带图)中，偏差为零的一条基准直线，零线表示基本尺寸。零线之上偏差为正，零线之下偏差为负，如图 4-2-27 所示。

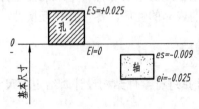

图 4-2-27　公差带图

(7) 公差带：将尺寸公差与基本尺寸的关系按放大比例画成简图，称为公差带图。在公差带图中，由代表上、下偏差的两条直线所限定的区域，称为公差带。它反映了公差的"大小"和相对于零线的"位置"。

3. 标准公差和基本偏差

公差带中的"大小"和"位置"在国家标准《公差与配合》中予以了标准化，这就是标准公差和基本偏差。

1) 标准公差

标准公差是国家标准所列的用以确定公差带的公差大小的任一公差，其数值由基本尺寸和公差等级确定。国家标准 GB/T 1800 将标准公差分为 20 个等级，即 IT01、IT0、IT1、…、IT18。其中，IT 表示标准公差，数字表示公差等级，从 IT01 至 IT18 精度依次降低，公差值也由小变大。IT01～IT12 用于配合尺寸，其余级别用于非配合尺寸。各等级标准公差的数值可查阅本书附录 1 中的附表 1-1。

2) 基本偏差

基本偏差是用以确定公差带相对于零线位置的上偏差或下偏差，一般为靠近零线的那个基本偏差。国家标准分别对孔和轴规定了 28 种基本偏差，如图 4-2-28 所示。

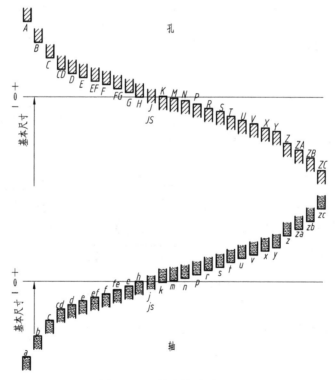

图 4-2-28　基本偏差系列图

基本偏差用拉丁字母表示，大写字母表示孔，小写字母表示轴。从基本偏差系列图中可以看出：

(1) 轴的基本偏差从 a 至 h 为上偏差，从 j 至 zc 为下偏差。js 的上、下偏差分别为 ±IT/2。

(2) 孔的基本偏差从 A 至 H 为下偏差，从 J 至 ZC 为上偏差。JS 的上、下偏差分别为 ±IT/2。

基本偏差只代表公差带相对于零线的位置，不表示公差带的大小，因此，图中仅画出了属于基本偏差的一端，另一端是开口的，欲使其封闭，取决于它与某一标准公差的组合。因此孔、轴公差带代号由基本尺寸、基本偏差代号与公差等级代号组成。

例如：基本尺寸为 $\phi30$ 的孔，基本偏差为 H，公差等级为 7，孔的公差带代号可写成 $\phi30H7$；基本尺寸为 $\phi30$ 的轴，基本偏差为 p，公差等级为 6，轴的公差带代号可写成 $\phi30p6$。

4. 配合

基本尺寸相同的、相互结合的孔和轴公差带之间的关系称为配合。根据使用的要求不同，孔和轴之间的配合有松有紧，国家标准规定，配合分为间隙配合、过盈配合和过渡配合三类。

1) 间隙配合

孔与轴配合时，具有间隙(包括最小间隙等于零)的配合，此时孔的公差带在轴的公差带之上，如图 4-2-29 所示。

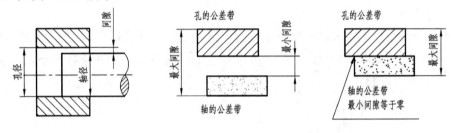

图 4-2-29　间隙配合

2) 过盈配合

孔和轴配合时，孔的尺寸减去相配合轴的尺寸，其代数差是负值为过盈。具有过盈的配合称为过盈配合。此时孔的公差带在轴的公差带之下，如图 4-2-30 所示。

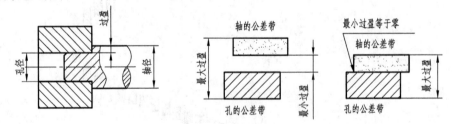

图 4-2-30　过盈配合

3) 过渡配合

可能具有间隙或过盈的配合为过渡配合。此时孔的公差带与轴的公差带相互交叠，如图 4-2-31 所示。

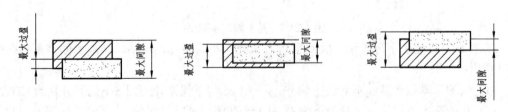

图 4-2-31　过渡配合

5. 基准制

当基本尺寸确定后，为了得到孔与轴之间各种不同性质的配合，又便于设计和制造，国家标准规定了两种不同的基准制，即基孔制和基轴制。一般情况下，优先选用基孔制。

1) 基孔制

基孔制是基本偏差为一定的孔的公差带，与不同基本偏差的轴的公差带形成各种配合的一种制度，如图 4-2-32 所示。基孔制配合中的孔为基准孔，用基本偏差代号 H 表示，基准孔的下偏差为零。

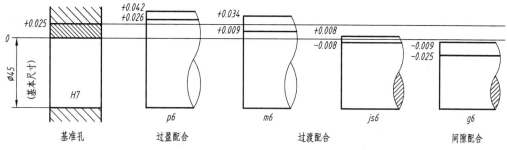

图 4-2-32　基孔制配合

2) 基轴制

基轴制是基本偏差为一定的轴的公差带，与不同基本偏差的孔的公差带形成各种配合的一种制度，如图 4-2-33 所示。基轴制配合中的轴为基准轴，用基本偏差代号 h 表示，基准轴的上偏差为零。

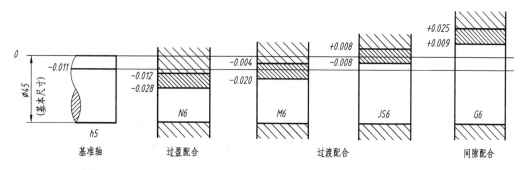

图 4-2-33　基轴制配合

6. 公差与配合的选用

(1) 选用优先公差带和优先配合。国家标准根据机械工业产品生产使用的需要，考虑到定值刀具、量具的统一，规定了一般用途孔公差带 105 种、轴公差带 119 种，以及优先选用的孔、轴公差带。国标还规定轴、孔公差带中组合成基孔制常用配合 59 种，优先配合 13 种；基轴制常用配合 47 种，优先配合 13 种，见附录 1 中附表 1-4、附表 1-5。应尽量选用优先配合和常用配合。

(2) 选用基孔制。一般情况下优先采用基孔制。这样可以限制定值刀具、量具的规格和数量。基轴制通常仅用于有明显经济效果和结构设计要求不适合采用基孔制的场合。

例如，使用一根冷拔圆钢作轴，轴与几个具有不同公差带的孔配合，此时，轴就不另行机械加工了。一些标准滚动轴承的外环与孔的配合，也采用基轴制。

(3) 选用孔比轴低一级的公差等级。在保证使用要求的前提下，为减少加工工作量，应当使选用的公差为最大值。加工孔较困难，一般在配合中选用孔比轴低一级的公差等级，如 H8/h7。

(4) 标准公差等级的选用和常用的配合尺寸公差等级的应用。常用的配合尺寸中公差等级的应用见表4-2-8。

表 4-2-8　常用的配合尺寸中公差等级的应用

公差等级	IT5	IT6(轴)、IT7(孔)	IT8、IT9	IT10～IT12	举　例
精密机械	常用	次要处			仪器、航空机械
一般机械	重要处	常用	次要处		机床、汽车制造
非精密机械		重要处	常用	次要处	矿山、农业机械

7. 公差与配合的标注

1) 公差在零件图中的标注形式

零件图上公差的标注形式有以下三种：

(1) 在基本尺寸后直接注出上、下偏差，是零件图公差标注的基本形式，如图 4-2-34(a) 所示。

(2) 在基本尺寸后直接注出公差带代号，如图 4-2-34(b)所示。

(3) 在基本尺寸后同时注出公差带代号和上、下偏差，这时上、下偏差必须加上括号，如图 4-2-34(c)所示。

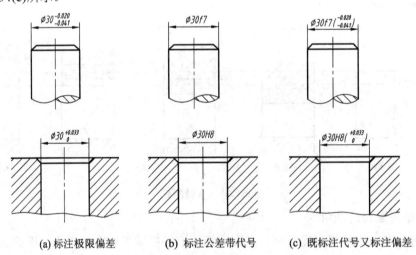

(a) 标注极限偏差　　　　(b) 标注公差带代号　　　　(c) 既标注代号又标注偏差

图 4-2-34　零件图上尺寸公差的标注

注意：在标注公差时，基本偏差代号与公差等级数字等高，如 H8、f7；用上、下偏差数值标注尺寸公差时，偏差数值应与基本尺寸单位相同，以毫米(mm)为单位，上偏差写在基本尺寸的右上方，下偏差应与基本尺寸标注在同一底线上，偏差数字比基本尺寸数字小一号。上、下偏差值前必须标出正、负号，小数点必须对齐，小数点后的数位也必须相同。当上偏差或下偏差为"零"时，可用数字"0"标出，并要与另一个偏差的个位数字对齐，如 $\phi 30^{+0.033}_{\ 0}$ 的标注法；当上、下偏差数值相同时，偏差数值只需注写一次，并应在基本尺寸和偏差之间注出"±"符号，且两者数字高度相同，如$\phi80\pm0.017$的标注法。

2) 配合在装配图上的标注

在装配图上常需要标注配合代号。配合代号由形成配合的孔、轴公差带代号组成，在基本尺寸右边写成分数的形式，分子为孔的公差带代号，分母为轴的公差带代号，其注写形式如图4-2-35(a)所示。有时也采用极限偏差的形式标注，如图4-2-35(b)所示。

注意：当滚动轴承与轴和壳体孔配合时，只需标注轴和壳体孔的公差带代号，滚动轴承的公差带代号不需标注，如图4-2-35(c)所示。

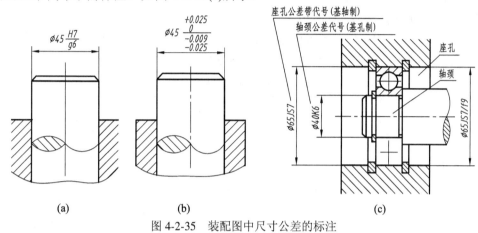

图 4-2-35　装配图中尺寸公差的标注

2.4　轴套类零件的常见工艺结构

零件的结构形状主要是由它在机器(或部件)中的作用以及它的制造工艺所决定的，因此，在绘制零件图时，应使零件的结构不但要满足使用上的要求，而且要满足在零件加工、测量、装配过程中提出的一系列工艺上的要求，使零件具有合理的工艺结构。在零件上常见到的一些工艺结构，多数是通过机械加工和铸造获得的。本任务主要介绍零件的机械加工工艺结构。

1. 倒圆和倒角

为避免在轴肩、孔肩等转折处由于应力集中而产生裂纹，常以圆角过渡。在轴或孔的端面上加工成45°或其他度数的倒角，其目的是便于安装和操作安全。轴、孔的标准倒角和圆角的尺寸可查阅国家标准，其尺寸标注方法如图4-2-36所示。其中，倒角45°时用代号C表示，与轴向尺寸n连注成Cn。若零件上的倒角尺寸全部相同，则可在图样右上角注明"全部倒角Cn"。当零件倒角尺寸无一定要求时，则可在技术要求中注明"锐角倒钝"。

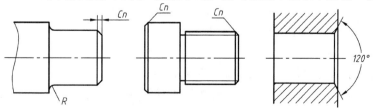

图 4-2-36　轴、孔的倒角及倒圆

2. 中心孔

1) 中心孔的形式

中心孔是轴类零件常见的结构要素。在多数情况下，中心孔只作为工艺结构要素。当某零件必须以中心孔作为测量或维修中的工艺基准时，该中心孔既是工艺结构要素，又是完工零件上必须具备的结构要素。

中心孔通常为标准结构要素。国家标准规定了 R 型、A 型、B 型和 C 型四种中心孔形式，其一般表示法见附录 2。

2) 中心孔的符号

为了体现在完工的零件上是否保留中心孔的要求，可采用表 4-2-9 中规定的符号。符号画成张开 60° 的两条线段，符号的图线宽度等于相应图样上所标注尺寸数字字高的 1/10。

表 4-2-9　中心孔的符号

要　求	符　号	表示法示例	说　明
在完工的零件上要求保留中心孔		GB/T 4459.5—B2.5/8	采用 B 型中心孔 $d = 2.5$ mm，$D_1 = 8$ mm 在完工的零件上要求保留
在完工的零件上可以保留中心孔		GB/T 4459.5—A4/8.5	采用 A 型中心孔 $d = 4$ mm，$D = 8.5$ mm 在完工的零件上是否保留都可以
在完工的零件上不允许保留中心孔		GB/T 4459.5—A1.6/3.35	采用 A 型中心孔 $d = 1.6$ mm，$D = 3.35$ mm 在完工的零件上不允许保留

3) 中心孔的标记

R 型(弧形)、A 型(不带护锥)、B 型(带护锥)中心孔的标记由以下要素构成：标准编号、形式、导向孔直径(d)和锥形孔直径(D、D_2 或 D_3)。

示例：B 型中心孔，导向孔直径 $d = 2.5$ mm，锥形孔端面直径 $D_2 = 8$ mm，则标记为

$$\text{GB/T 4459.5—B2.5/8}$$

C 型(带螺纹)中心孔的标记由以下要素构成：标准编号、形式、螺纹代号(用普通螺纹特征代号 M 和公称直径表示)、螺纹长度(L)和锥形孔端面直径(D_3)。

示例：C 型中心孔，螺纹代号为 M10，螺纹长度 $L = 30$ mm，锥形孔端面直径 $D_3 = 16.3$ mm，则标记为

$$\text{GB/T 4459.5—CM10L30/16.3}$$

以上标记规定中的字母代号的含义见附录 2。

4) 中心孔的表示法

中心孔的表示法可分为规定表示法和简化表示法。

(1) 规定表示法。在图样中，中心孔可以不绘制详细结构，用符号和标记在轴端给出对中心孔的要求，如表 4-2-9 中的表示法示例即为规定表示法。

标记中的标准编号也可按图 4-2-37 中的形式进行标注。

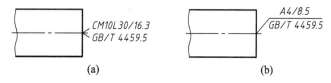

图 4-2-37　中心孔的规定表示法(一)

对中心孔的表面粗糙度要求和以中心孔的轴线为基准时的标注方法如图 4-2-38 所示。

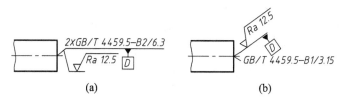

图 4-2-38　中心孔的规定表示法(二)

(2) 简化表示法。在不致引起误解时，可省略中心孔标记中的标准编号，如图 4-2-39 所示。

如同一轴的两端中心孔相同时，可只在其一端标出，但应标注出其数量，如图 4-2-38(a) 和图 4-2-39 所示。

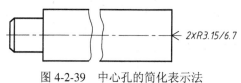

图 4-2-39　中心孔的简化表示法

2.5　轴套类零件图的技术要求

轴套类零件图的常见技术要求如下：

(1) 有配合要求的表面，其表面粗糙度参数值较小；无配合要求的表面，其表面粗糙度参数值较大。

(2) 有配合要求的轴颈尺寸公差等级较高、公差较小；无配合要求的轴颈尺寸公差等级较低，或不需标注。有配合要求的轴颈和重要的端面一般应有形位公差的要求。

(3) 为了提高强度和韧性，往往需对轴类零件进行调质处理；对轴上与其他零件有相对运动的部分，为了增加其耐磨性，有时还需要对轴类零件进行表面淬火、渗碳、渗氮等热处理工艺。

▪▪▪➡ 任务实施

根据所学知识，绘制图 4-2-1 所示的传动轴零件图。

1) 绘制传动轴零件草图的步骤

(1) 分析传动轴的零件结构，确定视图的表达方案。

① 结构分析。该传动轴属于轴类零件，其基本形状是同轴回转体。在轴上通常有通孔、沉头孔、退刀槽、倒圆等结构。此类零件主要是在车床或磨床上进行加工。

② 主视图的选择。这类零件的主视图按其加工位置选择，一般按水平位置放置，这样既可把各段形体的相对位置表示清楚，同时又能反映出轴上孔、轴肩、退刀槽等结构。采用全剖视图。

③ 其他视图的选择。轴套类零件的主要结构形状是回转体，一般应先画一个主视图。确定了主视图后，因为对轴套的沉头孔未表达出来，因此须画出其左(或右)视图。

(2) 徒手绘制零件草图(一组视图)。

(3) 画好尺寸线，然后再进行测量，最后标注尺寸。

2) 绘制传动轴零件工作图的步骤

(1) 选择比例(优选 1:1)；计算尺寸标注位置，确定图纸幅面；画图框线和标题栏。

(2) 布图，画各图形的基准线等。详细步骤见相关知识内容。

完成的传动轴零件工作图如图 4-2-40 所示。

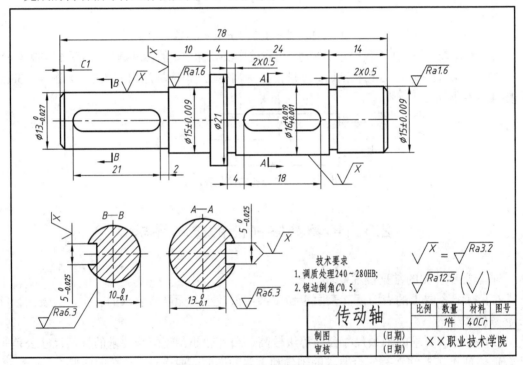

图 4-2-40　传动轴零件工作图

项目五　轮盘盖类零件图的绘制与识读

▶▶▶ **学习目标**

(1) 掌握轮盘盖类零件视图的表达方案；

(2) 掌握剖切面的种类；

(3) 了解视图的规定画法及简化画法；

(4) 会识读轮盘盖类零件图。

　　轮盘盖类零件的主体一般也为回转体，与轴套类零件不同的是，轮盘盖类零件轴向尺寸小而径向尺寸较大。这类零件上常有退刀槽、凸台、凹坑、倒角、圆角、轮齿、轮辐、筋板、螺孔、键槽和作为定位或连接用孔等结构。这类零件包括齿轮、手轮、皮带轮、飞轮、法兰盘、端盖等。

任务 1　手轮零件图的绘制

⇨ **任务描述**

　　图 5-1-1 所示为手轮的立体图，如何正确绘制手轮的零件图呢？

图 5-1-1　手轮立体图

　　如图 5-1-1 所示，手轮是一种机器上常见的用手直接操作的轮盘盖类零件，比如转动手轮操纵机床某一部件的运动，或者调节某一部件的位置等。手轮的结构由轮毂、轮辐、轮缘三部分构成，轮毂的内孔与轴配合，连接方式一般为键连接，也可采用销连接。轮辐为等分放射状排列的杆件，截面常为椭圆形。轮缘为复杂截面绕轮轴旋转形成的环状结构。手轮为铸铁件，轮缘外侧要求很光滑，粗糙度 *Ra* 值要求高。因此，要解决以上工作任务，我们必须掌握轮盘盖类零件的视图表达方案、剖切面的种类、视图的规定画法及简化画法等相关知识。

⇨ **相关知识**

1.1 剖切面的种类及规定画法

前面我们讲的剖视图分为全剖视图、半剖视图和局部剖视图，由于轮盘盖类零件结构比较复杂，若单采用这三种剖视图是表达不清楚的，因此轮盘盖类零件需要用多个剖切平面来表达其内外结构。

1. 剖切面的种类

由于机件结构形状差异很大，需根据机件的结构特点，选用不同数量、位置和形状的剖切面，从而使其结构形状得到充分的表示。可以选择单一剖切面、几个平行的剖切平面或几个相交的剖切面。

1) 用单一剖切面剖切

仅用一个剖切平面剖开物体形成的剖视图。单一剖切面一般采用平面，也可采用柱面，其中单一剖切平面较常见，前面所讲的全剖、半剖、局部剖都是单一剖切。单一剖切平面也可以倾斜于某一基本投影面，但必须是投影面垂直面。如图 5-1-2 所示，倾斜的剖切平面应与倾斜的内部结构平行(或垂直)并且垂直于某基本投影面，剖开后向剖切平面的垂直方向投射，并将其翻转到与基本投影面重合后画出，以反映其内部结构。这种方法通常简称为斜剖。

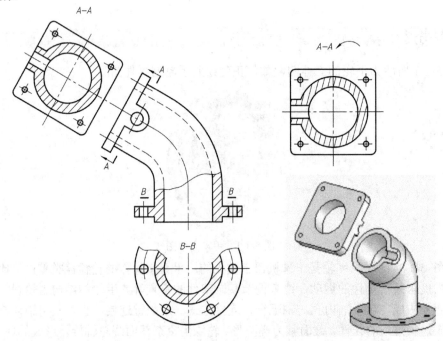

图 5-1-2 斜剖

斜剖一般配置在箭头所指的前方，必要时也可配置在其他位置或加以摆正，旋转摆正画出的剖视图应加带旋转箭头的标注。

2) 几个平行的剖切平面剖切

当物体上有若干不在同一平面上而又需要表达的内部结构时，可采用几个平行的剖切平面剖开物体，这种剖切方法称为阶梯剖，如图 5-1-3 所示机件，假想用两个相互平行的剖切平面依次通过孔的轴线将机件剖开，露出孔、槽的实形，然后向正投影面投影得到剖视图。

采用几个平行的剖切平面画剖视图时，应注意以下几点：

(1) 剖切平面应以直角转折，且不与机件上的轮廓线重合。由于剖切平面是假想的，所以在剖视图上不应画出两个平行剖切平面在转折处的投影，如图 5-1-3(a)所示。

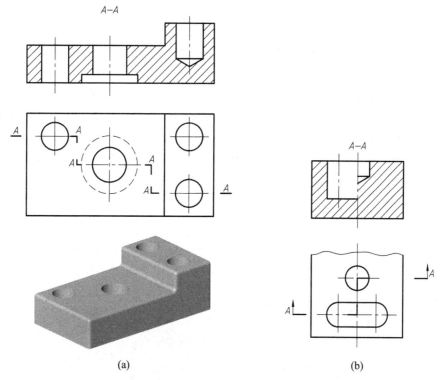

(a)   (b)

图 5-1-3 几个平行的剖切平面剖切

(2) 在图形中一般不应出现不完整要素，但当两个要素在图形上有公共对称中心线或轴线时，可以各画一半，以对称中心线或轴线分界，如图 5-1-3(b)所示。

(3) 在剖切平面的起、迄和转折处，用相同的大写字母及剖切符号表示剖切位置，在起、迄处注明投射方向。相应视图上方注明剖视图名称。如图 5-1-3 所示。当转折处位置有限且不会引起误解时，允许省略字母。剖视图若按投影关系配置，而中间又没有其他图形隔开时可省略箭头。

3) 用几个相交的剖切面剖切

根据机件的结构特点，还可用两个或两个以上相交剖切平面(其交线垂直于基本投影面)将零件不同层次的空腔结构同时剖开，然后将被剖切平面剖开的结构及其有关部分旋转到与选定的基本投影面平行，再进行投影，这种剖切方法通常称为旋转剖，如图 5-1-4 所示。

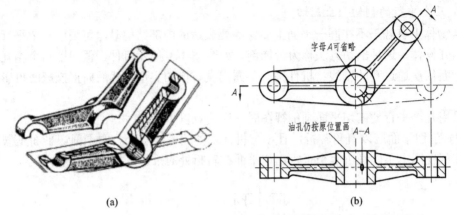

(a)   (b)

图 5-1-4 几个相交剖切面的剖切(四)

采用几个相交的剖切面画剖切视图时，应注意以下几点：

(1) 几个相交的剖切面必须保证其交线垂直于某一投影面，通常是垂直于基本投影面，绘图时，首先假想按剖切位置剖开机件，然后将被剖切面剖开的结构及有关部分旋转到与选定的投影面平行后，再进行投射，如图 5-1-4(b)所示。

(2) 画剖视图时，剖切平面后面的其他结构一般仍按原来的位置投影，如图 5-1-4(b)中所示的油孔。

(3) 当剖切后产生不完整要素时，应将此部分按不剖绘制，如图 5-1-5 所示。

(4) 当剖切面发生重叠时，应采用展开画法，此时在剖视图上方位置标注"×—×展开"，如图 5-1-6 所示。

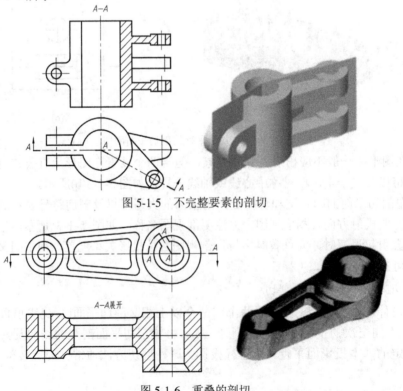

图 5-1-5 不完整要素的剖切

图 5-1-6 重叠的剖切

(5) 在剖切平面的起、迄和转折处，用相同的大写字母及剖切符号表示剖切位置，在起、迄处注明投射方向，在相应视图上方注明剖视图名称，如图 5-1-7 所示。旋转剖视图按投影关系配置，中间没有其他图形隔开时，可省略箭头。

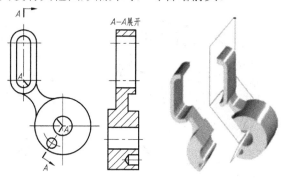

图 5-1-7 展开画法

(6) 当物体结构比较复杂，两个相交的剖切面不足以将物体的内部结构剖切完整时，可以选择几个相交的剖切面或组合的剖切面剖切机件，这种方法简称为复合剖，如图 5-1-8 所示。

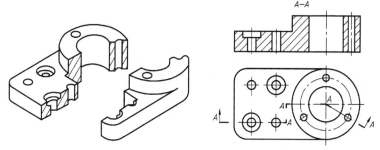

图 5-1-8 复合剖

2. 轮盘盖类零件的常见结构及规定画法

(1) 对于机件上的肋板、轮辐和薄壁等结构，当剖切面沿纵向(通过轮辐、肋等的轴线或对称平面)剖切时，规定在这些结构的剖切面上不画剖面线，但必须用粗实线将它与邻接部分分开，如图 5-1-9 为肋板剖切的画法，但当剖切平面沿横向即垂直于结构轴线或对称面剖切时，仍需画出剖面符号，如其中的俯视图。

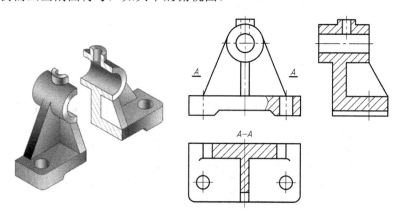

图 5-1-9 肋板剖视图

(2) 如图 5-1-10 为轮辐的剖切画法，剖切平面过轮辐的轴线，在主视图中轮辐不画剖面线，轮辐断面由左视图中的重合断面表示。

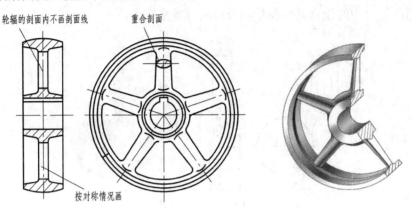

图 5-1-10　轮辐的剖切画法

(3) 当回转体机件上均匀分布的肋、轮辐、孔等结构不处于剖切平面时，可将这些结构假想旋转到剖切平面上画出，不需任何标注，如图 5-1-11 所示。

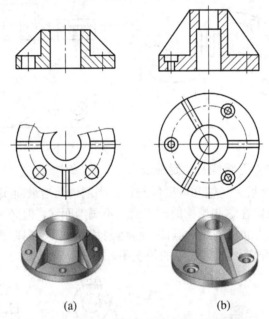

(a)　　　　　　　　　　　(b)

图 5-1-11　均布结构的肋、轮辐剖视图

(4) 对于较长的机件(如轴、杆或型材等)，当沿长度方向的形状一致或按一定规律变化时，可将其断开缩短绘出，但尺寸仍要按机件的实际长度标注，如图 5-1-12 所示。

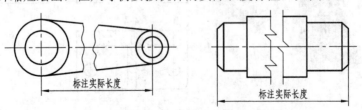

图 5-1-12　较长结构的简化画法

(5) 当机件有若干形状相同且有规律分布的齿、槽等结构时，可以仅画出一个或几个完整结构的图形，其余用细实线连接，但必须在机件图中注明该结构的总数，如图 5-1-13 所示。

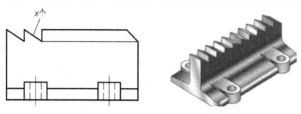

图 5-1-13　相同结构的简化画法

(6) 当机件有若干形状相同且有规律分布的孔，可以仅画出一个或几个孔，其余只需用细点画线表示其中心位置，如图 5-1-14 所示。

(7) 在不致引起误解时，对于对称机件的视图可以只画一半或四分之一，并在对称中心线的两端画出两条与其垂直的平行细实线，如图 5-1-15 所示。

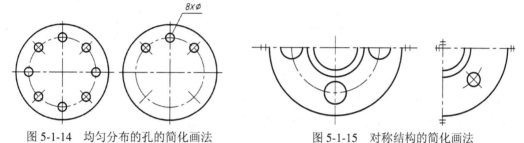

图 5-1-14　均匀分布的孔的简化画法　　　　图 5-1-15　对称结构的简化画法

(8) 圆柱上的孔、键槽等较小结构产生的表面交线允许简化成直线，如图 5-1-16 所示。

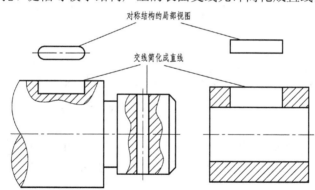

图 5-1-16　较小结构交线简化画法

(9) 网状物、编织物或机件的滚花部分，可在轮廓线附近用细实线画出一部分，也可省略不画，并在适当位置注明这些结构的具体要求，如图 5-1-17 所示。

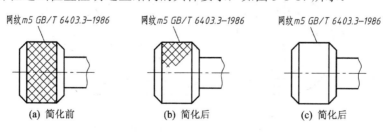

(a) 简化前　　　　　　(b) 简化后　　　　　　(c) 简化后

图 5-1-17　网状物、编织物简化画法

(10) 圆柱形法兰盘和类似机件上均匀分布的孔,可按图 5-1-18 所示的方法绘制。

(11) 与投影面倾斜角度小于或等于 30°的圆或圆弧,其投影可以用圆或圆弧代替,如图 5-1-19 所示。

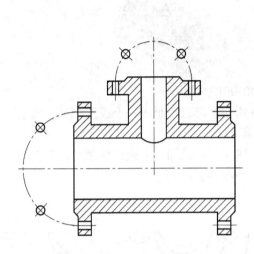

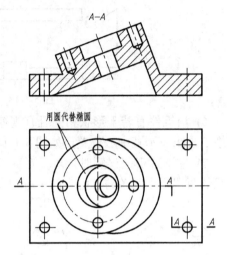

图 5-1-18 圆柱形法兰盘上均匀分布的孔 图 5-1-19 倾斜圆或圆弧的画法

(12) 当在图形中不能充分表示平面时,可用平面符号(相交的细实线)表示(见图 5-1-20(a))。如其他视图已经把这个平面表达清楚,则平面符号允许省略不画,如图 5-1-20(b)所示。

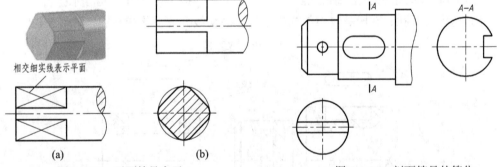

图 5-1-20 平面符号表示 图 5-1-21 剖面符号的简化

(13) 移出断面一般要画出剖面符号,但当不致引起误解时,允许省略剖面符号,如图 5-1-21 所示。

(14) 在需要表示剖切平面前的结构时,这些结构按假想投影的轮廓绘制(见图 5-1-22)。

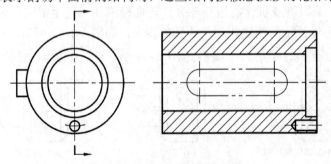

图 5-1-22 剖切平面前的结构

(15) 型材(角钢、工字钢、槽钢)中小斜度的结构可按小端画出(见图5-1-23)。

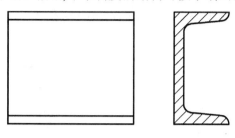

图 5-1-23 小斜度的结构

1.2 轮盘盖类零件视图的表达方案

1. 轮盘盖类零件的结构分析

轮盘盖类零件包括端盖、阀盖、齿轮等,这类零件的基本形体一般为回转体或其他几何形状的扁平的盘状体,通常还带有各种形状的凸缘、均布的圆孔和肋等局部结构。轮盘盖类零件的作用主要是轴向定位、防尘和密封。

2. 主视图的选择

轮盘盖类零件的毛坯有铸件或锻件,由于轮盘盖类零件的多数表面主要是在车床上加工,所以为方便工人对照看图,主视图往往也按加工位置摆放。

(1) 选择垂直于轴线的方向作为主视图的投射方向。主视图轴线侧垂放置。

(2) 若有内部结构,主视图常采用半剖、全剖视图或局部剖视图来表达。

主视图选择的一般原则:应按形状特征和加工位置来选择主视图,轴线横放;对有些不以车床加工为主的零件可按形状特征和工作位置确定;因加工工序较多,主视图也可按工作位置画出;为了表达零件的内部结构,主视图常取全剖视图。

3. 其他视图的选择

轮盘盖类零件一般需要两个以上基本视图来表达,除主视图外,为了表示零件上均布的孔、槽、肋、轮辐等结构,一般还需采用左视图或右视图来表达轮盘上连接孔或轮辐、筋板等的数目和分布情况。

还未表达清楚的局部结构,常用局部视图、局部剖视图、断面图和局部放大图等来补充表达。

根据轮盘盖类零件的结构特点,当各个视图具有对称平面时,可作半剖视图;当各个视图具有无对称平面时,可作全剖视图。

1.3 轮盘盖类零件图的尺寸标注与技术要求

1. 轮盘盖类零件图的尺寸标注

(1) 宽度和高度方向的主要基准是回转轴线,长度方向的主要基准是经过加工的大端面。

(2) 零件上各圆柱体的直径及较大的孔径，其尺寸多标注在非圆视图上。而位于盘上多个小孔的定位圆直径尺寸(如图 5-1-24 中的 $\phi70$)标注在投影为圆的视图上则较为清晰。

(3) 内、外结构形状应分开标注。

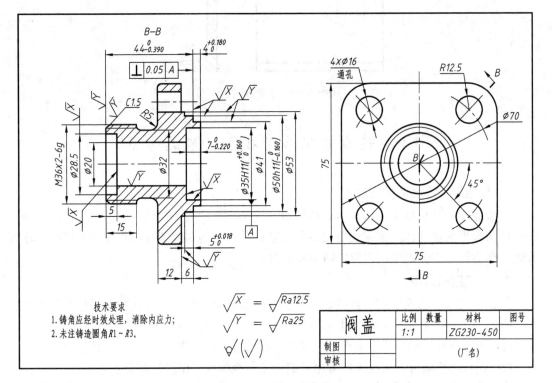

图 5-1-24　阀盖零件图

2. 轮盘盖类零件图的技术要求

(1) 有配合的内、外表面粗糙度参数值较小；用于轴向定位的端面，表面粗糙度参数值较小。

(2) 有配合的孔和轴的尺寸公差较小；与其他运动零件相接触的表面应有平行度、垂直度的要求。

■■■➡ 任务实施

根据以上相关知识，绘制图 5-1-1 手轮的零件图。其步骤如下。

1) 安放位置

手轮的几何结构为回转类零件，主要加工工序为车加工，按加工位置原则将其轴线水平放置，并且将手柄安装孔结构放在上方。

2) 手轮零件视图的表达方案

采用两个视图表达手轮零件的结构，主视图采用了全剖方式来表达主体结构，左视图重点表达轮辐的分布，同时也表达了主体结构各形体的形状特征。

(1) 主视图的剖切。因为轮辐为均布结构，剖切时处理成上下对称图形，且按不剖处理。

(2) 左视图。应用了重合断面图，简捷而又紧凑地表达了轮辐的截面形状。

3) 手轮零件草图的绘制

根据以上分析，学生自己绘制手轮零件草图。

4) 手轮零件工作图的绘制

根据零件草图绘制零件工作图，如图 5-1-25 所示。绘图步骤略。

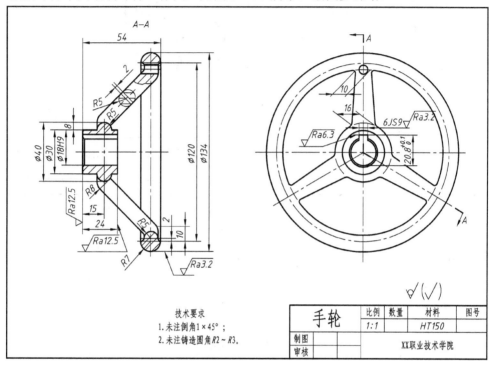

图 5-1-25　手轮零件工作图

任务2　泵盖零件图的识读

⇨ **任务描述**

如何正确识读图 5-2-1 所示的齿轮泵盖零件图，了解其形状、结构、大小和技术要求呢？

泵盖零件属于轮盘盖类零件，其基本形状是柱体，该零件上有螺栓过孔、销孔及成形孔等。这些结构在视图中该如何表达，主视图一般是按什么原则确定，其他视图的表达方案，怎样分析和表达零件图上尺寸及技术要求，如何对该零件进行测绘，其测绘步骤该如何进行等，都是我们将要解决的工作任务。

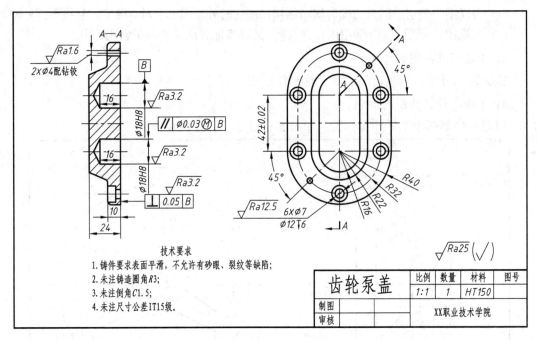

图 5-2-1　齿轮泵盖零件图

⇨ 相关知识

1. 零件图的识读方法

1) 识读零件图的要求

(1) 了解零件的名称、用途和材料。

(2) 了解组成零件各部分结构形状的特点、功用以及它们之间的相对位置。

(3) 了解零件的制造方法和技术要求。

2) 识读零件图的步骤

(1) 概括了解。从标题栏内了解零件的名称、材料、比例等，并浏览视图，初步认识零件的用途和形体概貌。

(2) 分析视图。分析视图布局，找出主视图、其他基本视图和辅助视图。分析各图的表达重点。从主视图入手，联系其他视图，运用形体分析法和线面分析法，分析零件的结构形状。

(3) 看尺寸标注。先找出零件长、宽、高三个方向的尺寸基准，然后从基准出发，找出主要尺寸。再用形体分析法找出各部分的定形尺寸和定位尺寸。

(4) 看技术要求。分析零件的尺寸公差、形位公差、表面粗糙度和其他技术要求，弄清哪些部位要求高，哪些要求低。找出技术关键，抓住主要矛盾。

(5) 归纳总结。综合以上分析，把图形、尺寸和技术要求等全面系统地联系起来，并参阅相关资料，得出零件的结构、尺寸、技术要求等的总体印象。

对于较复杂的零件图，往往还要参考装配图等有关技术资料，才能完全看懂。对于有些表达不够理想的零件图，则需要反复仔细地分析，才能看懂。

2. 轮盘盖类零件图的特点

1) 结构特点

轮盘盖类零件的主体部分常由回转体组成，也可能是方形或组合形体。零件通常有键槽、轮辐、均布孔等结构，并且常由一个端面与部件中的其他零件结合。

2) 主要加工方法

毛坯多为铸件，主要在车床上加工，较薄的零件采用刨床或铣床加工。

3) 视图表达

轮盘盖类零件图一般采用两个视图表达。主视图按加工位置原则，轴线水平放置(对于不以车削为主的零件则按其形状特征选择主视图)，通常采用全剖视图表达其内部结构；另一个视图表达外形轮廓和其他结构，如孔、肋、轮辐的相对位置等。

4) 尺寸标注

径向的主要尺寸基准是回转轴轴线，长度方向尺寸则以主要结合面为基准。对于圆形或圆弧形盘盖类零件上的均布孔，一般采用"$n \times \phi EQS$"的形式标注。

5) 技术要求

重要的轴、孔和端面尺寸精度要求较高，且一般都有几何公差要求，如同轴度、垂直度、平行度和端面跳动等；配合的内、外表面及轴向定位端面的表面有较高的表面粗糙度要求；材料多为铸件，有时效处理和表面处理等要求。

■■■➤　任务实施

1. 泵盖零件图的识读方法

分析图 5-2-1 齿轮泵盖零件图。具体的识图方法如下：

1) 概括了解

如图 5-2-1 所示，从标题可知，该零件名称为齿轮泵盖，属于轮盘盖类零件，是齿轮油泵的主体零件，用来防尘和密封，并起着定位齿轮轴的作用。材料为铸铁 HT150，说明零件毛坯的制造方法为铸造，所以具有铸造工艺要求的结构，如铸造圆角、铸造壁厚均匀等。

2) 分析视图关系，明确各视图表达目的

如图 5-2-1 所示的齿轮泵盖，采用了主、左两个基本视图，主视图采用了旋转剖来表达两轴的安装位置、螺孔及销孔的轴向结构特征。左视图反映泵盖外部结构上螺孔、销孔的分布情况。

3) 分析视图，想象零件的结构形状

零件的主体部分是上下半径为 40 的半圆柱体与中间部分构成环形柱体，并在其泵盖左端面由 6 个沉孔与泵体连接及 2 个销孔作定位孔，泵盖左端有一个环形的圆台体凸台，右端盖加工了两个直径为 $\phi 18$ 的圆柱孔以定位两齿轮轴。

4) 分析尺寸

经分析，泵盖长度方向的尺寸基准是泵盖的右端面；标注出泵盖的厚度为 10 mm，宽度方向的定位基准是前后对称面；高度方向尺寸基准是上下对称面，齿轮泵盖中两个 ϕ18H8 的孔是用来定位主、从动轴的，标注出了两孔中心距(42 ± 0.02)mm，此尺寸比较重要。

5) 分析技术要求

从图中可知，42 ± 0.02、ϕ18H8 尺寸具有尺寸公差，表示该尺寸在制造时允许的偏差数值；与泵体连接的端面、两齿轮轴孔及与泵体连接的螺纹孔具有较高的表面粗糙度，分别为 $Ra = 3.2$ 和 $Ra = 1.6$；主视图上标注有平行度和垂直度形位公差，主要表示泵盖两轴孔的轴线相互平行、端盖右端面与两轴孔的轴线垂直，主要保证端盖与泵体连接的密封性及齿轮传动的平稳性。对热处理、倒角、未注尺寸公差等提出了四项文字说明要求。

通过上述分析，综合起来就可以完整地想象出该泵盖零件的各部分结构形状及其相对位置。可想象出的齿轮泵盖的完整结构如图 5-2-2 所示。

图 5-2-2　齿轮泵盖立体图

项目六 叉架类零件图的绘制与识读

(1) 掌握叉架类零件的视图表达方案；

(2) 能够绘制及识读叉架类零件的零件图。

叉架类零件包括各种用途的叉杆和支架零件。叉杆零件多为运动件，通常起传动、连接、调节或制动等作用。支架零件通常起支撑、连接等作用，其毛坯多为铸件或锻件。机器上的拨叉、连杆、摇臂、支架、杠杆、踏脚座等均属此类零件，如图 6-1-1 所示。

图 6-1-1 叉架类零件

任务 1 托脚零件图的绘制

⇨ 任务描述

图 6-1-2 是托脚的实体图，如何正确表达托脚的零件图呢？

叉架类零件多数形状不规则，其外形结构比内腔复杂，且整体结构复杂多样，形状差异较大，常有弯曲或倾斜结构。其上常有肋板、轴孔、耳板、底板等结构，局部结构常有油槽、油孔、螺孔、沉孔等，表面常有铸造圆角和过渡线。图 6-1-2 所示的零件属于典型的叉架类零件，要画出其零件图，我们必须掌握叉架类零件的视图表达方案，叉架类零件图的尺寸标注、技术要求等相关知识。

图 6-1-2 托脚实体图

1.1 叉架类零件视图的表达方案

1. 视图的选择

1) 主视图的选择

(1) 形状特征原则与放正原则。叉架类零件加工部位较少，加工时各工序位置不同，较难区分主次工序，故一般是在符合主视图投射方向的"形状特征性原则"的前提下，按工作(安装)位置安放主视图。当工作位置是倾斜的或不固定时，可将其放正再来画主视图。

(2) 表达方案的选用。主视图常用剖视图(形状不规则时采用局部剖视为多)表达主体外形和局部内形。其上的肋板在剖切时应采用规定画法。对表面的过渡线应仔细分析，正确图示。

2) 其他视图的选择

(1) 视图数量。叉架类零件结构形状(尤为外形)较复杂，通常需两个或两个以上的基本视图，并多用局部剖视兼顾内外形状在同一视图上表达。

(2) 表达方案的选用。叉杆零件的倾斜结构常用向视图、局部视图、斜视图、斜剖视图(与基本投影面不平行的单一剖切平面剖切的剖视)、断面图等来表达。其主体结构与局部结构可适当分散表达。

2. 视图选择举例

1) 结构分析

如图 6-1-3 所示的拨叉，是叉架类零件。它由下部的安装孔、上部的叉口和中间的连接板三大部分组成。下部安装孔处有斜向凸台，内有相互垂直相交的大、小孔相通，用于连接。安装孔内有键槽，以便与转轴相连接。中部连接板断面为十字形，表面有圆角和过渡线(因是铸件)。

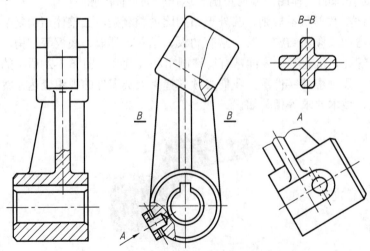

图 6-1-3 叉架类零件的视图选择举例(拨叉)

2) 视图的选择

如图 6-1-3 所示，拨叉的主视图侧重表达外形，下部的安装孔处用了局部剖视；左视图侧重表达端面外形，其上部叉口处和下部斜向凸台孔处分别用了局部剖视；除主、左视图之外，为表达下方斜向凸台的端面外形，采用了斜视图 *A*；为反映连接板的断面形状，采用了断面图 *B—B*。这样，一组图形即形成了拨叉较好的表达方案。

注意：主视图的局部剖视涉及肋板的规定画法。

1.2 叉架类零件常见的工艺结构

叉架类零件通常由两个功能部分组成：一个功能部分为用于固定自身的结构；另一功能部分为支持其他零件工作的结构。中间以肋板等结构相连。两个功能部分往往有凸台、凹坑、沉孔等工艺结构。

1. 凸台和凹坑

为了保证加工表面的质量、节省材料、减轻零件重量、降低制造费用、提高零件加工精度保证装配精度，应尽量减少加工面。为此，常在零件上设计出凸台、凹槽、凹坑或沉孔，如图 6-1-4 所示。

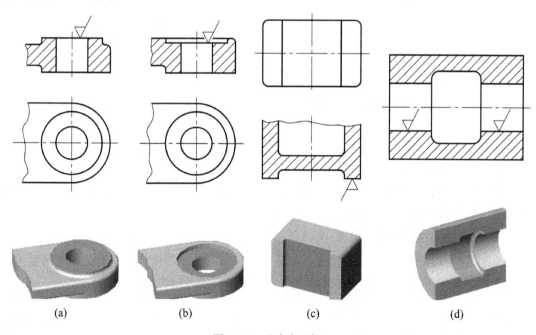

  (a)   (b)   (c)   (d)

图 6-1-4 凸台和凹坑

2. 沉孔

沉孔的结构形式和尺寸标注见表 6-1-1。

表 6-1-1　沉孔的结构形式和尺寸标注

结构	普通标注	旁注法		说　明
	$\varnothing35$ 12 $6-\varnothing21$	$6\times\varnothing21$ $\sqcup\varnothing35 \overline{\top} 12$	$6\times\varnothing21$ $\sqcup\varnothing35 \overline{\top}12$	$6\times\varnothing21$ 表示直径为 21 的六个孔 　圆柱形沉孔的直径 $\phi35$ 及深长 12 均需标注出
	$90°$ $\varnothing41$ $6-\varnothing21$	$6\times\varnothing21$ $\vee\varnothing41\times90°$	$6\times\varnothing21$ $\vee\varnothing41\times90°$	锥形沉孔的直径 $\phi41$ 及锥角 90° 均需标注出
	$\varnothing36$ $6\times\varnothing17$	$6\times\varnothing17$ $\sqcup\varnothing36$	$6\times\varnothing17$ $\sqcup\varnothing36$	$\sqcup\phi36$ 的深长不需标注,一般锪平到不出现毛坯面为止

1.3　叉架类零件图的尺寸标注及技术要求

1. 叉架类零件图的尺寸标注

(1) 长度、宽度、高度方向的主要基准一般为孔的中心线、轴线、对称平面和较大的加工平面。

(2) 定位尺寸较多,要注意能否保证定位的精度。一般要标注出孔中心线(或轴线)间的距离,或孔中心线(轴线)到平面的距离、平面到平面的距离。

(3) 定形尺寸一般采用形体分析法标注尺寸,以便于制作模具。内、外结构形状要注意保持一致。拔模斜度、圆角也要标注出来。

2. 叉架类零件图的技术要求

叉架类零件,一般对表面粗糙度、尺寸公差、形位公差等内容没有特别严格的要求,但对孔径、某些角度或某部分的长度尺寸,有时有一定的公差要求。

▪▪▪➡　**任务实施**

根据上面讲的叉架类零件视图表达相关知识,绘制图 6-1-2 所示的托脚零件的零件图,其步骤如下:

1) 绘制托脚的零件草图

(1) 分析托脚零件的结构,确定其视图的表达方案。

① 主视图的选择。该托脚可采用主视图、俯视图来表达，主视图的位置与托脚的工作位置相同，主要反映托脚的空心圆柱、安装板和肋板三个组成部分的相互位置关系，俯视图表达了空心圆柱的形状、安装板的宽度及右侧凸台的位置。

② 其他视图的选择。托脚零件的安装板与空心圆柱采用局部剖视图表达其内部结构，凸台的形状和肋板的断面结构分别由 *B* 向局部视图和移出断面图来表达。

(2) 徒手绘制零件草图(一组视图)。

(3) 画好尺寸线，测量后标注尺寸。

2) 绘制托脚的零件工作图

根据托脚零件草图绘制托脚零件工作图，如图 6-1-5 所示。

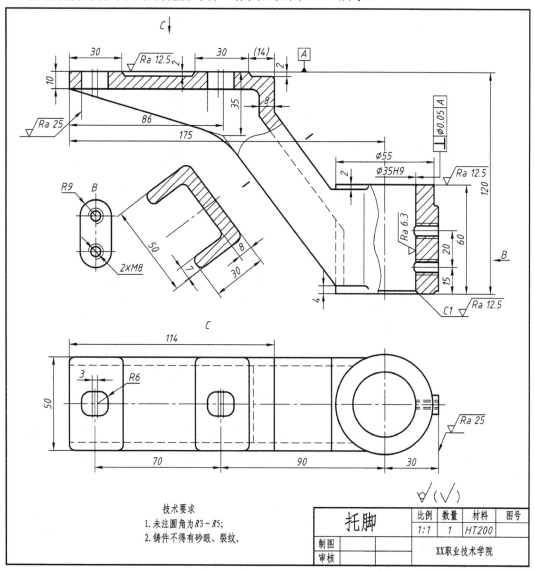

图 6-1-5 托脚零件工作图

任务 2 支架零件图的识读

⇨ 任务描述

如何正确识读如图 6-2-1 所示支架的零件图，了解其形状、结构、大小和技术要求呢？

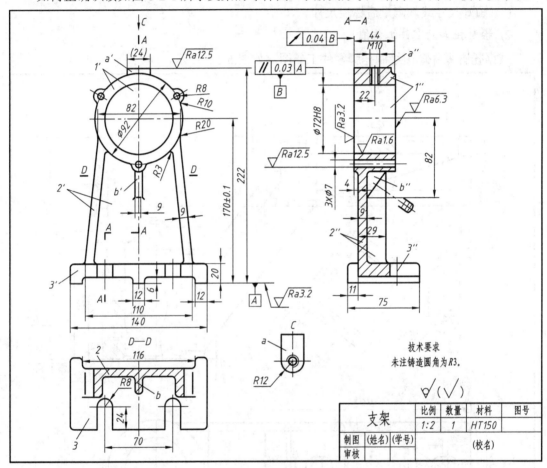

图 6-2-1 支架零件图

从图 6-2-1 所示的零件图可知，该零件图属于典型的叉架类零件，通过识读零件图想象出支架的空间结构图。我们必须掌握叉架类零件图的表达方案、分析叉架类零件的尺寸标注、技术要求等相关知识。

⇨ 相关知识

1．零件图的识读方法

零件图的识读方法详见项目五中的任务二相关知识。

2. 叉架类零件图的特点

(1) 结构特点。叉架类零件通常由工作部分、支撑(或安装)部分及连接部分组成，形状比较复杂且不规则。零件上常有叉形结构、肋板和孔、槽等结构。

(2) 加工方法。毛坯多为铸件或锻件，经车、镗、铣、刨、钻等多种工序加工而成。

(3) 视图表达。叉架类零件图一般需要两个以上的基本视图来表达。常以工作位置为主视图，反映重要形状特征。连接部分和细部结构采用局部视图或斜视图，并用剖视图、断面图、局部放大图来表达局部结构。

(4) 尺寸标注。尺寸标注比较复杂，各部分的形状和相对位置的尺寸要直接标注。尺寸基准常选择安装基面、对称平面、孔的中心线或轴线。定位尺寸较多，往往还有角度尺寸。为了便于制作木模，一般采用形体分析法来标注定形尺寸。

(5) 技术要求。支撑部分、运动配合面均有较严的尺寸公差、形位公差和表面粗糙度要求。

▸▸▸▸▸ **任务实施**

根据叉架类零件图的特点，识读支架零件图的步骤如下。

1) 概括了解

从图 6-2-1 中的标题栏可知，零件名称是支架，属叉架类零件；材料为 HTl50，说明是铸造件；数量是 1，比例为 1∶2。从这些信息略知该零件是用来支撑轴、套零件的。

2) 分析表达方案

支架采用主、俯、左三个基本视图，主视图表示支架外形的主要特征，底板水平放置，符合加工和工作位置；俯视图 D—D 全剖，从主视图 D—D 处剖切，表示连接板的断面和底板的形状；左视图 A—A 全剖，从主视图 A—A 处剖切，用两个平行剖切平面，还有 D 向局部视图。

3) 读视图

读图时，以主视图为主，把主视图分为三个部分来想象，线框 1′ 对应左视图线框 1″，想象支撑圆筒 I；线框 2′ 对应俯、左视图的线框 2、2″，从线框 2 和 2′ 的形状想象支撑板形状 II；线框 3′ 对应俯、左视图线框 3、3″，以线框 3 形状为主，配合线框 3′、3 想象底板形状 III。通过各个视图线框的相对位置，可以想象出支架是由三个主体部分左右对称叠加而成的。

从 C 向局部视图线框 a 对应线框 a′ 和线框 a″，想象带螺孔拱形凸；从 b′、b″ 及 b，想象三角形肋板。把想象的各部分形状，按各自所处的位置和连接关系，可以想象出支架的立体形状，如图 6-2-2 所示。

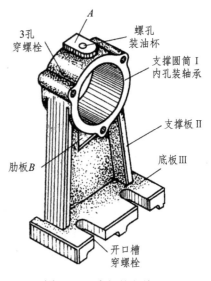

图 6-2-2 支架的立体图

4) 读尺寸

叉架类零件常以主要孔轴线、中心线、对称平面、底面作为长、宽、高三个方向尺寸的主要基准。叉架类零件各组成形体的定形尺寸和定位尺寸比较明显。读视图和标注尺寸都要用形体分析法。

(1) 尺寸基准。从高度方向尺寸 170±0.1、222、20 等的标注起点，底面 A 为高度方向尺寸的主要基准；从长度方向的尺寸 140、70、110、ϕ92 对称布局，左右对称面为长度方向尺寸的主要基准，70 确定底板两个槽的定位尺寸；从宽度方向尺寸的 4、44、22 等的标注起点，确定圆筒后端面为宽度方向尺寸的主要基准，从尺寸 9、29、11 确定支撑板 II 的后端面为宽度方向尺寸的辅助基准。

(2) 读主体尺寸时，可分三部分来读：读支撑圆筒 I 的尺寸，以左视图所注的尺寸为主，配合主视图的尺寸；读支撑板 II 的尺寸，以主视图所注的尺寸为主，配合左视图的尺寸；读底板 III 的尺寸，因其形状较复杂，要将三个视图配合起来读，以主视图和俯视图所注尺寸为主，配合左视图的尺寸。

细部的尺寸请读者自行分析。

5) 技术要求

叉架类零件精度要求较高的是工作部位，即支撑部分的支撑孔，这种结构往往有较高的尺寸精度和表面粗糙度。支架的主孔 ϕ72H8，是基本尺寸为 ϕ72，基本偏差为 H，公差等级为 8 级的基准孔，在附录 1 附表 1-1 中查得上下偏差值为 $^{+0.046}_{0}$，它的最大尺寸为 ϕ72.046，最小尺寸为 ϕ72，表面粗糙度 Ra 最大极限值为 1.6 μm，定位尺寸为 170±0.1，上、下偏差都是 0.1，最大极限尺寸为 ϕ170.1，最小极限尺寸为 ϕ169.9；轴线对底面 A 的平行度为 0.03，加工该孔需要精车或磨削加工。

支撑圆筒上定位端面表面粗糙度为 Ra3.2，该端面对 ϕ72H8 轴线端跳动的公差值为 0.04。

项目七 箱体类零件图的绘制与识读

▶▶▶ 学习目标

(1) 掌握箱体类零件的视图表达方法；
(2) 掌握视图的类型及标注；
(3) 掌握箱体类零件图的尺寸标注及技术要求；
(4) 了解常见小孔的标注及铸造工艺结构；
(5) 能识读齿轮油泵泵体零件图。

箱体类零件一般是机器或部件的主体，起着支撑、定位、密封和保护内部机构的作用。机床床身、阀体、泵体、机座、减速器箱体等均属于此类零件，如图 7-1-1 所示。

 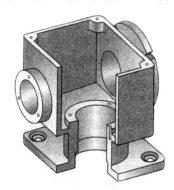

(a) 泵体   (b) 蜗轮减速器箱体

图 7-1-1 箱体类零件

任务 1 减速器箱体零件图的绘制

▷ 任务描述

图 7-1-2 所示为减速器箱体立体图，如何正确绘制减速器箱体的零件图呢？

箱体类零件的结构形状比较复杂，且加工工序多，尤其是内腔。此类零件多有带安装孔的底板，其上常有凹坑或凸台结构或有供连接端盖用的凸缘结构，还有螺孔、销孔。支撑孔处常设有加厚凸台或加强筋。箱体表面过渡线较多。毛坯多为铸件，只有部分表面经过机械加工，一般可起支撑、容纳、定位和密封等作用。因此，箱体类零件具有许多铸造工艺结构，如铸造圆角、拔模斜度等。从图 7-1-2 所示的零件立体图可知，该零件属于典型的箱体类零件，要画出其零件图，我们必须掌握箱体类零件的视图表达方法、常见的视图类型、箱体类零件的尺寸标注、技术要求、铸造工艺结构等相关知识。

图 7-1-2 减速器箱体立体图

⇨ 相关知识

1.1 机件外部形状的表达——视图

根据国家标准 GB/T 4458.1—2002 的规定，主要用来表达机件外部形状的视图分为四类，即基本视图、向视图、斜视图和局部视图。

1. 基本视图

对于形状比较复杂的机件，用两个或三个视图尚不能完整、清楚地表达它们的内、外形状时，可以根据国标规定，在原有三个投影面的基础上，再增设三个投影面，组成一个正六面体，这六个投影面称为基本投影面，如图 7-1-3 所示。机件向基本投影面投射所得到的视图，称为基本视图。这样，除了前面已介绍过的主视图、俯视图、左视图三个视图外，还有后视图——从后向前投射，仰视图——从下向上投射，右视图——从右向左投射。投影面按图 7-1-3 所示展开在同一平面上后，基本视图的配置关系如图 7-1-4 所示。在同一张图纸内按图 7-1-4 配置视图时，可不标注视图的名称。

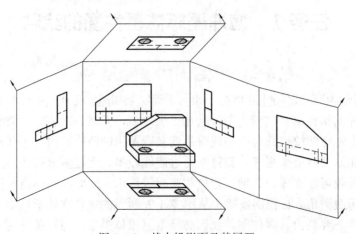

图 7-1-3 基本投影面及其展开

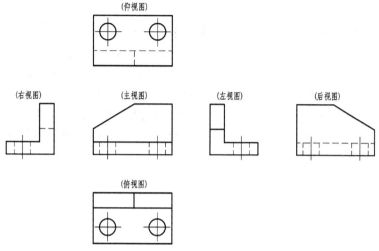

图 7-1-4　基本视图的配置

　　六个基本视图之间仍然符合长对正、高平齐、宽相等的投影规律。从图中还可以看出左视图和右视图的形状左右翻转，俯视图和仰视图的形状上下翻转，主视图和后视图的形状也是左右翻转。从视图中还可以看出机件前后、左右、上下的方位关系。

　　制图时应根据零件的形状和结构特点，选用其中必要的几个基本视图。图 7-1-5 是一个阀体的视图和轴测图。按自然位置安放这个阀体，选定比较能够全面反映阀体各部分主要形状特征和相对位置的视图作为主视图。如果用主、俯、左三个视图来表达这个阀体，则由于阀体左右两侧的形状不同，左视图中将出现很多虚线，影响图形的清晰度和尺寸标注。因此，若在表达时增加一个右视图，就更能完整、清晰地表达该阀体。表达时基本视图的选择完全是根据需要来确定的，而不是任何机件都需用六个基本视图来表达。

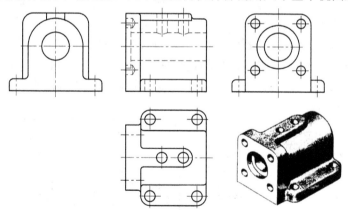

图 7-1-5　阀体的视图和轴测图

　　国家标准规定：绘制技术图样时，应首先考虑看图方便，还应根据机件的结构特点，选用适当的表示方法。在完整、清晰地表达机件形状的前提下，力求制图简洁。视图一般只画机件的可见部分，必要时才画出其不可见部分。因此，在图 7-1-5 中采用四个视图，并在主视图中用虚线画出了阀体的内腔结构以及各个孔的不可见投影，由于将这四个视图对照起来阅读，已能清晰、完整地表达出阀体的结构和形状，所以在其他三个视图中的不可见投影应省略。

2. 向视图

在实际制图时，由于考虑到各视图在图纸中的合理布局问题，如不能按图 7-1-4 配置视图或各视图不画在同一张图纸上，则应在视图的上方标出视图的名称"×"(这里"×"为大写拉丁字母代号)，并在相应的视图附近用箭头指明投射方向，注上同样的字母，这种视图称为向视图。向视图是可以自由配置的视图，如图 7-1-6 所示。

为了看图方便，表示投影方向的箭头应尽可能配置在主视图上(见图 7-1-6)。后视图投影方向在主视图中反映不出来时，应将表示投影方向的箭头配置在左视图或右视图上，所获得的后视图与基本视图中的后视图一致，不致产生误解，如图 7-1-6 中 C 向视图(后视图)。

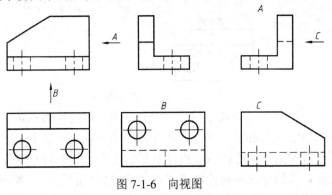

图 7-1-6　向视图

3. 斜视图

当机件上有倾斜于基本投影面的结构时，为了表达倾斜部分的真实形状，可设置一个与倾斜部分平行的辅助投影面，再将倾斜部分结构向该投影面投射。

图 7-1-7(a)是压紧杆的三视图。由于压紧杆的耳板是倾斜的，所以它的俯视图和左视图都不能反映实形，表达不够清楚，画图又比较困难，读图也不方便。为了清晰地表达压紧杆的倾斜结构，可以如图 7-1-7(b)所示，加一个平行于倾斜结构的正垂面作为新投影面，沿垂直于新投影面的箭头 A 方向投射，就可以得到反映倾斜结构实形的投影。这种将机件向不平行于基本投影面的平面投射所得到的视图称为斜视图。因为画压紧杆的斜视图只是为了表达其倾斜结构的实形，故画出其实形后，可以用波浪线断开，不必画出其余部分的视图，如图 7-1-8(a)所示。

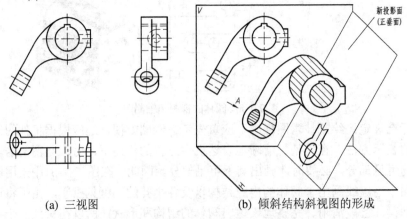

(a) 三视图　　　　　　　　(b) 倾斜结构斜视图的形成

图 7-1-7　压紧杆的三视图及斜视图的形成

在画斜视图时应注意以下几点：

(1) 必须在视图的上方标出视图的名称"×"，在相应的视图附近用箭头指明投射方向，并注上同样的大写拉丁字母"×"，如图 7-1-8(a)的"A"。

(2) 斜视图一般按投影关系配置，如图 7-1-8(a)必要时也可配置在其他适当的位置，如图 7-1-8(b)所示。

(3) 在不致引起误解时，允许将斜视图旋转到水平位置，表示该斜视图名称的大写拉丁字母应靠近旋转符号的箭头端(如图 7-1-8(b))，也允许将旋转角度标注在字母之后。

(4) 画出倾斜结构的斜视图后，通常用波浪线断开，不画其他视图中已表达清楚的部分，如图 7-1-8 所示。

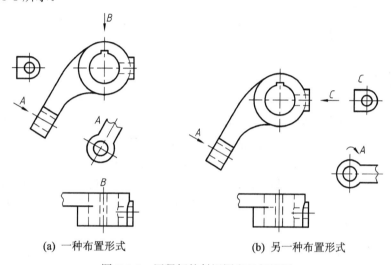

(a) 一种布置形式　　　　　　　　(b) 另一种布置形式

图 7-1-8　压紧杆的斜视图和局部视图

4. 局部视图

将机件的某一部分向基本投影面投射所得到的视图称为局部视图。

画局部视图时应注意以下几点：

(1) 画局部视图时可按向视图的配置形式配置并标注。一般在局部视图上方标出视图的名称"×"，在相应的视图附近用箭头指明投射方向，并注上同样的字母，如图 7-1-8(a)所示 B 向、A 向视图。当局部视图按基本视图的配置形式配置，中间又没有其他图形隔开时，则不必标注，如图 7-1-8(b)中俯视图位置上的局部视图。局部视图按第三角画法配置时，应用细点画线与原图形相连，此时不再另行标注。

(2) 局部视图的断裂边界应以波浪线(N.01.1 线型)或双折线(N.01.1 线型)来表示，如图 7-1-8 所示。当所表示的局部结构是完整的且外轮廓又封闭时，断裂边界可省略不画，如图 7-1-8(a)中的凸台局部视图。

用波浪线作为断裂边界线时，波浪线不应超过断裂机件的轮廓线，应画在机件的实体上，不可画在机件的中空处。图 7-1-9 是用波浪线断开的空心圆板的正误对比画法。

(3) 对于对称结构的机件，将其视图只画一半或四分之一的画法也符合局部视图的定义，可将其视为是以细点画线作为断裂边界的局部视图的特殊画法，此时应在细点画线的两端画出两条与其垂直的细实线，如图 7-1-10 所示。

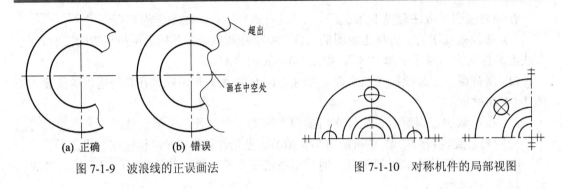

（a）正确　　　　　　（b）错误

图 7-1-9　波浪线的正误画法　　　　　图 7-1-10　对称机件的局部视图

1.2　箱体类零件视图的表达方案

1. 视图的选择

1) 主视图的选择

(1) 按主要加工位置安放。箱体类零件加工部位多(主要是多排轴孔和各端面)，加工工序也较多(如需车、刨、铣、钻、镗、磨等)，各工序加工位置不同，多以镗(或车)削多排轴孔(或单孔)的加工为主要加工位置，因此这类零件都是在符合"形状特征性原则"的前提下，按此主要加工位置安放主视图，而且在一般情况下，这种安放位置也与其工作位置相吻合。

(2) 表达方法的选用。主视图常采用各种视图和剖视图(常采用多个剖切平面剖切)来表达箱体零件的主体结构的内部形状。

2) 其他视图的选择

(1) 视图的数量。箱体类零件的内、外结构形状都很复杂，故常需三个或三个以上的基本视图，各基本视图多以适当的剖视兼顾表达主体内、外结构形状。

(2) 表达方法的选用。基本视图尚未表达清楚的局部结构可用局部视图、局部剖视图、断面图等表达。对于加工表面的截交线、相贯线和非加工表面的过渡线应认真分析，正确图示。

2. 视图选择举例

1) 结构分析

如图 7-1-11 所示的泵体，属于箱体零件。泵体是齿轮泵的主要零件，它的内腔装有主、从动齿轮轴等零件，轴与齿轮均制成一体，故称为齿轮轴。泵体在主动齿轮轴伸出端有填料盒结构，用压盖压紧，另一端有泵盖等零件。

泵体结构由主体、进出油口、主动轴支撑、从动轴支撑、填料盒、底板等组成。

2) 视图的选择

从图 7-1-11(a)可以看出，泵体主视图投射方向选 A 向所反映的形状特征明显，并按工作位置安放主视图，故图 7-1-12 主视图选择与此分析一致。主视图用了三处局部剖视，因其剖切位置明显，故未加标注，较好地反映了泵体的主要内、外结构形状。左视图采用了以几个相交剖切平面剖切的全剖视来表达泵体的内部结构形状。为了反映底板的外形和泵体的下部凹腔，采用了仰视投射方向的向视图 B。为反映后面填料盒和支撑凸缘的外形，用了按后视投射方向和按向视图配置的局部视图 C。这样就形成了泵体的较好的表达方案。

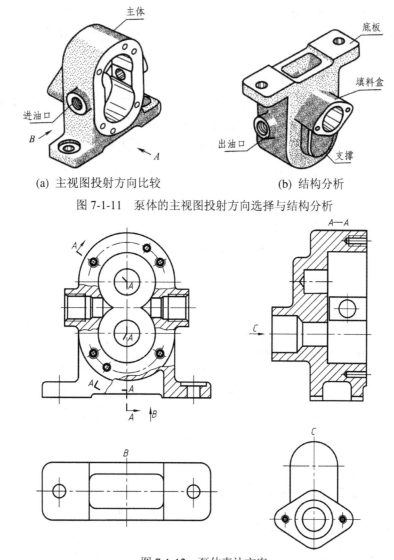

(a) 主视图投射方向比较　　　　　(b) 结构分析

图 7-1-11　泵体的主视图投射方向选择与结构分析

图 7-1-12　泵体表达方案

1.3　箱体类零件图的尺寸标注及技术要求

1. 箱体类零件图的尺寸标注

因为箱体类零件的形状比较复杂，尺寸也比较多，所以零件图标注尺寸应当有一个正确的方法，一般应从以下三个方面来考虑：

· 长度、宽度、高度方向的主要基准为孔的中心线、轴线、对称平面和较大的加工平面。

· 它们的定位尺寸较多，各孔中心线(或轴线)间的距离要直接标注出来。

· 定形尺寸仍用形体分析法标注。

下面以图 7-1-13 所示箱体零件图为例，说明箱体类零件图的尺寸标注。

1) 箱体类零件的尺寸基准

这类零件常以主要孔的轴线、对称面、较大的加工平面或结合面作为长、宽、高方向的主要基准，如图 7-1-13 所示。

2) 直接标注箱体类零件的重要尺寸

箱体中的重要尺寸，指的是直接影响机器的工作性能和质量好坏的那些尺寸，如底座孔轴线中心高、配合尺寸和与安装有关的尺寸等。

中心高：如图 7-1-13 所示，箱体中圆筒中心距底边的距离 100。

配合尺寸：如图 7-1-13 所示，箱体中左右端面两轴承孔 $\phi 62^{+0.009}_{-0.021}$，它影响着轴承的配合性能。

与安装有关的尺寸：如图 7-1-13 所示，箱体中结合面到安装面的距离 128、80。

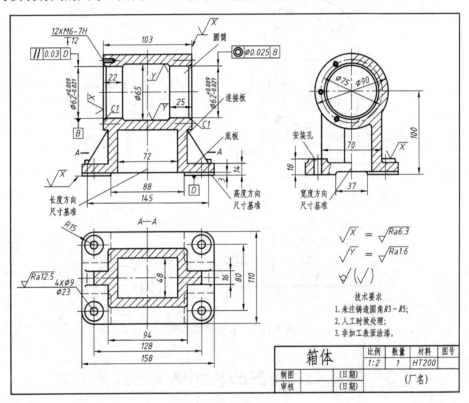

图 7-1-13　箱体零件图

3) 标注定形、定位尺寸

箱体类零件主要是铸件，因此，所标注的尺寸必须满足木模制造的要求且便于制作。在标注定形、定位尺寸时应采用形体分析法并结合结构分析，逐个标注各形体的定形、定位尺寸。

该箱体零件的尺寸标注顺序如下：① 底板及螺栓孔的尺寸标注；② 圆筒的尺寸标注；③ 箱体和肋板的尺寸标注；④ 检查有无遗漏或重复的尺寸，对尺寸配置较乱处进行调整。最后得出图 7-1-13 所示的全部尺寸。

2．箱体类零件图的技术要求

箱体类零件在填写技术要求时应考虑以下两点：

(1) 箱体重要的孔、表面一般应有尺寸公差和形位公差的要求。

(2) 箱体重要的孔、表面的表面粗糙度值较小。

1.4 常见孔的标注与铸造工艺结构

1．常见孔的尺寸标注法

国家标准《技术制图简化表示法》中规定，各类孔可采用旁注和符号相结合的方法标注(见表 7-1-1 中说明)。

表 7-1-1 常见孔的尺寸标注法

序号	类型		简 化 标 注	一 般 注 法	说 明
1	光 孔	一般孔	$4 \times \phi5 \downarrow 10$ $4 \times \phi5 \downarrow 10$	$4 \times \phi5$	$\downarrow$ 为深度符号； $4 \times \phi5$ 表示四个孔的直径均为 $\phi5$。 三种注法任选一种均可(下同)
2		精加工孔	$4 \times \phi5_0^{+0.012} \downarrow 10$ $4 \times \phi5_0^{+0.012}$	$4 \times \phi5_0^{+0.012}$	钻孔深为 12，钻孔后需精加工 $\phi5_0^{+0.012}$ 孔，深度为 10
3		锥销孔	锥销孔 $\phi5$ 锥销孔 $\phi5$	锥销孔 $\phi5$	$\phi5$ 为与锥销孔相配的圆锥销小头直径(公称直径)； 锥销孔通常是相邻两零件装在一起时加工的
4	沉 孔	锥形沉孔	$6 \times \phi7$ $\vee \phi13 \times 90°$ $6 \times \phi7$ $\vee \phi13 \times 90°$	$90°$ $\phi13$ $6 \times \phi7$	$\vee$ 为埋头孔符号； $6 \times \phi7$ 表示 6 个孔的直径均为 $\phi7$。锥形部分大端直径为 $\phi13$，角度为 $90°$
5		柱形沉孔	$4 \times \phi6.4$ $\sqcup \phi12 \downarrow 5$ $4 \times \phi6.4$ $\sqcup \phi12 \downarrow 5$	$\phi12$ $4 \times \phi6.4$	$\sqcup$ 为沉孔及锪平孔符号； 4 个柱形沉孔的小孔直径为 $\phi6.4$，大孔直径为 $\phi12$，孔深为 5
6		锪平面孔	$4 \times \phi9 \sqcup \phi20$ $4 \times \phi9 \sqcup \phi20$	$\phi20$ $4 \times \phi9$	锪平面 $\phi20$ 的深度不需标注，加工时一般锪平到不出现毛面为止

续表

序号	类型		简化标注	一般注法	说 明
7	螺纹孔	通孔	*3XM6-7H* *3XM6-7H*	*3X M6-7H*	3×M6-7H 表示 3 个直径为 6，螺纹中径、顶径公差带为 7H 的螺孔
8		不通孔	*3XM6-7H▽10* *3XM6-7H▽10*	*3XM6-7H*	深 10 是指螺孔的有效深度尺寸为 10，钻孔深度以保证螺孔有效深度为准，也可查阅有关手册来确定
9			*3XM6▽10* *孔▽12* *3XM6▽10* *孔▽12*	*3XM6*	需要注出钻孔深度时，应明确标注出钻孔深度尺寸

2. 零件的铸造工艺结构

1) 拔模斜度

铸造零件毛坯时，为了方便取模，常在铸件壁上沿拔模方向设计出一定的斜度，即拔模斜度。拔模斜度的大小通常为 1:10～1:20(用角度表示为 3°～6°)，对于斜度不大的结构，可不在图形上画出，但须在技术要求中用文字说明拔模斜度值，如图 7-1-14 所示。

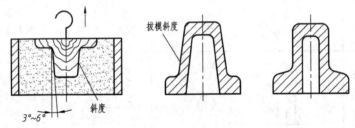

图 7-1-14 拔模斜度

2) 铸造圆角

铸造零件毛坯时，为防止铸造砂型落砂，避免铸件冷却时产生裂纹或缩孔(如图 7-1-15(a)所示)，铸造表面相交处均做成圆角过渡，如图 7-1-15(b)所示。铸造圆角在图中一般应画出，各圆角半径相同或接近时，可在技术要求中统一注写半径值，如"未注铸造圆角 R3～R5"等。

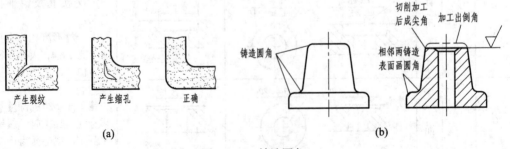

| (a) | (b) |

图 7-1-15 铸造圆角

3) 铸件壁厚

如图 7-1-16 所示，在设计铸件时，壁厚要尽量均匀或逐渐过渡。如果铸件壁厚不均匀，那么在铸造过程中冷却结晶速度不同，在厚壁处产生组织疏松以致会出现缩孔、裂纹等缺陷。为了保证液态金属的流动性，铸件的壁厚不应小于 3～8 mm。

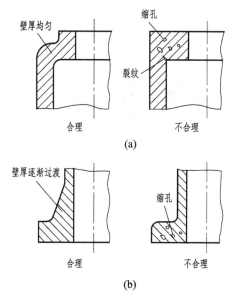

图 7-1-16 铸件壁厚应均匀或逐渐过渡

4) 过渡线

铸件两表面相交时，表面交线因圆角而使其模糊不清，为了方便读图，画图时两表面交线仍按原位置画出，但交线的两端空出不与轮廓线的圆角相交，此交线称为过渡线，过渡线的画法与表面相交处无圆角时其交线的画法基本相同，只是表示时稍有差异。

(1) 两曲面相交的过渡线，不应与圆角轮廓线接触，如图 7-1-17(a)所示；两曲面相切的过渡线，应在切点附近断开，如图 7-1-17(b)所示。

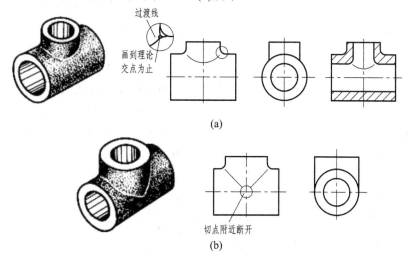

图 7-1-17 两曲面相交、相切时过渡线的画法

(2) 平面和平面或平面与曲面相交的过渡线，应在转角处断开，并加画过渡圆弧，其弯向应与铸造圆角的弯向一致，如图 7-1-18 和图 7-1-19 所示。

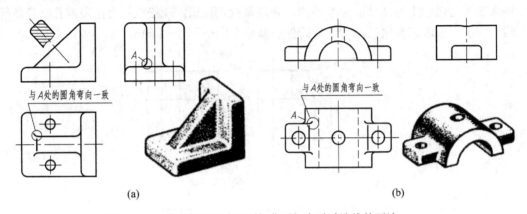

(a) (b)

图 7-1-18　平面与平面或平面与曲面相交时过渡线的画法

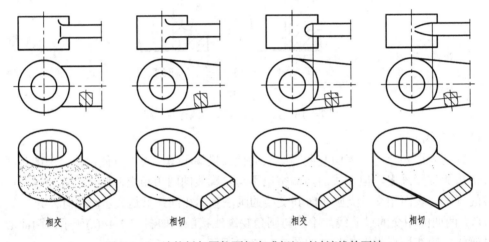

相交　　　　　　相切　　　　　　相交　　　　　　相切

图 7-1-19　连接板与圆柱面相交或相切时过渡线的画法

▬▬➡ 任务实施

根据箱体类零件视图知识，绘制图 7-1-2 所示的减速器箱体零件图。其步骤如下：

(1) 减速箱体零件视图表达方案的选择。主视图的位置与箱体的工作位置相同。主视图主要表达了箱体的形状与位置特征，它采用了两处局部剖视图，一处表达壁厚及下边的放油孔；另一处则表达箱体上下连接的凸台及连接通孔。俯视图主要表达了箱体的凸缘、内腔及安装底板的外形，同时也表达了连接孔、安装孔、销孔的相互位置，以及油沟的形状及位置。左视图采用半剖视图，主要表达箱体前后凸台上的轴承孔与内腔相通的内部形状和外形，箱体凸缘、吊钩、油位孔、肋板等外形。此外，还用 C 向局部视图表达上下凸台的端面形状，用 $B—B$ 剖视图表达油沟的深度及位置，如图 7-1-20 所示。

(2) 根据以上分析，绘制减速器箱体零件草图。

(3) 根据箱体零件草图绘制其零件工作图，如图 7-1-20 所示。

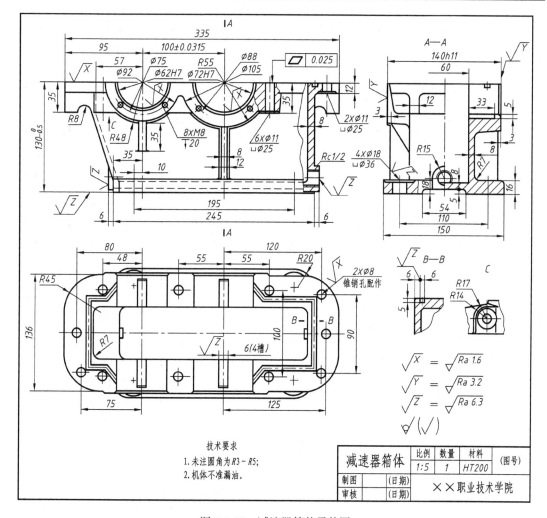

图 7-1-20 减速器箱体零件图

任务2 齿轮油泵泵体零件图的识读

⇨ **任务描述**

图 7-2-1 所示是齿轮油泵泵体的零件图，如何正确识读该零件的零件图，了解其形状、结构、大小和技术要求呢？

泵体是齿轮泵的主要零件，主要起容纳、支撑、连接、安装、密封、配合的作用，属于箱体类零件。齿轮泵工作时通过工作空间容积的变化，来完成吸油和压油，从而提高流体的压力，保证流体的输送。泵体结构由主体、进出油口、主从动轴支撑、填料盒、底板等组成，这些结构在视图上应怎样表达，主视图一般是按什么原则确定的，以及又如何确定其他视图的表达方案，怎样分析和表达零件图上的尺寸及技术要求，通过综合分析想象出零件的空间结构等，都是我们将要解决的工作任务。

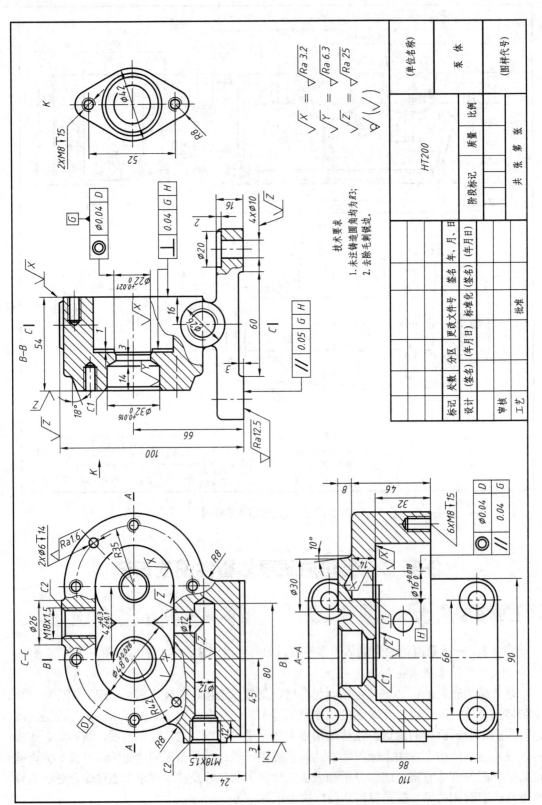

图 7-2-1 齿轮油泵泵体零件图

⇨ 相关知识

1. 零件图的识读方法

零件图的识读方法详见项目五中的任务 2 相关知识。

2. 箱体类零件图的特点

(1) 结构特点。箱体类零件主要用来支撑、容纳和保护运动零件或其他零件，常有内腔、轴承孔、肋板、安装板、光孔、螺纹孔等结构。

(2) 加工方法。毛坯一般为铸件，主要在铣床、刨床、钻床上加工。

(3) 视图表达。一般需要用两个以上基本视图来表达。主视图按形状特征和工作位置来选择，采用通过主要支撑孔轴线的剖视图表达其内部形状结构，局部结构常用局部视图、局部剖视图、断面图等来表达。

(4) 尺寸标注。长、宽、高三个方向的主要尺寸基准通常选用轴孔中心线、对称平面、结合面和较大的加工平面。定位尺寸较多，各孔中心线之间的距离应直接标注。

(5) 技术要求。箱体类零件的轴孔、结合面及重要表面，在尺寸精度、表面粗糙度和形位公差等方面有较严格的要求。常有保证铸造质量的要求，如进行时效处理，不允许有砂眼、裂纹等。

▶ 任务实施

根据所学知识，识读图 7-2-1 所示的泵体零件图。

1) 概括了解

从零件图标题栏可知，零件的名称是泵体，属箱体类零件；材料为 HT200，是铸造件。

2) 视图分析

泵体零件图由主、左、俯三个基本视图和一个局部视图组成。在主视图中，对进、出油口作了局部剖，它反映了壳体的结构形状及齿轮与进、出油口在长、高方向的相对位置。俯视图画成全剖视图，将安装一对齿轮的齿轮腔及安装两齿轮轴的孔剖出。同时还反映了安装底板的形状、四个螺栓孔的分布情况，以及底板与壳体的相对位置。左视图画成局部剖视图。从剖视图上看，剖切是通过主动轴的轴孔进行的，但该孔已在全剖的俯视图中表示清楚。所以，这个剖视图主要是为了表达腰圆形凸台上的两个螺孔及进、出油口与壳体、安装底板之间的相对位置。

3) 尺寸标注及技术要求分析

通过形体分析，并分析图上所标注的尺寸，可以看出：泵体长度方向的基准为安装板的左端面。主动轴轴孔和出油口端面，即以此为基准而标注的定位尺寸 45 mm、3 mm。再以主动轴轴孔的轴线为辅助基准，标注出它与被动轴轴孔的中心距 42 mm，高度方向的基准为安装板的底面，以此为基准标注出轴孔的中心高 66 mm、出油孔的中心高 24 mm。宽度方向的基准为安装板和出油孔道的对称平面，以此为基准确定壳体前端面的定位尺寸 16 mm。

从图上标注的技术要求，两孔ϕ16 mm、ϕ22 mm、齿轮腔ϕ48 mm 的尺寸偏差，以及两孔对齿轮腔的同轴度ϕ0.04 mm，ϕ16 mm 孔的平行度0.04 等形位公差的标注来看，对于这些部位的加工要求是比较严格的，这是设计人员考虑到在齿轮、轴与泵体装配后能保证油泵的工作性能而确定的。

4) 综合归纳

综合以上几方面的分析，就可以了解到这一零件的完整形象，真正看懂这张零件图。图 7-2-2(a)是泵体立体图，图 7-2-2(b)是齿轮油泵结构示意图。

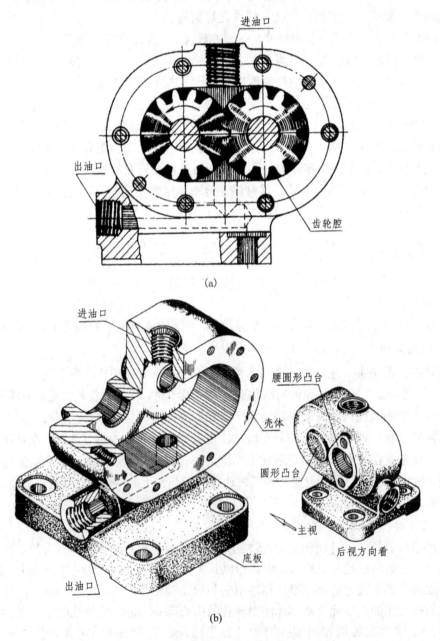

图 7-2-2 齿轮油泵泵体立体图

项目八 零件的测绘

掌握零件测绘的方法，学会测量工具的使用和徒手绘图的技巧。

任务1 轴套类零件的测绘

⇨ 任务描述

图 8-1-1 是一个轴套类零件，该零件用哪些工具进行测量？怎样用正确的机械图样来进行表达呢？

图 8-1-1 轴套类零件立体图

⇨ 相关知识

1.1 零件测绘的基本知识

1. 零件测绘概述

零件的测绘就是根据实际零件画出它的图形，测量出它的尺寸及制定出它的技术要求，为机器仿制设计、修配改造或推广先进技术创造条件，是工程人员必须要掌握的制图技能。

通常是先不使用绘图工具，根据目测，徒手绘制零件草图，然后再根据零件草图画出零件工作图。零件草图和零件工作图的内容相同、要求相同，所以，绘制零件草图除徒手绘制外，其他方面都不能简化。绘制零件草图，除了掌握前面学过有关零件图的内容外，还应掌握测量工具的使用和徒手绘图的技巧。

2. 常用的测量工具

如图 8-1-2 所示，常用的测量工具有：测量长度用的直尺、内外卡钳、游标卡尺和千分尺等，测量角度用的角度规，测量圆角用的圆角规，测量螺纹用的螺纹规。

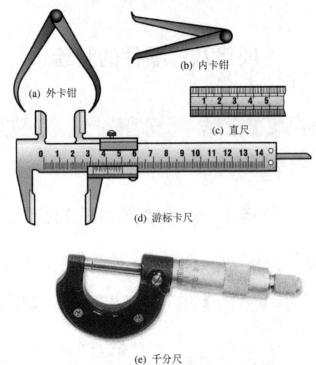

(a) 外卡钳

(b) 内卡钳

(c) 直尺

(d) 游标卡尺

(e) 千分尺

图 8-1-2 常用测量工具

3. 常用的测量方法

(1) 测量直线尺寸(长、宽、高)：一般可用直尺或游标卡尺直接量得尺寸的大小，如图 8-1-3 所示。

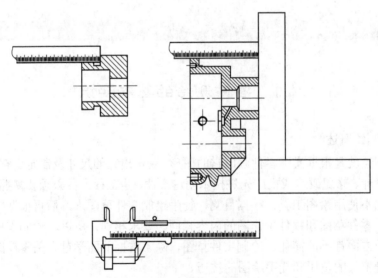

图 8-1-3 测量直线尺寸

(2) 测量回转面的直径：对于外圆或单内圆面，一般可用游标卡尺或千分尺直接测量。

若回转面是外小里大的内圆面，则可用卡钳和直尺组合使用进行测量，如图 8-1-4 所示。

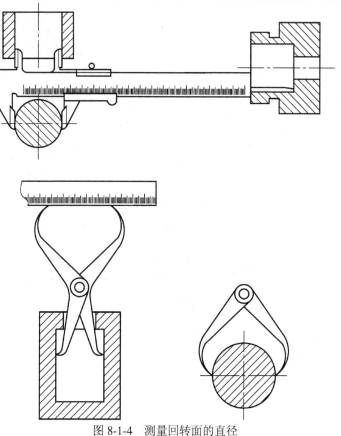

图 8-1-4　测量回转面的直径

(3) 测量壁厚：根据所测壁厚的结构情况，可以用钢直尺直接测量，亦可以用卡钳直尺组合使用测量，如图 8-1-5 所示。有时也可以用深度游标卡尺直接测量，如图 8-1-4 所示。

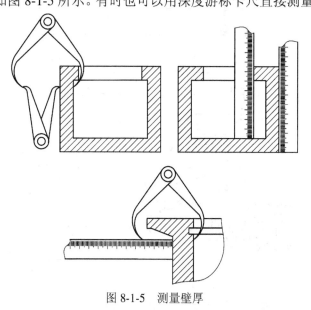

图 8-1-5　测量壁厚

(4) 测量孔间距：可用游标卡尺、卡钳或钢尺测量，如图 8-1-6 所示。

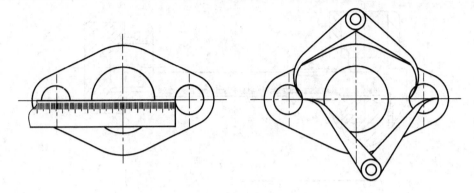

图 8-1-6　测量孔间距

(5) 测量中心高：一般可用钢尺、卡钳或游标卡尺测量，如图 8-1-7 所示。

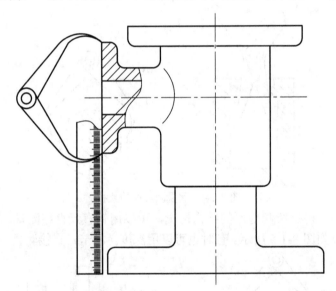

图 8-1-7　测量中心高

(6) 测量圆角、螺纹：可直接用半径规、螺纹规测量，如图 8-1-8 所示。

图 8-1-8　测量圆角、螺纹

(7) 测量角度：可直接用角度规测量，如图 8-1-9 所示。

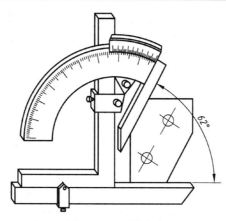

图 8-1-9 测量角度

(8) 测量曲线或曲面：当曲线或曲面要求高精度测量时，需要用专门的测量仪器；当要求测量精度较低时，可用以下方法：

① 拓印法：对于平面曲线的曲率半径的测量，可用纸拓印其轮廓得到如实的平面曲线，然后判定该圆弧的连接情况，用三点定心法确定其半径，如图 8-1-10 所示。

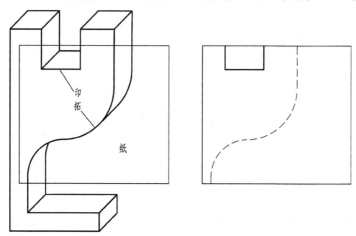

图 8-1-10 拓印法

② 铅丝法：对于母线为曲线的回转面零件的测量，可用铅丝沿母线弯成实形后，得到其母线实样(是平面曲线)，然后确定其构成，如图 8-1-11 所示。

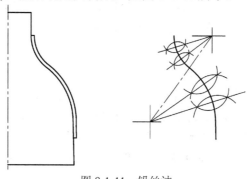

图 8-1-11 铅丝法

③ 坐标法：一般的曲线和曲面可用直尺和三角板确定曲线(面)上各点的坐标，然后在图上通过各点坐标值，确定其曲线(面)的构成，如图 8-1-12 所示。

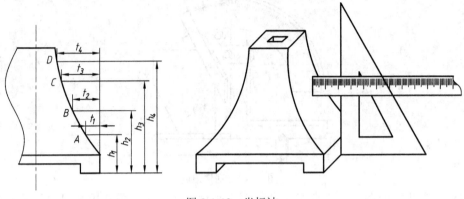

图 8-1-12　坐标法

1.2　零件测绘的步骤

1. 分析零件，确定表达方案

在零件测绘前，必须对零件进行详细分析，这是能否真实可靠测绘好零件的前提。

(1) 了解零件名称和用途。

(2) 鉴定零件的材料。

(3) 对零件进行结构分析和形体分析。由于零件是装上机器后才发挥其功能的，所以分析零件结构和功能应结合零件在机器上的安装、定位、运动方式等进行，这项工作对测绘较破旧、磨损较严重的零件尤为重要。只有在结构分析的基础上，才能确定零件的本来面目。

通过分析，还必须弄清楚零件上每一结构的功用，并确定为实现这一功能所采用的技术保证(技术要求)，包括尺寸精度要求、形位精度要求、表面质量等。对这些分析结果要作列表记录。

(4) 对零件进行工艺分析，因同类的连接，可能会采用不同的制造加工工序，不同的加工工艺会影响零件的图样表达。

(5) 拟定零件的表达方案，在通过上述分析的基础上，按照前述零件图样表达方案的选择方法确定零件的主视图和其他视图，开始画零件草图。

2. 绘制零件草图

草图并不是"潦草的图"，它具有与零件工作图一样的全部内容，包括一组视图，完整的尺寸、技术要求和标题栏。它凭目测确定零件的实际形状大小和大致的比例关系，然后用铅笔徒手画出图形。它要求做到图形正确，比例匀称，表达清楚，线型分明，字体工整，尺寸完整。如图 8-1-13 所示，绘制零件草图的步骤如下：

(1) 根据所用图纸大小、视图数量靠目测选择适当的绘图比例。

(2) 画出各视图的基准线。

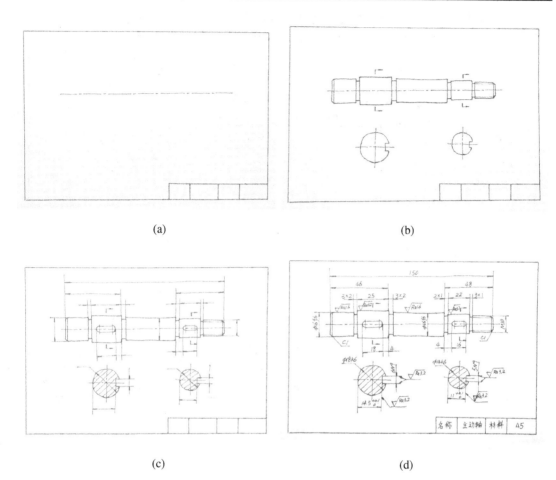

(a)　　　　　　　　　　　　　(b)

(c)　　　　　　　　　　　　　(d)

图 8-1-13　绘制零件草图

(3) 详细画出零件的内外部结构形状。

(4) 校核加深，画出剖面线及尺寸线。

(5) 测量并标注各个尺寸，根据列表记录的技术要求，并结合相关国家标准来确定数据，进行注写。

(6) 结合与之相关的零部件进行复核、校正。

3. 画零件工作图

由于零件测绘往往在现场，时间不长，有些问题虽已表达清楚，但不一定最完善，同时，零件草图一般不直接用于指导生产。因此，需要根据草图作进一步的完善，画出零件工作图，用于生产、加工、检验。

画零件工作图的步骤如下：

(1) 校核零件草图。

① 表达方案是否完整、清晰和简便，否则应依据草图加以整理。

② 零件上的结构形状是否因零件的破损尚未表达清楚。

③ 尺寸标注是否合理。

④ 技术要求是否完整、合理。

(2) 画零件工作图。零件工作图的画法与零件草图的画法相同，见图 8-1-14。

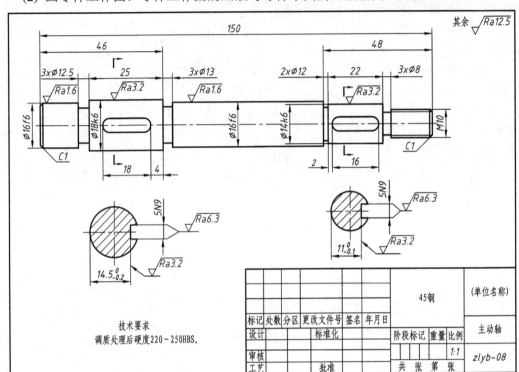

图 8-1-14　零件工作图

⇨ **任务实施**

请参照"相关知识"内容。

任务 2　直齿圆柱齿轮的测绘

⇨ **任务描述**

齿轮测绘涉及许多专业知识，这里只介绍直齿圆柱齿轮的测绘方法与步骤。齿轮测绘首先要确定齿数及模数，然后按表所列公式计算出齿轮的有关尺寸，如图 8-2-1 所示。

图 8-2-1　直齿圆柱齿轮

⇨ **相关知识**

直齿圆柱齿轮的测绘步骤及各部分参数计算如下：

(1) 根据目测，绘制齿轮草图。

(2) 计算各部分参数：

① 数出齿数 z：$z = 25$。

② 测出齿顶圆直径 d_a：当齿轮的齿数为偶数时，可直接量出；若齿轮的齿数为奇数，$d_a = d_h + 2h$，应分别测量齿轮的轴孔孔径 d_h 和齿顶到轴孔的距离 h，如图 8-2-2 所示。d_a 的实测值为 108.80 mm。

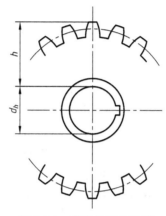

图 8-2-2　齿轮外径的计算

③ 算出模数 m：(参照表 9-2-2 标准直齿圆柱齿轮各基本尺寸计算公式)

因为 $d_a = m(z+2)$，所以 $m = d_a/(z + 2) = 108.80/(25 + 2) = 4.03$ mm。

查表 9-2-1 圆柱齿轮的模数，取最接近的标准值 $m = 4$ mm。所以有 0.03 mm 的误差，这是由于测量误差或齿坯制造实际偏差产生的。

④ 按标准模数计算齿轮各部分尺寸：

$d = mz = 4 \times 25 = 100$ mm

$d_a = m(z + 2) = 4(25 + 2) = 108$ mm

$d_f = m(z - 2.5) = 4(25 - 2.5) = 90$ mm

齿根圆直径 d_f 可不在零件图上标注，因为加工时它由齿轮的其他参数来控制。

(3) 测出齿轮各部分尺寸，标注各部分技术要求。(草图绘制步骤见项目九中齿轮零件图的绘制步骤)

(4) 校核，加粗。

⇨ **任务实施**

根据所学知识，直齿圆柱齿轮零件图的测绘步骤如下：

(1) 画出各视图的基准线，如图 8-2-3 所示。

(2) 详细画出零件的内外部结构形状，如图 8-2-4 所示。

(3) 标注尺寸，如图 8-2-5 所示。

(4) 结合相关国家标准，确定技术参数，并进行尺寸注写，如图 8-2-6 所示。

(5) 结合与之相关的零部件进行复核，校正。

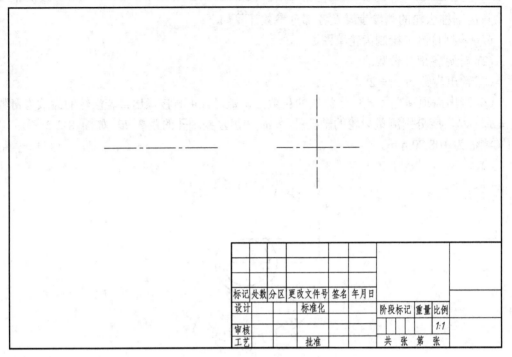

图 8-2-3　画基准线

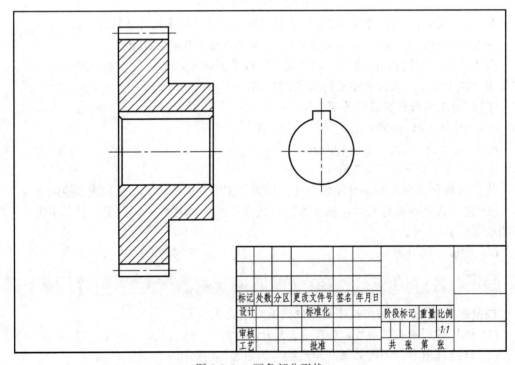

图 8-2-4　画各部分形状

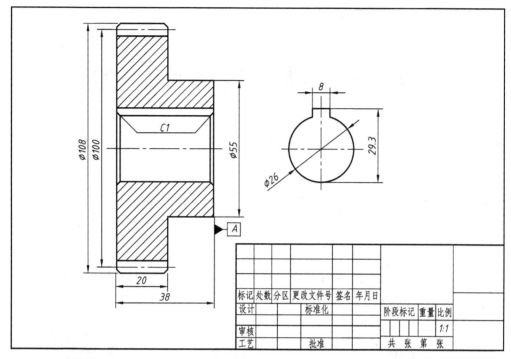

图 8-2-5 标注尺寸

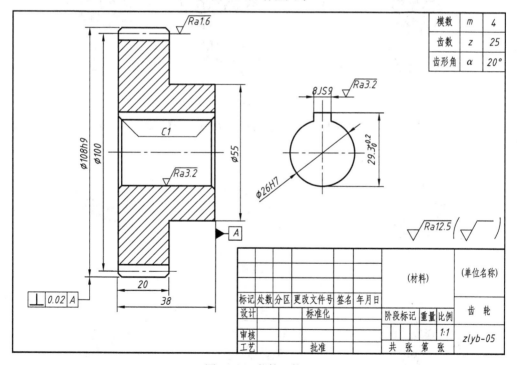

图 8-2-6 复核，校正

项目九 标准件与常用件的绘制

(1) 掌握标准件与常用件的基本知识;

(2) 掌握标准件与常用件规定的画法、代号和标注方法;

(3) 学会查阅相关标准手册;

(4) 掌握标准件和常用件与其他零件配合时的画法。

机械设备经常用到螺栓等标准件来实现零件的装配,如图 9-1-1 所示。标准件指结构、尺寸规格、技术要求等实现标准化的零件或零件组,国家标准局对每一种标准件都规定了对应编号,以方便制造和使用。

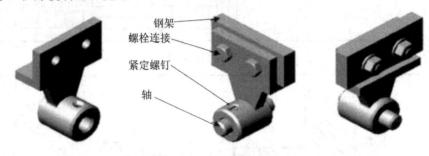

图 9-1-1 轴承架的安装

常见的标准件和常用件有螺栓、螺母、螺钉、齿轮、键、销、滚动轴承、弹簧等,如图 9-1-2 所示。

(a) 螺母   (b) 双头螺栓   (c) 键

(d) 滚动轴承   (e) 齿轮   (f) 弹簧

图 9-1-2 各种常用件和标准件

任务1 螺纹与螺纹连接零件图的绘制

⇨ 任务描述

如图 9-1-3 所示为螺纹零件的装配立体图，如何绘制螺纹紧固件的连接图呢？

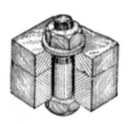
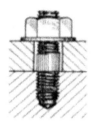

(a) 螺栓连接   (b) 双头螺柱

图 9-1-3 常用的两种螺纹连接的立体示意图

在图 9-1-3 中，它们的共同特征是有螺纹，而螺纹是机械零件中的常用件，并且在国家标准 GB/T 4459.1—1995 中规定了螺纹的标准画法，因此我们要表达标准件的图样，必须依据国家标准来绘制。要解决螺纹紧固件的连接画法，先要从国家标准对螺纹的基本画法入手，掌握螺纹的有关参数、标注、含义及螺纹装配图画法的基本要求等知识。

⇨ 相关知识

1.1 螺纹基本知识及螺纹的规定画法

螺钉、螺栓、螺母等零件广泛应用在机械设备中，其中大部分被做成标准件。在本任务中着重介绍螺纹及其紧固件的基本知识、规定画法及标记。

1. 螺纹的形成

螺纹是按着螺旋线的原理形成的。外螺纹是在圆柱(或圆锥)外表面上形成的螺纹。内螺纹是在内孔表面上形成的螺纹。

螺纹的加工方法很多，最常用的方法是用车床或者用丝锥攻螺纹，如图 9-1-4 所示。

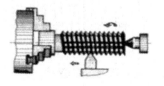

图 9-1-4 螺纹的形成方法

2. 螺纹的要素

普通螺纹的基本几何要素包括牙型、直径、螺距、导程、线数、旋向、牙型角和螺纹升角等。

1) 牙型

在通过螺纹轴线的剖面上,螺纹的轮廓形状称为螺纹牙型。常见的螺纹牙型有三角形(60°、55°)、梯形、锯齿形、矩形等,如图 9-1-5 所示。

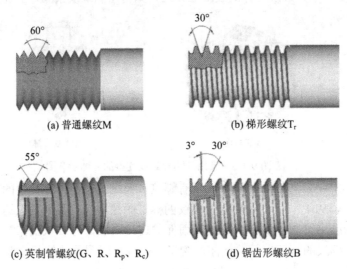

(a) 普通螺纹M   (b) 梯形螺纹T_r

(c) 英制管螺纹(G、R、R_p、R_c)   (d) 锯齿形螺纹B

图 9-1-5   螺纹的牙型

2) 螺纹的直径

螺纹的直径有大径、小径和中径 3 个,如图 9-1-6 所示。

(1) 大径 d、D:是指与外螺纹的牙顶或内螺纹的牙底相切的假想圆柱或圆锥的直径。内螺纹的大径用大写字母 D 表示,外螺纹的大径用小写字母 d 表示。

(2) 小径 d_1、D_1:是指与外螺纹的牙底或内螺纹的牙顶相切的假想圆柱或圆锥的直径。

(3) 中径 d_2、D_2:是指一个假想的圆柱或圆锥直径,该圆柱或圆锥的母线通过牙型上沟槽和凸起宽度相等的地方。

(4) 公称直径:代表螺纹尺寸的直径,指螺纹大径的基本尺寸。

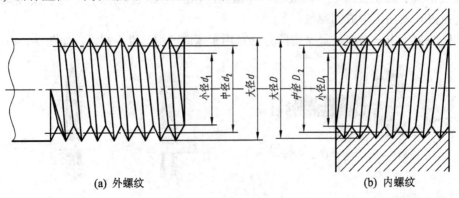

(a) 外螺纹   (b) 内螺纹

图 9-1-6   螺纹的直径

3) 线数

形成螺纹的螺旋线条数称为线数,线数用字母 n 表示。沿一条螺旋线形成的螺纹称为单线螺纹,沿两条以上螺旋线形成的螺纹称为多线螺纹,如图 9-1-7 所示。

 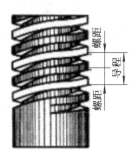

(a) 单线螺纹　　　　　　　　(b) 双线螺纹

图 9-1-7　单线螺纹和双线螺纹

4) 螺距和导程

相邻两牙在中径线上对应两点间的轴向距离称为螺距,螺距用字母 P 表示;同一螺旋线上的相邻两牙在中径线上对应两点间的轴向距离称为导程,导程用字母 P_h 表示,如图 9-1-7 所示。线数 n、螺距 P 和导程 P_h 的之间的关系为

$$P_h = P \times n$$

5) 旋向

螺纹分为左旋螺纹和右旋螺纹两种。顺时针旋转时旋入的螺纹是右旋螺纹;逆时针旋转时旋入的螺纹是左旋螺纹,如图 9-1-8 所示。工程上常用右旋螺纹,螺纹的升角一般为 14°。

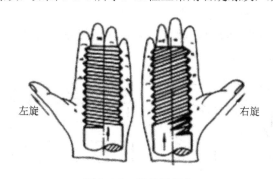

图 9-1-8　螺纹的旋向

国家标准对螺纹的牙型、大径和螺距做了统一规定,见附录 3。这三项要素均符合国家标准的螺纹称为标准螺纹;凡牙型不符合国家标准的螺纹称为非标准螺纹;只有牙型符合国家标准的螺纹称为特殊螺纹。

当螺纹的以上五项要素完全相同时,内、外螺纹才能相互旋合,实现零件间的连接或传动,从而实现它的功能。

3. 螺纹的规定画法和标注

1) 螺纹的规定画法

螺纹不按真实投影作图,而是采用机械制图国家标准 GB/T 4459.1—1995 和 GB/T 197—

2003 规定的画法以简化作图过程。

(1) 外螺纹的画法。外螺纹的大径用粗实线表示，小径用细实线表示。螺纹小径按大径的 0.85 倍绘制。在不反映圆的视图中，小径的细实线应画入倒角内，螺纹终止线用粗实线表示，如图 9-1-9(a)所示。当需要表示螺纹收尾时，螺纹尾部的小径用与轴线成 30°的细实线绘制，如图 9-1-9(b)所示。在反映圆的视图中，表示小径的细实线圆只画约 3/4 圈，螺杆端面上的倒角圆省略不画，如图 9-1-9(a)、(b)、(c)所示。剖视图中的螺纹终止线和剖面线画法如图 9-1-9(c)所示。

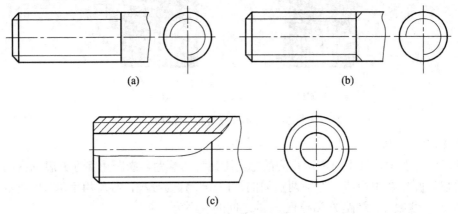

图 9-1-9　外螺纹的画法

(2) 内螺纹的画法。内螺纹通常采用剖视图表达，在不反映圆的视图中，大径用细实线表示，小径和螺纹终止线用粗实线表示，且小径取大径的 0.85 倍，注意剖面线应画到粗实线；若是盲孔，终止线到孔的末端的距离可按大径的 0.5 倍绘制；在反映圆的视图中，大径用约 3/4 圈的细实线圆弧绘制，孔口倒角圆不画，如图 9-1-10(a)、(b)所示。当螺孔相交时，其相贯线的画法如图 9-1-10(c)所示。当螺纹的投影不可见时，所有图线均画成细虚线，如图 9-1-10(d)所示。

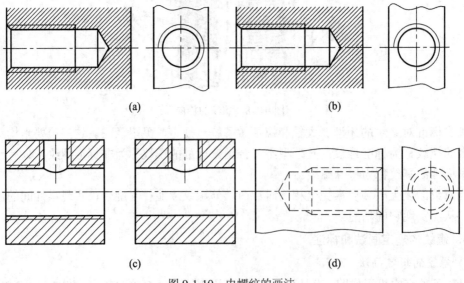

图 9-1-10　内螺纹的画法

(3) 内、外螺纹旋合的画法。只有当内、外螺纹的五项基本要素相同时，内、外螺纹才能进行连接。用剖视图表示螺纹连接时，旋合部分按外螺纹的画法绘制，未旋合部分按各自原有的画法绘制，如图 9-1-11 和图 9-1-12 所示。画图时必须注意：表示内、外螺纹大径的细实线和粗实线，以及表示内、外螺纹小径的粗实线和细实线应分别对齐；在剖切平面通过螺纹轴线的剖视图中，实心螺杆按不剖绘制。

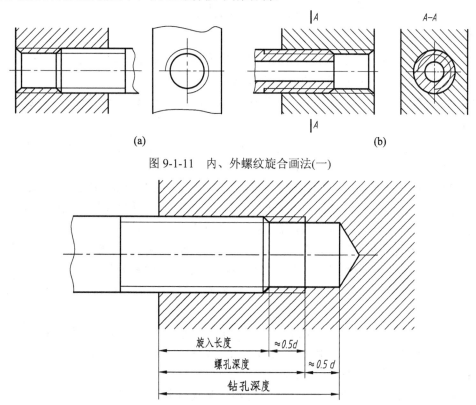

(a)　　　　　　　　　　　　　　　　　　　(b)

图 9-1-11　内、外螺纹旋合画法(一)

图 9-1-12　内、外螺纹旋合画法(二)

(4) 螺纹牙型的表示法。螺纹的牙型一般不需要在图形中画出，当需要表示螺纹的牙型时，可按图 9-1-13 的形式绘制。

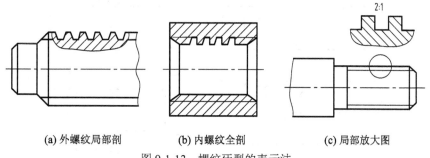

(a) 外螺纹局部剖　　　　(b) 内螺纹全剖　　　　(c) 局部放大图

图 9-1-13　螺纹牙型的表示法

(5) 圆锥螺纹的画法。具有圆锥螺纹的零件，其螺纹部分在投影为圆的视图中，只需画出一端螺纹视图，如图 9-1-14 所示。

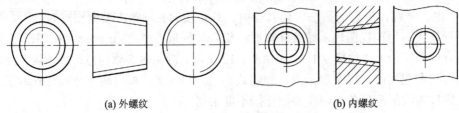

(a) 外螺纹   (b) 内螺纹

图 9-1-14　圆锥螺纹的画法

2) 螺纹的标注方法

由于螺纹的规定画法不能表达出螺纹的种类和螺纹的要素，因此在图中对标准螺纹需要进行正确的标注。下面分别介绍各种螺纹的标注方法。

(1) 普通螺纹。普通螺纹用尺寸标注形式标注在内、外螺纹的大径上，其标注的具体项目和格式如下：

$$\boxed{螺纹代号}\ \boxed{公称直径}\times\boxed{螺距}\ \boxed{旋向}-\boxed{中径公差带代号}\ \boxed{顶径公差带代号}-\boxed{旋合长度代号}$$

普通螺纹的螺纹代号用字母"M"表示。

普通粗牙螺纹不必标注螺距，因为在国标中它的螺距是唯一的数据。普通细牙螺纹必须标注螺距，因为它的螺纹数据有几种可选项。公称直径、导程和螺距数值的单位为 mm。

右旋螺纹不必标注，左旋螺纹应标注字母"LH"。

中径公差带代号和顶径公差带代号由表示公差等级的数字和字母组成。大写字母代表内螺纹，小写字母代表外螺纹。顶径是指外螺纹的大径和内螺纹的小径，若两组公差带相同，则只写一组。表示内、外螺纹旋合时，内螺纹公差带在前，外螺纹公差带在后，中间用"/"分开。

在特定情况下，中等公差精度螺纹不注公差带代号(内螺纹：5H，公称直径小于和等于 1.4 mm 时；6H，公称直径大于和等于 1.6 mm 时。外螺纹：5h，公称直径小于和等于 1.4 mm 时；6 h，公称直径大于和等于 1.6 mm 时)。

普通螺纹的旋合长度分为短、中、长三组，其代号分别是 S、N、L。若是中等旋合长度，其旋合代号"N"可省略。

图 9-1-15 所示为普通螺纹标注示例。

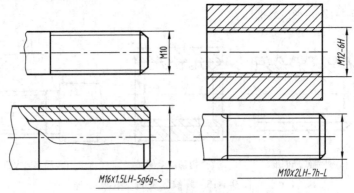

图 9-1-15　普通螺纹标注示例

(2) 传动螺纹。传动螺纹主要指梯形螺纹和锯齿形螺纹，它们也用尺寸标注形式，注在内、外螺纹的大径上，其标注的具体项目及格式如下：

| 螺纹代号 | 公称直径 | × | 导程(P 螺距) | 旋向 | — | 中径公差带代号 | — | 旋合长度代号 |

梯形螺纹的螺纹代号用字母"Tr"表示，锯齿形螺纹的特征代号用字母"B"表示。

多线螺纹标注导程与螺距，单线螺纹只标注螺距。

右旋螺纹不标注代号，左旋螺纹标注字母"LH"。

传动螺纹只标注中径公差带代号。

旋合长度只标注"S"(短)、"L"(长)，中等旋合长度代号"N"省略标注。

图 9-1-16 所示为传动螺纹的标注示例。

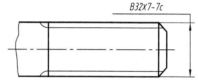

图 9-1-16　传动螺纹的标注示例

(3) 管螺纹。管螺纹的标记必须标注在大径的引出线上。常用的管螺纹分为螺纹密封的管螺纹和非螺纹密封的管螺纹。这里要注意，管螺纹的尺寸代号并不是指螺纹大径，也不是指管螺纹本身的任何一个直径，其大径和小径等参数可从有关标准中查出。

管螺纹标注的具体项目及格式如下：

螺纹密封管螺纹代号：

| 螺纹特征代号 | 尺寸代号 | × | 旋向代号 |

非螺纹密封管螺纹代号：

| 螺纹特征代号 | 尺寸代号 | 公差等级代号 | — | 旋向代号 |

螺纹密封螺纹又分为：与圆柱内螺纹相配合的圆锥外螺纹，其特征代号是 R_1；与圆锥内螺纹相配合的圆锥外螺纹，其特征代号为 R_2；圆锥内螺纹，特征代号是 Rc；圆柱内螺纹，特征代号是 Rp。旋向代号只标注左旋"LH"。

非螺纹密封管螺纹的特征代号是 G，它的公差等级代号分为 A、B 两个精度等级。外螺纹需注明，内螺纹不需标注此项代号。右旋螺纹不标注旋向代号，左旋螺纹标"LH"。

图 9-1-17 所示为管螺纹的标注示例。

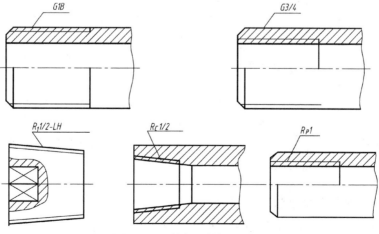

图 9-1-17　管螺纹的标注示例

1.2　螺纹紧固件及其画法

1. 常用螺纹紧固件及其标记

常用螺纹紧固件有螺栓、双头螺柱、螺钉、螺母和垫圈。它们的结构、尺寸都已分别标准化，称为标准件，在使用或绘图时，可以从相应标准(附录 4)中查到所需的结构尺寸。

表 9-1-1 中列出了常用螺纹紧固件的种类与标记。

表 9-1-1　常用螺纹紧固件的种类及标记示例

名　称	图　例	标 记 示 例
六角头螺栓		螺栓 GB/T 5782—2000 M12×50
六角螺母		螺母 GB/T 6170—2000 M12
垫圈		垫圈 GB/T 97.1—2002 16
双头螺柱		螺柱 GB/T 897—1988 M10×40
开槽圆柱头螺钉		螺钉 GB/T 65—2000 M5×20
开槽沉头螺钉		螺栓 GB/T 68—2000 M18×35

2. 常用螺纹紧固件的画法

螺纹紧固件的画法一般有比例画法和查表画法。当结构要求比较严格时，可用查表画法。查表画法就是查相关的标准手册或书后的附录 3，根据查得的各部分尺寸数值画出紧固件；比例画法是根据紧固件的主要参数与螺纹公称尺寸的近似比例关系来确定各部分尺寸，画出紧固件。比例画法如图 9-1-18 所示。

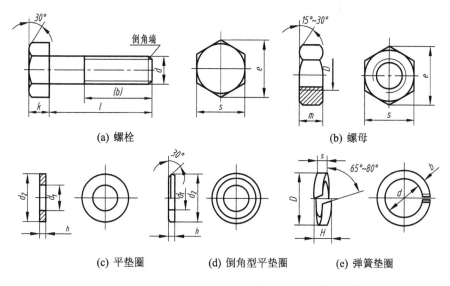

(a) 螺栓　　　　　　　　　　　　　　　　(b) 螺母

(c) 平垫圈　　　　　(d) 倒角型平垫圈　　　　(e) 弹簧垫圈

图 9-1-18　常用螺纹紧固件的比例画法

1.3　螺纹紧固件连接画法

1. 螺栓连接

螺栓用来连接两个不太厚且能钻成通孔的零件，并与垫圈、螺母配合进行连接，如图 9-1-19 所示。

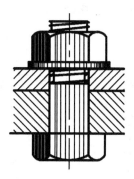

图 9-1-19　螺栓连接

用比例画法画螺栓连接的装配图时，应注意以下几点：

(1) 两零件的接触表面只画一条加粗的轮廓线。凡不接触的表面，不论间隙大小，都应画出间隙(如螺栓和孔之间应画出间隙)。

(2) 剖切平面通过螺栓轴线时，螺栓、螺母、垫圈可按不剖绘制，仍画外形。必要时，可采用局部剖视。

(3) 两零件相邻接时，不同零件的剖面线方向应相反，或者方向一致而间隔不等。

(4) 螺栓长度 $L \geqslant t_1 + t_2 +$ 垫圈厚度 + 螺母厚度 $+(0.2 \sim 0.3)d$，根据上式的估计值，选取与估算值相近的标准长度值作为 L 值。

(5) 被连接件上加工的螺栓孔直径稍大于螺栓直径，取 $1.1d$。

螺栓连接的比例画法如图 9-1-20 所示。

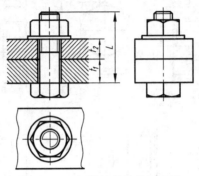

图 9-1-20　螺栓连接的比例画法

2. 螺柱连接

当两个被连接件中有一个很厚，或者不适合用螺栓连接时，常用双头螺柱连接。双头螺柱两端均加工有螺纹，一端与被连接件旋合，另一端与螺母旋合，如图 9-1-21(a)所示。用比例画法绘制双头螺柱的装配图时应注意以下几点：

(1) 旋入端的螺纹终止线应与结合面平齐，表示旋入端已经拧紧。

(2) 旋入端的长度 b_m 要根据被旋入件的材料而定，被旋入端的材料为钢时，$b_m = 1d$；被旋入端的材料为铸铁或铜时，$b_m = 1.25d \sim 1.5d$；被连接件为铝合金等轻金属时，取 $b_m = 2d$。

(3) 旋入端的螺孔深度取 $b_m + 0.5d$，钻孔深度取 $b_m + d$，如图 9-1-21(b)所示。

(4) 螺柱的公称长度 $L \geqslant \delta +$ 垫圈厚度 + 螺母厚度 $+(0.2 \sim 0.3)d$，然后选取与估算值相近的标准长度值作为 L 值。

双头螺柱连接的比例画法如图 9-1-21(b)所示。

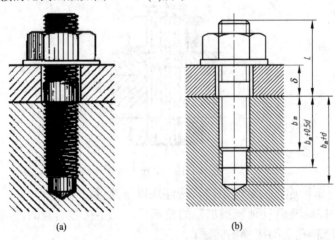

(a)　　　　　　　　　　(b)

图 9-1-21　双头螺柱连接的比例画法

3. 螺钉连接

螺钉连接一般用于受力不大又不需要经常拆卸的场合，如图 9-1-22 所示。

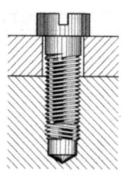

图 9-1-22　螺钉连接

用比例画法绘制螺钉连接，其旋入端与螺柱相同，被连接板的孔部画法与螺栓相同，被连接板的孔径取 $1.1d$。螺钉的有效长度 $L=\delta+b_{\mathrm{m}}$，并根据标准校正。画图时注意以下两点：

(1) 螺钉的螺纹终止线不能与结合面平齐，而应画在盖板的范围内。

(2) 具有沟槽的螺钉头部，在主视图中应被放正，在俯视图中规定画成 45° 倾斜。螺钉连接的比例画法如图 9-1-23 所示。

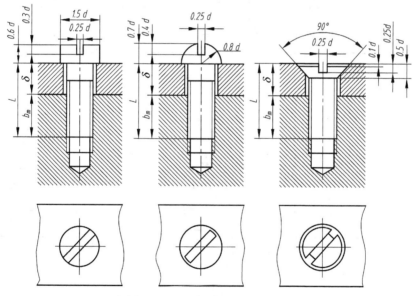

图 9-1-23　螺钉连接的比例画法

▶ 任务实施

根据以上的相关知识来绘制如图 9-1-3 所示的螺栓连接与螺柱连接。

(1) 先确定螺栓和螺柱的公称长度。由本书附录附表 4-5 和附表 4-7 查得螺母高度 m 和垫圈厚度 h。由公式 $L_{\text{计}}=t_1+t_2+h+m+(0.2\sim0.3)d$ / $L_{\text{计}}\geqslant\delta+h+m+(0.2\sim0.3)d$ 计算出螺栓和螺柱的长度，再在附表 4-1 和附表 4-2 中查得最接近的标准长度 L。

(2) 根据比例关系式计算出紧固件的各部分绘图尺寸后，即可画出螺栓和螺柱连接的装配图。具体作图过程见表 9-1-2 和表 9-1-3。

表 9-1-2　螺栓连接的画图步骤

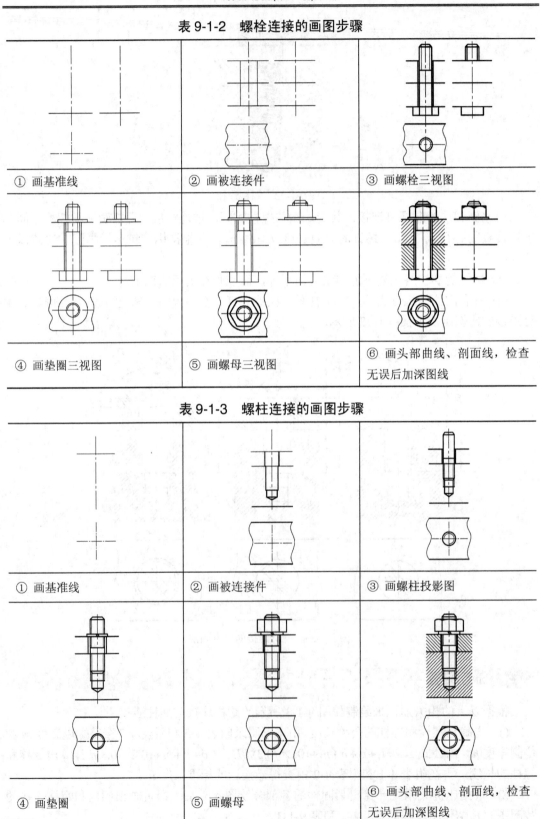

① 画基准线	② 画被连接件	③ 画螺栓三视图
④ 画垫圈三视图	⑤ 画螺母三视图	⑥ 画头部曲线、剖面线，检查无误后加深图线

表 9-1-3　螺柱连接的画图步骤

① 画基准线	② 画被连接件	③ 画螺柱投影图
④ 画垫圈	⑤ 画螺母	⑥ 画头部曲线、剖面线，检查无误后加深图线

任务 2 齿轮及其画法

⇨ 任务描述

齿轮是机器设备中应用十分广泛的传动零件，用来传递运动和动力，改变轴的旋向和转向。齿轮必须成对或成组使用才能达到使用要求。如图 9-2-1 所示的单个齿轮和两个啮合的直齿轮，如何正确绘制其零件图呢？

(a) 单个齿轮　　　　　　　　(b) 一对齿轮啮合

图 9-2-1　单个齿轮和两个啮合的直齿轮

齿轮属于一般常用件，国家标准对其齿形、模数等进行了标准化，齿形和模数都符合国标的齿轮称为标准齿轮。国家标准还制定了齿轮的规定画法。设计中，根据使用要求选定齿轮的基本参数，由此计算出齿轮的其他参数，并按规定画法画出齿轮的零件图及齿轮副的啮合图。因此要正确表达齿轮的图样，必须掌握齿轮各部分的名称、代号及主要参数等相关知识。

⇨ 相关知识

2.1　直齿圆柱齿轮及其画法

2.1.1　常用和常见传动齿轮的种类

常见的传动齿轮有三种：圆柱齿轮传动——用于两平行轴间的传动，圆锥齿轮传动——用于两相交轴间的传动，蜗杆蜗轮传动——用于两交错轴间的传动，如图 9-2-2 所示。

(a) 圆柱齿轮　　　　(b) 圆锥齿轮　　　　(c) 蜗杆蜗轮

图 9-2-2　传动齿轮的常见种类

2.1.2 直齿圆柱齿轮各部分的名称及参数

如图 9-2-3 所示，直齿圆柱齿轮各部分的名称及参数简述如下：

(1) 齿数 z ——齿轮上轮齿的个数。在齿轮上明显可数的齿的个数，一般齿轮的齿数不少于 17 个。

(2) 齿顶圆直径 d_a ——通过齿顶的圆柱面直径。

(3) 齿根圆直径 d_f ——通过齿根的圆柱面直径。

(4) 分度圆直径 d ——分度圆直径是齿轮设计和加工时的重要参数。分度圆是一个假想的圆，在该圆上齿厚 s 与槽宽 e 相等，它的直径称为分度圆直径。

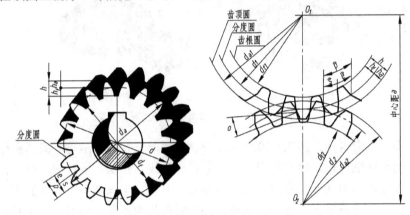

图 9-2-3 齿轮各项参数示意图

(5) 齿高 h ——齿顶圆和齿根圆之间的径向距离。

(6) 齿顶高 h_a ——齿顶圆和分度圆之间的径向距离。

(7) 齿根高 h_f ——分度圆与齿根圆之间的径向距离。

(8) 齿距 p ——在分度圆上，相邻两齿对应齿廓之间的弧长。

(9) 齿厚 s ——在分度圆上，一个齿的两侧对应齿廓之间的弧长。

(10) 槽宽 e ——在分度圆上，一个齿槽的两侧对应齿廓之间的弧长。

(11) 模数 m ——由于分度圆的周长 $\pi d = p \cdot z$，所以 $d = pz/\pi$，令 $m = p/\pi$，则 $d = mz$，式中，m 称为齿轮的模数。模数以 mm 为单位，它是齿轮设计和制造的重要参数。为了便于齿轮的设计和制造，减少齿轮成形刀具的规格及数量，国家标准对模数规定了标准值。圆柱齿轮的模数见表 9-2-1。

表 9-2-1 圆柱齿轮的模数(GB/T 1357—1987)

第一系列	1	1.25	1.5	2	2.5	3	4	5	6	8	10	12	16	20	25	32	40	50
第二系列	1.75	2.25	2.75	(3.25)	3.5	(3.75)	4.5	5.5	(6.5)	7	9	(11)	14	18	22	28	36	45

注：1. 选用圆柱齿轮模数时，应优先选用第一系列，其次选用第二系列，括号内的值尽可能不用；

2. 对于斜齿圆柱齿轮模数是指法向模数 m_n。

(12) 压力角 α ——相互啮合的一对齿轮，其受力方向(齿廓曲线的公法线方向)与运动方向之间所夹的锐角，称为压力角。同一齿廓的不同点上的压力角是不同的，在分度圆上的压力角称为标准压力角。国家标准规定，标准压力角为 20°。

(13) 中心距 a——两啮合齿轮轴线之间的距离。

2.1.3 直齿圆柱齿轮的尺寸计算

在已知模数 m 和齿数 z 时，齿轮轮齿的其他参数均可按表 9-2-2 中的公式计算出来。

表 9-2-2 标准直齿圆柱齿轮各基本尺寸计算公式

基本参数：模数 m 和齿数 z

序 号	名 称	代 号	计算公式
1	齿距	p	$p = \pi m$
2	齿顶高	h_a	$h_a = m$
3	齿根高	h_f	$h_f = 1.25m$
4	齿高	h	$h = 2.25m$
5	分度圆直径	d	$d = mz$
6	齿顶圆直径	d_a	$d_a = m(z + 2)$
7	齿根圆直径	d_f	$d_f = m(z - 2.5)$
8	中心距	a	$a = m(z_1 + z_2)/2$

▪▪▪▶ 任务实施 1

齿轮的轮齿属多次重复出现的结构要素，为简化制图，国家标准(GB/T 4459.2—2003)对其规定了特殊表示法。根据所学知识，下面讲述图 9-2-1 所示的单个齿轮和一对齿轮啮合的画法。

1. 单个齿轮的画法

单个齿轮一般用两个视图表示。国家标准规定齿顶圆和齿顶线用粗实线绘制，分度圆和分度线用细点画线表示，齿根圆和齿根线用细实线绘制(也可以省略不画)。在剖视图中，齿根线用粗实线绘制，并不能省略。当剖切平面通过齿轮轴线时，轮齿一律按不剖绘制。单个齿轮的画法如图 9-2-4 所示。

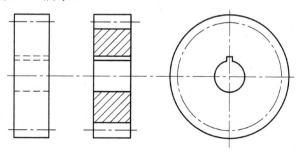

图 9-2-4 单个直齿圆柱齿轮的画法

直齿圆柱齿轮零件图例如图 9-2-5 所示。

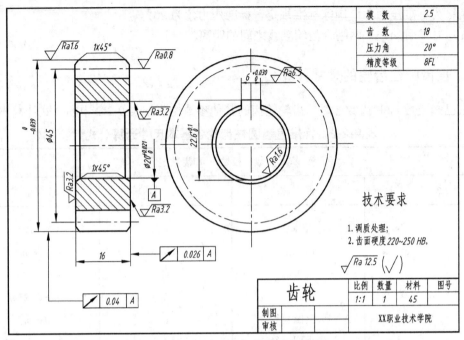

模 数	2.5
齿 数	18
压力角	20°
精度等级	8FL

技术要求

1. 调质处理;
2. 齿面硬度220~250 HB。

齿 轮	比例	数量	材料	图号
	1:1	1	45	
制图				
审核			XX职业技术学院	

图 9-2-5　直齿圆柱齿轮零件图

2. 一对齿轮啮合的画法

一对齿轮的啮合图，一般采用两个视图表达，在单个圆柱齿轮画法的基础上，应注意以下几点：

(1) 相互啮合的两圆柱齿轮的分度圆相切，用点画线绘制，如图 9-2-6(b)所示；外形图相切处的分度线只画一条粗实线，如图 9-2-6(c)所示。

(2) 相互啮合的两圆柱齿轮的画法如图 9-2-6(a)所示；啮合区画 5 条线(实、实、点画、虚、实)，即粗实线(从动齿轮齿根圆)、粗实线(主动齿轮齿顶圆)、点画线(分度圆)、虚线(从动齿轮齿顶圆)、粗实线(主动齿轮齿根圆)。图 9-2-6(c)为省略画法，只绘出相交的外形曲线。

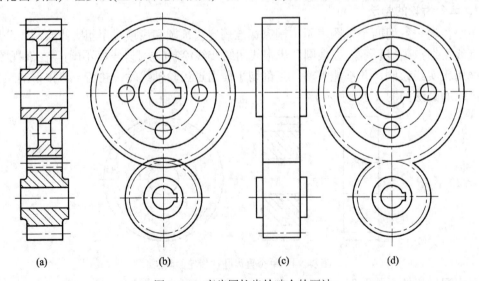

(a)　　　　　(b)　　　　　(c)　　　　　(d)

图 9-2-6　直齿圆柱齿轮啮合的画法

(3) 齿顶线与另一个齿轮齿根线之间有 0.25m 间隙，如图 9-2-7 所示。

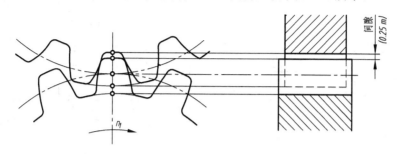

图 9-2-7 轮齿啮合区在剖视图中的画法

2.2 斜齿圆柱齿轮及其画法

斜齿圆柱齿轮的轮齿排列方向与轴线间有一倾角 β，称为螺旋角。轮齿的端面齿形与法向截面齿形不同，因此，其齿距相应地有法向齿距(p_n)和端面齿距(p_t)，故意模数也分为法向模数(m_n)和端面模数(m_t)，它们的关系为 $m_n = m_t\cos\beta$。由于刀具在加工时的方向与法向一致，因此以法向模数 m_n 为标准模数。斜齿圆柱齿轮各部分的尺寸计算见表 9-2-3。

表 9-2-3 斜齿圆柱齿轮的尺寸计算

基本参数	名称及代号	计算公式
齿数 z	分度圆直径(d)	$d = m_t z = m_n z/\cos\beta$
	齿顶高(h_a)	$h_a = m_n$
	齿根高(h_f)	$h_f = 1.25m_n$
螺旋角 β	齿高(h)	$h = h_a + h_f = 2.25m_n$
	齿顶圆直径(d_a)	$d_a = d + 2h_a = m_n(z/\cos\beta+2)$
	齿根圆直径(d_f)	$d_f = d - 2h_f = m_n(z/\cos\beta-2.5)$
	端面模数(m_t)	$m_t = m_n/\cos\beta$
法向模数 m_n	中心距(a)	$a = (d_1 + d_2)/2 = m_n(z_1 + z_2)/2\cos\beta$

■■■➡ 任务实施 2

1. 单个斜齿圆柱齿轮的画法

单个斜齿轮的视图表达和画法与单个直齿轮的基本相同，只是在非圆视图的外形部分用三条与齿线方向一致的细实线表示齿向螺旋角 β，如图 9-2-8 所示。

2. 一对斜齿圆柱齿轮啮合的画法

斜齿圆柱齿轮啮合的画法和视图表达与直齿轮啮合基本相同，只是在画其外形图时要对称绘制出齿向螺旋角 β，且螺旋角相等，方向相反，如图 9-2-9 所示。

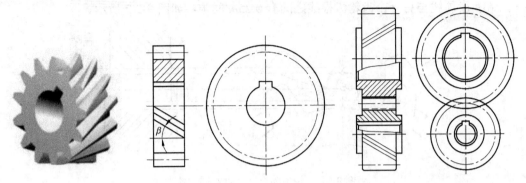

图 9-2-8　单个斜齿轮的画法　　　　图 9-2-9　斜齿圆柱齿轮啮合的画法

2.3　直齿圆锥齿轮及其画法

圆锥齿轮是将轮齿加工在圆锥面上，因而轮齿沿圆锥素线方向大小不同，即在齿宽范围内有大、小端之分，模数和分度圆也随之而变化，如图 9-2-10(a)所示。为了设计和制造方便，国家标准规定以大端参数为准。直齿圆锥齿轮各部分的名称如图 9-2-10(b)所示。

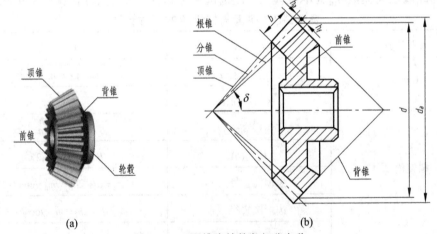

(a)　　　　　　　　　　　　　(b)

图 9-2-10　圆锥齿轮的各部分名称

锥齿轮各部分几何要素的尺寸与模数 m、齿数 z 及分度圆锥角 δ 有关。其计算公式见表 9-2-4。

表 9-2-4　标准锥齿轮各基本尺寸计算公式

序号	名称	代号	计算公式
1	齿数	z_1, z_2	基本参数
2	大端模数	m	基本参数
3	分度圆锥角	δ_1	$\tan\delta_1 = z_1/z_2$
		δ_2	$\tan\delta_2 = z_2/z_1$
4	分度圆直径	d	$d = mz$
5	齿顶高	h_a	$h_a = m$

续表

序号	名称	代号	计算公式
6	齿根高	h_f	$h_f = 1.2m$
7	齿全高	h	$h = 2.2m$
8	齿顶圆直径	d_a	$d_a = m(z+2\cos\delta)$
9	齿根圆直径	d_f	$d_f = m(z-2.4\cos\delta)$
10	锥距	R	$R = mz/(2\sin\delta)$
11	齿宽	b	$b \leqslant R/3$

任务3 键、销及其连接的画法

⇨ 任务描述

前面学过齿轮是广泛应用于各种机械传动中的一种常用件，是用来传递动力、改变转动速度和方向的，那么，齿轮是怎样实现与轴的连接的呢？如何正确表达键和销在机器中的作用呢？

键是通过轴上和轮毂上的标准功能结构——键槽来连接轴和轴上的传动件，使轴与传动件间不发生相对转动，以传递扭矩的。销主要用于零件之间的定位连接和防松，也用来做过载保护元件。键和销都是标准件和常用件，其键和销零件图及连接图的绘制方法必须按照国标所要求的来绘制，而且还要掌握键与销的作用、分类及标注等相关知识。

⇨ 相关知识

3.1 键 连 接

1. 键的作用

键主要用作轴和轴上零件(如齿轮、带轮和凸轮)之间的固定，以传递扭矩，有些键还可实现轴上零件的轴向固定或轴向移动，如减速器中齿轮与轴的连接，如图9-3-1所示。

图 9-3-1 键连接

2. 键的分类

键的种类很多，常用的有普通平键、半圆键和钩头楔键三种，如图9-3-2所示。

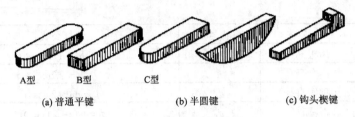

(a) 普通平键　　(b) 半圆键　　(c) 钩头楔键

图 9-3-2　常用键的种类

　　常用键的型式、画法和标记见表 9-3-1。其中普通平键应用最广，按形状的不同可分为普通 A 型平键、普通 B 型平键和普通 C 型平键三种类型，如图 9-3-1(a)所示。

　　选择平键时应根据轴径 d 从相应标准中(见附表 5-1)查取键的截面尺寸($b \times h$)，然后按轮毂宽度选定键长 L。

表 9-3-1　常用键的型式、画法和标记

名　称	标准号	图　例	标记示例
普通平键	GB/T 1096—2003		$b=8$，$h=7$，$L=25$ 的普通 A 型平键： 键 8×25 GB/T 1096—2003
半圆键	GB/T 1099—2003		$b=6$，$h=11$，$d_1=25$，$L=24.5$ 的半圆键： 键 6×25 GB/T 1099—2003
钩头楔键	GB/T 1565—2003		$b=18$，$h=11$，$d_1=25$，$L=100$ 的钩头楔键： 键 18×100 GB/T 1565—2003

　　轴和毂上零件键槽的画法如图 9-3-3 所示，相关的尺寸是由国标来确定的，可从附表 5-1 中查出。普通平键键槽的尺寸由国家标准确定。其中，轴的键槽深度 t_1 和毂的键槽深度 t_2 按轴径 d 可由附表 5-1 中查得，零件图上键槽的一般表示方法和尺寸标注法如图 9-3-3 所示。

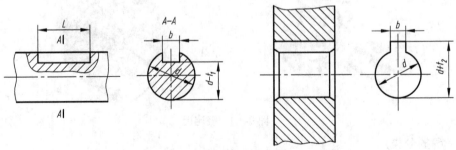

图 9-3-3　键槽的表示方法与尺寸标注

3.2　销　连　接

1. 销的作用

销可以用来定位、传递动力和转矩，在安全装置中作被切断的保护件使用。

2. 销的种类

销是标准件，常用的销有圆柱销、圆锥销和开口销三种，如图 9-3-4 所示。圆柱销和圆锥销通常用于零件间的连接和定位，而开口销可以用来防止槽形螺母松动或固定其他零件。销的结构和尺寸可查阅有关标准，见附录 5。

(a) 圆柱销　　　　　　　　　(b) 圆锥销　　　　　　　　　(c) 开口销

图 9-3-4　常用销的种类

销的形式和标记示例见表 9-3-2。

表 9-3-2　销的种类、形式和标记

名称	标准号	图　例	标记示例
圆柱销	GB/T 119.1—2000	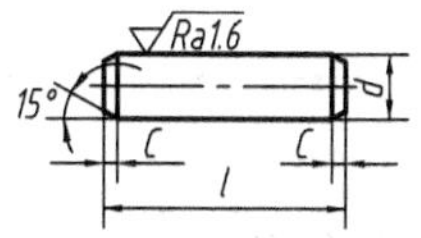	公称直径 $d=8$ mm，公称长度 $l=30$ mm，材料为 35 钢，热处理硬度为 28～38HRC，表面氧化处理的 B 型销：销 GB/T 119.1　8×30
圆锥销	GB/T 117—2000	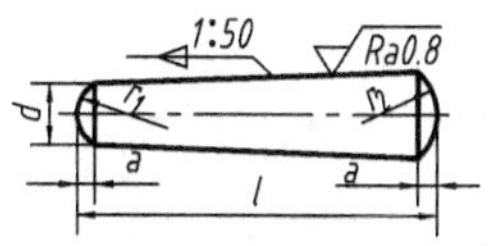	公称直径 $d=5$ mm，公称长度 $l=60$ mm，材料为 35 钢，热处理硬度为 28～38HRC，表面氧化处理的 A 型销：销 GB/T 117 5×60(A 型为磨削加工，B 型为车削加工)
开口销	GB/T 91—2000	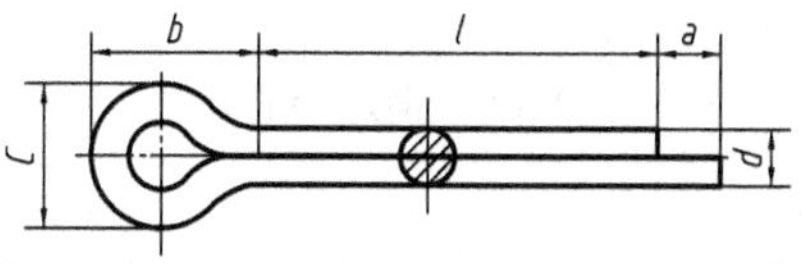	公称直径 $d=5$ mm，公称长度 $l=50$ mm，材料为 Q235，不经表面处理的开口销：销 GB/T 91 5×50

┅┅➡　任务实施

根据所学知识，下面分别讲述键连接和销连接的画法。

1.键连接的画法

键装配后，键有一部分嵌在轴上的键槽内，另一部分嵌在轮毂上的键槽内，普通平键与半圆键连接图中，键的两侧面均为工作面(即键的两侧面与被连接零件接触)，接触面的投影处只画一条轮廓线，没有间隙。而键与轮毂的键槽顶面之间是非工作面，不接触，应留有间隙，画两条线。

钩头楔键的顶面有1:100的斜度，装配时沿轴向将键打入键槽内，直至打紧为止，因此，它的上、下面为工作面，两侧面为非工作面，但画图时侧面不留间隙。

键连接的画法见表9-3-3。

表9-3-3 常用键连接的画法

名 称	键连接画法图例	说 明
普通平键		(1) 键侧面接触； (2) 键顶面有间隙； (3) 键的倒角或圆角可省略不画
半圆键		(1) 键侧面接触； (2) 键顶面有间隙
钩头楔键		键与键槽顶面、底面、侧面均接触无间隙

2.销连接的画法

画销连接图时，当剖切面通过销的轴线时，销按不剖处理；当垂直于销的轴线时，被剖切的销应画剖面线。销连接的画法如图9-3-5所示。

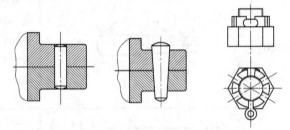

图9-3-5 销连接的画法

任务4 滚动轴承及其画法

⇨ **任务描述**

滚动轴承是用来支承旋转轴的部件，结构比较紧凑，摩擦阻力小，能在较大的载荷、较高的转速下工作，转动精度较高，在工业中应用十分广泛。

滚动轴承是一种标准组件，由专门的标准件工厂生产，需用时可根据要求确定型号，选购即可。在设计机器时，滚动轴承不必画出零件图，只需在装配图中按规定画法画出即可。

⇨ 相关知识

4.1　滚动轴承的结构和种类

1．滚动轴承的结构

滚动轴承的结构一般由外圈、内圈、滚动体和保持架四部分组成，如图 9-4-1 所示。

外圈——装在机体或轴承座内，一般固定不动。

内圈——装在轴上，与轴紧密配合且随轴转动。

滚动体——装在内外圈之间的滚道中，有滚珠、滚柱、滚锥等类型，如图 9-4-2 所示。

保持架——用来均匀分隔滚动体，防止滚动体之间相互摩擦与碰撞。

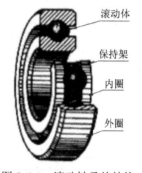

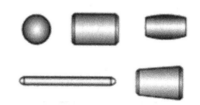

图 9-4-1　滚动轴承的结构　　　　　　　　图 9-4-2　滚动体的形式

2．滚动轴承的类型

滚动轴承按承受载荷的方向可分为以下三种类型：

向心轴承——主要承受径向载荷，常用的向心轴承如深沟球轴承，如图 9-4-3(a)所示。

推力轴承——只承受轴向载荷，常用的推力轴承如推力球轴承，如图 9-4-3(b)所示。

向心推力轴承——同时承受轴向和径向载荷，常用的如圆锥滚子轴承，如图 9-4-3(c)所示。

(a) 深沟球轴承　　　　　(b) 推力球轴承　　　　(c) 圆锥滚子轴承

图 9-4-3　滚动轴承

4.2 滚动轴承的代号

滚动轴承的代号一般打印在轴承的端面上，由基本代号、前置代号和后置代号三部分组成，排列顺序如下：

| 前置代号 | 基本代号 | 后置代号 |

1. 基本代号

基本代号表示滚动轴承的基本类型、结构及尺寸，是滚动轴承代号的基础。基本代号由轴承类型代号、尺寸系列代号和内径代号构成(滚针轴承除外)，其排列顺序如下：

| 类型代号 | 尺寸系列代号 | 内径代号 |

(1) 类型代号。轴承类型代号用阿拉伯数字或大写拉丁字母表示，其含义见表9-4-1。

表9-4-1 滚动轴承的代号

代号	轴 承 类 型	代号	轴 承 类 型
0	双列角接触球轴承	6	深沟球轴承
1	调心球轴承	7	角接触球轴承
2	调心滚子轴承和推力调心滚子轴承	8	推力圆柱滚子轴承
3	圆锥滚子轴承	N	圆柱滚子轴承 双列或多列用字母 NN 表示
4	双列深沟球轴承	U	外球面球轴承
5	推力球轴承	QJ	四点接触球轴承

注：在表中代号后或前加字母或数字表示该类轴承中的不同结构。

(2) 尺寸系列代号。尺寸系列代号由滚动轴承的宽(高)度系列代号和直径系列代号组合而成，用两位数字表示。它主要用来区别内径相同而宽(高)度和外径不同的轴承。详细情况请查阅有关标准(见附录6)。

用基本代号右起第四位数字表示。它反映了具有相同内径和外径尺寸的轴承，对向心轴承，配有不同宽度尺寸系列，代号取 8、0、1、2、3、4、5、6(见表9-4-2)，宽度依次增大，正常宽度的轴承，此代号为"0"。多数轴承在代号中不标出宽度系列代号，但对调心滚子轴承和圆锥滚子轴承宽度系列代号"0"时要标出；对推力轴承，配有不同高度的尺寸系列，代号取 7、9、1、2 的顺序，高度依次增大。如图9-4-4所示为深沟球轴承宽(高)度系列对比。

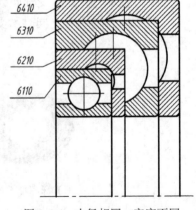

6410
6310
6210
6110

图 9-4-4 内径相同、宽度不同

表 9-4-2　滚动轴承尺寸系列代号

直径系列代号	向心轴承								推力轴承			
	宽度系列代号(宽度→)								高度系列代号(高度→)			
	8	0	1	2	3	4	5	6	7	9	1	2
	尺寸系列号											
7	—	—	17	—	37	—		—	—	—	—	—
8	—	08	18	28	38	48	58	68	—	—	—	—
9	—	09	19	29	39	49	59	69	—	—	—	—
0	—	00	10	20	30	40	50	60	70	90	10	—
1	—	01	11	21	31	41	51	61	71	91	11	—
2	82	02	12	22	32	42	52	62	72	92	12	22
3	83	03	13	23	33	—	—		73	93	13	23
4	—	04	—	24	—	—	—		74	94	14	24
5		—		—						95	—	—

(3) 内径代号。内径代号表示轴承的公称内径，见表 9-4-3。

表 9-4-3　滚动轴承的内径代号及其示例

轴承公称内径 /mm	内　径　代　号		示　　例
0.6～10(非整数)	用公称内径毫米数直接表示，在其与尺寸系列代号之间用"/"分开		深沟球轴承 618/2.5 $d=2.5$ mm
1～9(整数)	用公称内径毫米数直接表示，对深沟及角接触球轴承 7、8、9 直径系列，内径与尺寸系列代号之间用"/"分开		深沟球轴承 62/5、618/5 $d=5$ mm
10～17	10	00	深沟球轴承 6200 $d=10$ mm
	12	01	
	15	02	
	17	03	
20～480 (22、28、32 除外)	最后的两号×5，如：08×5=40		调心滚子轴承 23208 $d=40$ mm
≥500 以及其 22、28、32	用公称内径的毫米数直接表示，但在与尺寸系列之间用"/"分开		调心滚子轴承 230/500 $d=500$
			深沟球轴承 62/22 $d=22$ mm

以表中调心滚子轴承 23208 为例，说明代号中各数字的意义如下：

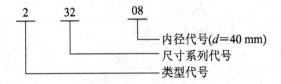

2. 前置代号和后置代号

前置代号和后置代号是轴承在结构形状、尺寸、公差、技术要求等有改变时，在其基本代号左、右添加的补充代号。具体情况可查阅有关的国家标准。

轴承代号标记示例：

6208

第一位数 6 表示类型代号，为深沟球轴承；

第二位数 2 表示尺寸系列代号，宽度系列代号 0 省略，直径系列代号为 2；

后两位数 08 表示内径代号，$d=8\times5=40$ mm。

N2110

第一个字母 N 表示类型代号，为圆柱滚子轴承；

第二、三两位数 21 表示尺寸系列代号，宽度系列代号为 2，直径系列代号为 1；

后两位数 10 表示内径代号，内径 $d=10\times5=50$ mm。

▪▪▪▶ 任务实施

国家标准 GB/T 4459.7—1998 对滚动轴承的画法作了统一规定，有简化画法和规定画法，简化画法又分为通用画法和特征画法两种。

1. 简化画法

用简化画法绘制滚动轴承时，应采用通用画法和特征画法。但在同一图样中，一般只采用其中的一种画法。

(1) 通用画法。在剖视图中，当不需要确切地表示滚动轴承的外形轮廓、载荷特性、结构特征时，可用矩形线框以及位于线框中央正立的十字形符号来表示。矩形线框和十字形符号均用粗实线绘制，十字形符号不应与矩形线框接触。通用画法的尺寸比例见表 9-4-4。

(2) 特征画法。在剖视图中，如果需要比较形象地表示滚动轴承的结构特征，可采用在矩形线框内画出其结构要素符号的方法表示。特征画法的矩形线框、结构要素符号均用粗实线绘制。常用滚动轴承的特征画法的尺寸比例示例见表 9-4-4。

2. 规定画法

必要时，滚动轴承可采用规定画法绘制。采用规定画法绘制滚动轴承的剖视图时，轴承的滚动体不画剖面线，其各套圈等可画成方向和间隔相同的剖面线，滚动轴承的保持架及倒角等可省略不画。规定画法一般绘制在轴的一侧，另一侧按通用画法绘制。其尺寸比例见表 9-4-4。

表 9-4-4 滚动轴承的简化画法和规定画法

类型名称和标准号	简 化 画 法		规定画法	结构图
	通用画法	特征画法		
深沟球轴承 GB/T 276—1994				
圆锥滚子轴承 GB/T 297—1994				
推力球轴承 GB/T 301—1995				

任务5 弹簧及其画法

⇨ 任务描述

弹簧是机器设备中常用的弹性元件,可用于储藏能量、减振、测力和加紧等方面。在电器中,弹簧常用来保证导电零件的良好接触或脱离接触。弹簧的种类有螺旋弹簧、板弹簧、平面涡卷弹簧及蝶形弹簧等，其中圆柱螺旋弹簧应用最广，其按受力性质不同又可分为压缩弹簧、拉伸弹簧和扭转弹簧等，如图 9-5-1 所示。

(a) 压缩弹簧　　　　　　(b) 拉伸弹簧　　　　　　(c) 扭转弹簧

(d) 涡卷弹簧　　　　　　(e) 板弹簧　　　　　　(f) 片弹簧

图 9-5-1　常用的弹簧

⇨ **相关知识**

5.1　圆柱螺旋压缩弹簧各部分名称及尺寸计算

表 9-5-1 列出了圆柱螺旋压缩弹簧各部分名称、基本参数及其相互关系。

表 9-5-1　圆柱螺旋压缩弹簧各部分名称和基本参数

名　称	符　号	说　明	图　例
型材直径	d	制造弹簧用的材料直径	
弹簧的外径	D	弹簧的最大直径	
弹簧的内径	D_1	弹簧的最小直径	
弹簧的中径	D_2	$D_2 = D - d = D_1 + d$	
旋　向		弹簧螺旋线的旋向，有左旋和右旋之分	
有效圈数	n	为了工作平稳，n 一般不小于 3 圈	
支撑圈数	n_0	弹簧两端并紧和磨平(或锻平)，仅起支撑或固定作用的圈(一般取 1.5、2 或 2.5 圈)	
总圈数	n_1	$n_1 = n + n_0$	
节　距	t	相邻两有效圈上对应点的轴向距离	
自由高度	H_0	未受负荷时的弹簧高度 $$H_0 = nt + (n_0 - 0.5)d$$	
展开长度	L	制造弹簧所需钢丝的长度 $$L \approx \pi D n_1$$	

在 GB/T 2089—1994 中对圆柱螺旋压缩弹簧的 d、D、t、H_0、n、L 等尺寸都已作了规定，使用时可查阅该标准。

5.2 圆柱螺旋压缩弹簧的画法

弹簧可以画成剖视图，也可用视图或示意图来表示，如图 9-5-2 所示。根据 GB/T 4459.4—2003，螺旋弹簧的规定画法如下：

(1) 在平行于螺旋弹簧轴线的投影面的视图中，各圈的外轮廓线应画成直线。

(2) 螺旋弹簧均可画成右旋，但左旋螺旋弹簧不论画成左旋或右旋，必须加写"左"字。

(3) 对于螺旋压缩弹簧，如要求两端并紧且磨平时，不论支撑圈数多少和末端贴紧情况如何，均按图 9-5-2(有效圈是整数，支撑圈为 2.5 圈)的形式绘制。必要时也可按支撑圈的实际结构来绘制。

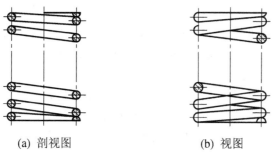

(a) 剖视图   (b) 视图

图 9-5-2 圆柱螺旋压缩弹簧的规定画法

(4) 当弹簧的有效圈数在 4 圈以上时，可以只画出两端的 1～2 圈(支撑圈除外)，中间部分省略不画，用通过弹簧钢丝中心的两条点画线表示，并允许适当缩短图形的长度。

(5) 在装配图中，型材直径或厚度在图形上等于或小于 1 mm 的螺旋弹簧，允许用示意图绘制，如图 9-5-3(a)所示；当弹簧被剖切时，剖面直径或厚度在图形上等于或小于 2 mm 时，也可用涂黑表示，且各圈的轮廓线不画，如图 9-5-3(b)所示。

(6) 在装配图中，被弹簧挡住的结构一般不画出，可见部分应从弹簧的外轮廓线或从弹簧钢丝剖面的中心线画起，如图 9-5-3(c)所示。

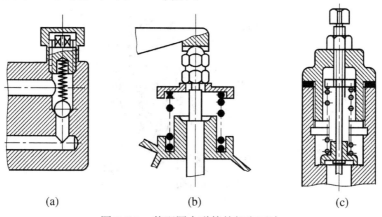

(a)   (b)   (c)

图 9-5-3 装配图中弹簧的规定画法

项目十　装配图的绘制与识读

(1) 掌握装配图的作用和内容；

(2) 掌握装配图的表达方法；

(3) 掌握装配图的尺寸标注；

(4) 了解装配结构的合理性；

(5) 掌握装配图的基本画法和特殊画法。

机器或部件都是由一定数量的零件根据机器的性能和工作原理按一定的技术要求装配在一起的。这些零件之间具有一定的相对位置、连接方式、配合性质、装拆顺序等关系，这些关系统称为装配关系。按装配关系装配成的机器或部件统称为装配体。用来表达装配体结构的图样称为装配图。

装配图是表达机器或部件装配关系和工作原理的图样，它是生产中的主要技术文件之一。零件图与装配图之间是互相联系又互相影响的，设计时，一般先绘制装配图，再根据装配图及零件在整台机器或部件上的作用绘制零件图。装配图是进行装配、检验、安装和维修的技术依据。

任务1　千斤顶装配图的绘制

⇨ 任务描述

如图 10-1-1 所示，如何根据千斤顶的装配体绘制其装配图呢？

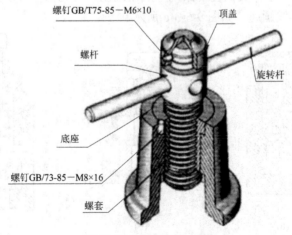

图 10-1-1　千斤顶立体图

绘制千斤顶的装配图，首先要了解装配图的作用及表达的内容；其次是怎样绘制装配图，它与零件图的表达方案、尺寸标注、技术要求、结构合理性上及标题栏有什么区别；最后应掌握绘制装配图的方法等方面的知识。

⇨ 相关知识

1.1　装配图的作用与内容

1. 装配图的作用

装配图的作用主要体现在以下几方面：

(1) 在机器设计过程中，通常要先根据机器的功能要求，确定机器或部件的工作原理、结构形式和主要零件的结构特征，画出它们的装配图。然后再根据装配图进一步设计零件并画出零件图。

(2) 在机器制造过程中，装配图是制定装配工艺规程、进行装配和检验的技术依据。

(3) 在安装调试、使用和维修机器时，装配图也是了解机器结构和性能的重要技术文件。

2. 装配图的内容

图 1-1-3 所示为圆钻模的示意图和装配图，从该装配图中可以看到一张完整的装配图应包括以下四个方面内容：

(1) 一组必要的图形：用以表明机器或部件的工作原理，显示零、部件间的装配连接关系及主要零件的结构特征。图 1-1-3 所示的圆钻模装配图，主视图采用局部剖，保留特制螺母部分外形，以此表达清楚部件的工作原理、零件间的装配连接关系以及零件的大致结构；左视图可采用局部剖，能更清晰表达零件的形状结构；俯视图采用基本视图或局部视图，能进一步表达部件的整体形象(回转体)，特别是三等分孔的特征，只有在俯视图上最清晰。

(2) 必要的尺寸：装配图中必须标注反映产品或部件的规格、外形、装配、安装所需的必要尺寸。

(3) 技术要求：用文字或符号说明机器或部件的性能、装配、检验、安装、调试以及使用、维修等方面的要求。

(4) 零件序号、明细栏和标题栏：用以说明机器或部件的名称、代号、数量、画图比例、设计审核签名，以及它所包含的零、部件的代号、名称、数量、材料等。

装配图需要表达的是部件的工作原理、装配关系及主要零件的结构特征，而零件图仅表达零件的结构形状。针对装配图的特点，为了清晰又简便地表达出部件的结构，《机械制图》国家标准提出了一些画装配图特有的表达方法。

1.2　装配图的视图表达方法

装配图和零件图一样，也是按正投影的原理、方法和《机械制图》国家标准的有关规定绘制的。零件图的表达方法(视图、剖视图、断面图等)及视图选用原则一般都适用于装配图。但由于装配图与零件图各自表达对象的重点及在生产中所使用的范围有所不同，因而国家标准对装配图在表达方法上还有一些专门规定。

1. 规定画法

1) 零件间接触面与配合面的画法

相邻两零件接触表面和配合面规定只画一条线，两个零件的基本尺寸不相同但套装在一起时，即使它们之间的间隙很小，也必须画出有明显间隔的两条轮廓线，如图 10-1-2 所示。

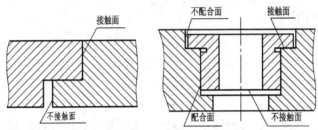

图 10-1-2　接触面与非接触面的画法

2) 装配图中剖面符号的画法

装配图中相邻两个金属零件的剖面线必须以不同方向或不同的间隔画出，如图 10-1-3 所示。要特别注意的是，在装配图中，所有剖视图、剖面图中同一零件的剖面线方向、间隔须完全一致。另外，在装配图中，宽度小于或等于 2 mm 的窄剖面区域，可采用全部涂黑的方式来表示，如图 10-1-3 中的垫片。

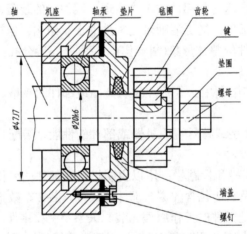

图 10-1-3　规定画法

3) 其他

在装配图中，对于紧固件及轴、球、手柄、键、连杆等实心零件，若沿纵向剖切且剖切平面通过其对称平面或轴线时，这些零件均按不剖来绘制。如需表明零件的凹槽、键槽、销孔等结构，可用局部剖视图来表示。如图 10-1-3 中所示的轴、螺钉和键均按不剖来绘制。为了表示轴和齿轮间的键连接关系，可采用局部剖视。

2. 特殊画法和简化画法

为使装配图能简便、清晰地表达出部件中某些组成部分的形状特征，国家标准还规定了特殊画法和简化画法，下面分别讲述。

1) 特殊画法

(1) 拆卸画法。在装配图的某一视图中，如果所要表达的部分被某个零件遮住而无法表达清楚，或某零件无须重复表达时，可假想将其拆去，只画出所要表达部分的视图。采用拆卸画法时该视图上方需注明："拆去××"等字样，如图 10-1-4 所示的滑动轴承装配图中，俯视图的右半部即是拆去轴承盖、螺栓等零件后画出的。

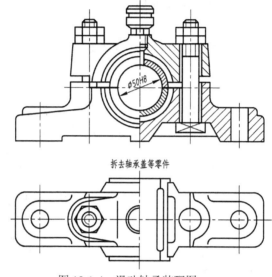

图 10-1-4 滑动轴承装配图

(2) 沿结合面剖切画法。为了表达装配体内部结构，可采用沿装配体结合面剖切，然后将剖切平面与观察者之间的零件拿去，画出剖视图。此法剖切的优点在于：既能表达内部装配情况，又能省略剖面线，使图形清晰，重点突出，如图 10-1-5 中 A-A 剖视图。

(3) 假想画法。在装配图中，为了表达与本部件有装配关系但又不属于本部件的相邻零、部件时，可用双点画线画出相邻零、部件的部分轮廓。如图 10-1-5 中的主视图，与转子油泵相邻的零件即是用双点画线画出的。

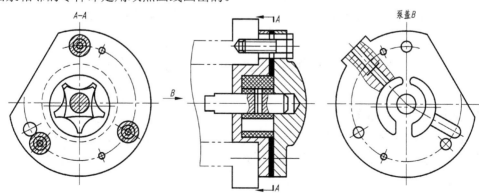

图 10-1-5 转子油泵装配图的画法

在装配图中，当需要表达运动零件的运动范围或极限位置时，也可用双点画线画出该零件在极限位置处的轮廓。如图 10-1-6 所示的双点画线假想画出摇杆的另一个极限位置。

(4) 单独表达某个零件的画法。在装配图中，当某个零件的主要结构在其他视图中未能表示清楚，而该零件的形状对部件的工作原理和装配关系的理解又起着十分重要的作用时，可单独画出该零件的某一视图。如图 10-1-5 所示转子油泵的 B 向视图。注意：这种表达方法要在所画视图上方注出该零件及其视图的名称。

(5) 夸大画法。在画装配图时，常遇到一些薄片零件、细丝弹簧、小锥度、微小间隙等，若无法用实际尺寸或比例画出，可采用夸大画法，如图 10-1-7 所示的垫片和右端盖孔的间隙，都采用了夸大画法，否则难以表达。

2) 简化画法

(1) 在装配图中，零件的某些工艺结构，如小圆角、倒角、退刀槽等允许省略不画。装配图中螺母和螺栓头上的圆弧可省略不画，滚动轴承允许一半画剖视，另一半简化，如图 10-1-7 所示。

(2) 在装配图中，对于若干相同的零件组，如几组规格相同的螺纹连接，在不影响理解的前提下，可详细地画出一组或几组，其余用点画线表示其中心装配位置即可，如图 10-1-7 所示。

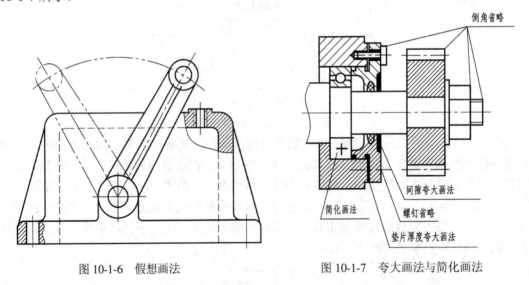

图 10-1-6 假想画法   图 10-1-7 夸大画法与简化画法

1.3 装配图的尺寸标注和技术要求

1. 装配图的尺寸标注

装配图与零件图不同，不是用来直接指导零件生产的，不需要、也不可能标注出每一个零件的全部尺寸，一般仅标注出下列几类尺寸。

1) 规格尺寸

规格尺寸是表明装配体规格和性能的尺寸，是设计和选用产品的主要依据。如图 1-1-3

所示圆钻模装配图中钻孔尺寸 $3 \times \phi 11$，钻模底座上方的外圆直径 $\phi 66h6$。

2) 装配尺寸

装配尺寸包括零件间有配合关系的配合尺寸以及零件间的相对位置尺寸。如图 1-1-3 所示圆钻模装配图中 $\phi 22H7/h7$、$\phi 14H7/n6$、$\phi 26H7/m7$ 的配合尺寸。

3) 安装尺寸

安装尺寸是机器或部件安装到基座或其他工作位置时所需的尺寸。

4) 外形尺寸

外形尺寸是指反映装配体总长、总宽、总高的外形轮廓尺寸。如图 1-1-3 圆钻模装配图中的 $\phi 86$、73。

5) 其他重要尺寸

在设计过程中经过计算而确定的尺寸和主要零件的主要尺寸，以及在装配或使用中必须说明的尺寸。如图 1-1-3 所示圆钻模装配图中钻套等分圆周直径 $\phi 55 \pm 0.02$，钻模板直径 $\phi 72$。

以上五类尺寸，并非每张装配图上都需全部标注，有时同一个尺寸可同时兼有几种含义。所以装配图上的尺寸标注要根据具体的装配体情况来确定。

2．装配图的技术要求

装配图的技术要求一般用文字注写在图样下方的空白处。技术要求因装配体的不同，其具体的内容有很大不同，但技术要求一般应包括以下几个方面。

(1) 装配要求。装配体在装配过程中应注意的事项，装配后应达到的要求，如装配间隙、润滑要求等。

(2) 检验要求。检验要求是指装配体在检验、调试过程中的特殊要求等。

(3) 使用要求。使用要求是对装配体的基本性能、维护、保养、使用时的要求。

可参照图 1-1-3 圆钻模装配图中的技术要求。

1.4　装配图的零部件编号与明细栏

装配图上所有的零部件都必须编注序号或代号，并填写明细栏，以便统计零件数量，进行生产的准备工作。同时，在看装配图时，也是根据序号查阅明细栏，了解零件的名称、材料和数量等，它有助于看图和图样管理。

1．装配图的零部件编号及其编排方式

1) 一般规定

(1) 装配图中所有的零部件都必须编写序号。

(2) 装配图中的一个零部件只编写一个序号；同一装配图中相同的零部件只编写一次。

(3) 装配图中零部件序号要与明细栏中的序号一致。

2) 序号的编排方式

(1) 装配图中编写零部件序号的常用方法如图 10-1-8 所示。在所指零部件的可见轮廓内画一圆点，然后从圆点开始画指引线(细实线)，在指引线的另一端画一水平线或圆(也都是细实线)，在水平线上或圆内注写序号，序号的字高应比尺寸数字大一号或两号，如图

10-1-8(a)所示；也可以不画水平线或圆，在指引线另一端附近注写序号，序号字高比尺寸数字大两号，如图 10-1-8(b)所示。

(2) 同一装配图中编写零部件序号的形式应一致。

(3) 指引线应自所指部分的可见轮廓引出，并在末端画一圆点。如所指部分轮廓内不便画圆点时，可在指引线末端画一箭头，并指向该部分的轮廓，如图 10-1-8(c)所示。

(4) 指引线相互不能相交。当它通过有剖面线的区域时，不应与剖面线平行；必要时，指引线可以画成折线，但只允许曲折一次，如图 10-1-8(d)所示。

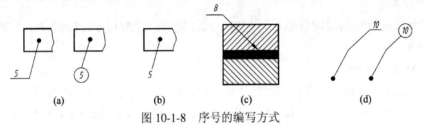

图 10-1-8　序号的编写方式

(5) 一组紧固件以及装配关系清楚的零件组，可以采用公共指引线，如图 10-1-9 所示。

(6) 零件的序号应沿水平或垂直方向按顺时针或逆时针方向排列，序号间隔应尽可能相等，如图 1-1-3 圆钻模装配图中所示。

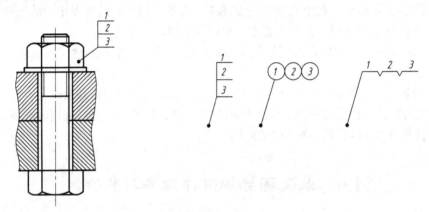

图 10-1-9　公共指引线的表示方法

2. 装配图的标题栏及明细栏

1) 装配图的标题栏(GB/T 10609.1—1989)

装配图中标题栏的格式与零件图中的相同。

2) 装配图的明细栏(GB/T 10609.2—1989)

(1) 明细栏一般应紧接在标题栏上方绘制。若标题栏上方位置不够时，其余部分可画在标题栏的左方。

(2) 当直接在装配图中绘制明细栏时，其格式和尺寸如图 10-1-10(a)所示。校用明细栏一般可按图 10-1-10(b)所示的格式绘制。

(3) 明细栏最上方(最末)的边线一般用细实线绘制。

(4) 当装配图中的零部件较多位置不够时，可作为装配图的续页按 A4 幅面单独绘制出明细栏。若一页不够，可连续加页。

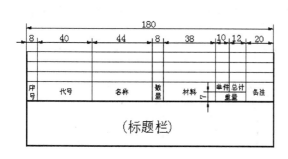

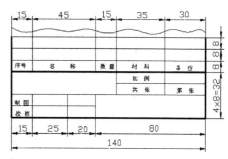

(a) 明细栏　　　　　　　　　　　　　　(b) 校用明细栏

图 10-1-10　明细栏的格式和尺寸

3) 装配图明细栏的填写

(1) 当明细栏直接画在装配图中时，明细栏中的序号应按自下而上的顺序填写，以便当发现有漏编的零件时，可继续向上填补，如图 1-1-3 圆钻模装配图中所示。如果是单独附页的明细栏，序号应按自上而下的顺序填写。

(2) 明细栏中的序号应与装配图上编号一致，即一一对应，如图 1-1-3 圆钻模装配图中所示。

(3) 代号栏用来注写图样中相应组成部分的图样代号或标准号。

(4) 备注栏中，一般填写该项的附加说明或其他有关内容。如分区代号、常用件的主要参数，如齿轮的模数、齿数，弹簧的内径或外径、簧丝直径、有效圈数、自由长度等。

(5) 螺栓、螺母、垫圈、键、销等标准件，其标记通常分两部分填入明细栏中。将标准代号填入代号栏内，其余规格尺寸等填在名称栏内。

1.5　装配图结构合理性的画法

为了保证部件的装配质量并便于装拆，应考虑到装配结构的合理性。装配合理的基本要求为：零件的结合处应精确可靠，能保证装配质量；便于装配与拆卸；零件的结构简单，加工工艺性好。

1. 接触面与配合面的合理结构

(1) 两个零件接触时，在同一方向只能有一对接触面，这种设计既能满足装配要求，也方便制造，如图 10-1-11 所示。

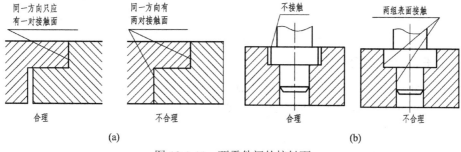

(a)　　　　　　　　　　　　　　　　(b)

图 10-1-11　两零件间的接触面

(2) 轴颈和孔配合时，应在孔的接触端面制作倒角或在轴肩根部切槽，以保证零件间的接触良好，如图 10-1-12 所示。

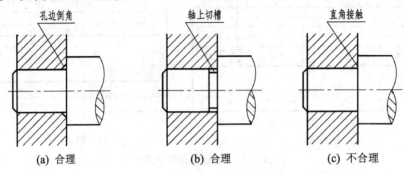

图 10-1-12　接触面转角处的结构

(3) 锥面配合时，锥体顶部与锥孔底部都必须留有间隙，如图 10-1-13 所示。

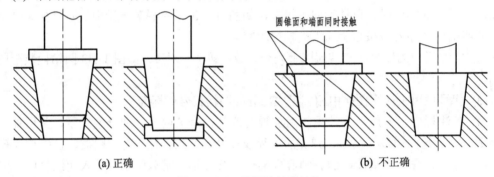

图 10-1-13　锥面接触的结构

2．螺纹连接的合理结构

为了使螺栓、螺母、螺钉、垫圈等紧固件与被连接表面接触良好，在被连接件的表面应加工成凸台或沉孔等结构，如图 10-1-14 所示。

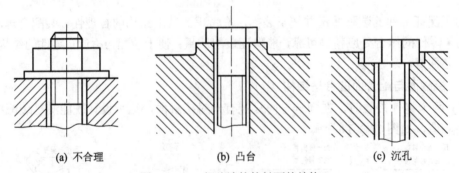

图 10-1-14　螺纹连接接触面的结构

3．便于装拆的合理结构

(1) 滚动轴承的内、外圈在进行轴向定位设计时，为方便滚动轴承的拆卸，轴肩或孔肩的高度应小于轴承内圈或外圈的厚度，如图 10-1-15 所示。

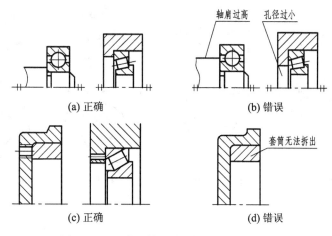

图 10-1-15　滚动轴承端面接触的结构

(2) 对于螺栓等紧固件在部件上位置的设计，必须注意其活动空间，以便于拆、装。一是要留出扳手的转动余地，如图 10-1-16 所示；二是要保证有装、拆空间，如图 10-1-17 所示。

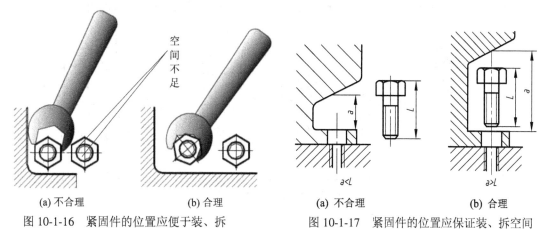

图 10-1-16　紧固件的位置应便于装、拆　　　　图 10-1-17　紧固件的位置应保证装、拆空间

(3) 为保证两零件在装、拆前后的装配精度，通常用圆柱销定位。为了便于加工和拆卸，应尽量将销孔加工成通孔或选用带螺孔的销钉，如图 10-1-18 所示。

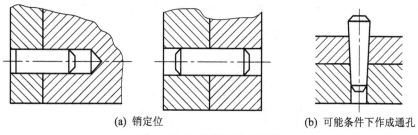

(a) 销定位　　　　　　　　　(b) 可能条件下作成通孔

图 10-1-18　圆柱销定位结构

4. 防松装置

为防止机器因工作振动或冲击而致使螺纹紧固件松开，常采用双螺母、止动垫圈、弹簧垫圈、开口销等防松装置，如图 10-1-19 所示。

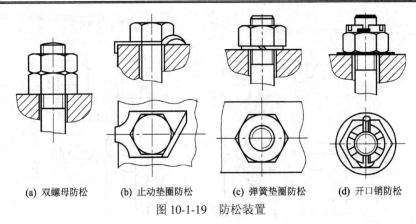

(a) 双螺母防松　　(b) 止动垫圈防松　　(c) 弹簧垫圈防松　　(d) 开口销防松

图 10-1-19　防松装置

5. 密封装置

在一些部件或机器中，常装有密封装置，以防止机器中油的外溢或阀门、管路中气体、液体的泄漏或灰尘、杂屑进入，通常采用的密封装置如图 10-1-20 所示。其中，在油泵、阀门等部件中常采用填料箱密封装置，图(a)为常见的一种用填料箱密封的装置；图(b)是管道中的管子接口处采用垫片密封的密封装置；图(c)和图(d)是滚动轴承的常用密封装置。

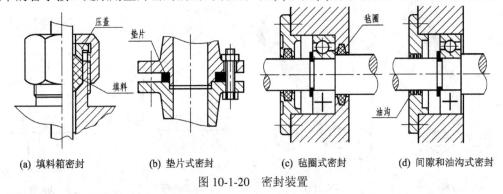

(a) 填料箱密封　　　(b) 垫片式密封　　　(c) 毡圈式密封　　(d) 间隙和油沟式密封

图 10-1-20　密封装置

6. 滚动轴承的轴向固定

装在轴上的滚动轴承及齿轮等一般都要有轴向定位结构，以保证能在轴线方向不产生移动，如图 10-1-21 所示。轴上的滚动轴承及齿轮是靠轴的台肩来定位的，齿轮的一端用螺母、垫圈来压紧，垫圈与轴肩的台阶面间应留有间隙，以便压紧。

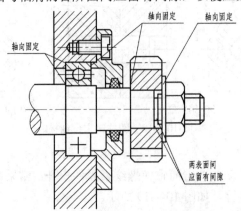

图 10-1-21　滚动轴承的轴向固定

▪▪▪➡ 任务实施

根据前面所讲的相关知识，下面来讲述绘制如图 10-1-1 所示千斤顶装配图的步骤。

1) 了解、分析千斤顶的结构与工作原理

螺旋千斤顶利用螺旋传动来顶举重物，是汽车修理或机械安装等行业常用的一种起重或顶压工具，但其顶举的高度不能太大。转动杆穿在螺旋杆顶部中，把螺旋杆从螺套中旋出，顶盖上部就可以把重物举起。螺套镶在底座里，并用螺钉紧定。在螺旋杆的球面形顶部套一个顶垫，是为了防止顶盖随螺旋杆一起转动且不脱落；在螺旋杆顶部加工一环形槽，是为了将一紧定螺钉的端部伸进槽里锁住，如图 10-1-1 所示。

2) 拆卸装配体

千斤顶的拆卸次序为：① 用螺丝刀拧出螺钉，分离出顶盖；② 用旋转杆拧出螺杆；③ 用螺丝刀拧出螺钉，取出螺栓，此时螺套和底座分开。拆卸完毕，如图 10-1-22 所示。

3) 绘制千斤顶装配示意图

根据前面的分析，可画出千斤顶装配示意图，如图 10-1-23 所示。

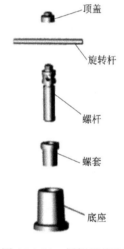

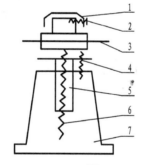

件号	名　称	件数
1	顶盖	1
2	螺钉1	1
3	旋转杆	1
4	螺钉2	1
5	螺套	1
6	螺杆	1
7	底座	1

图 10-1-22 拆卸零件次序　　　　　图 10-1-23 千斤顶装配示意图

4) 拟定表达方案

表达方案应包括选择主视图、确定视图数量和各视图的表达方法。

(1) 主视图的选择。

① 放置。按工作位置放置，千斤顶的工作位置也是其自然的安放位置。

② 视图的选择方案。主视图选择局部剖视图，反映千斤顶的整体形象、工作原理、装配线、零件间装配关系及零件的主要结构。另外，因为旋转杆 3 较长，且形状简单，所以可以作简化处理，采用折断画法。

(2) 其他视图的选择。考虑到起重螺杆的螺纹为非标准螺纹，所以起重螺杆 6 的表达可采用局部剖视图，而顶盖 1 的表面形状可以采用局部放大图，比例为 4：1。

5) 绘制千斤顶装配图的步骤

(1) 定比例、定图幅、画图框、标题栏和明细栏，画出各视图的主要基准线，并画出主要装配干线轴的主视图。

根据所确定的视图数目、图形的大小和采用的比例(1：1),选定图幅(A3),并在图纸上进行布局。在布局时,应留出标注尺寸、编注零件序号、书写技术要求、画标题栏和明细栏的位置,画出主视图的主要中心线、轴线、对称线及基准线等,如图 10-1-24 所示。

(2) 逐层画出各视图。围绕主要装配干线,由里向外,逐个画出零件图。

一般从主视图入手,并兼顾各视图的投影关系,几个基本视图结合起来进行。一般先画主要零件,后画次要零件;先画大体轮廓,后画局部细节。

千斤顶的主要零件是底座、螺套和螺杆,画出底座 7 的主要轮廓线后,接着画螺套 5、螺杆 6 及顶盖 1 的轮廓线,如图 10-1-25 所示。

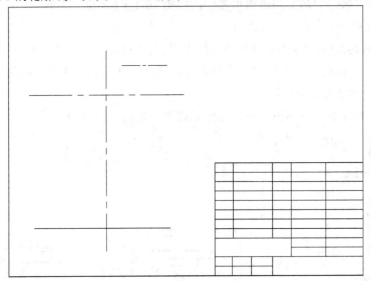

图 10-1-24 千斤顶装配图画图步骤(一)

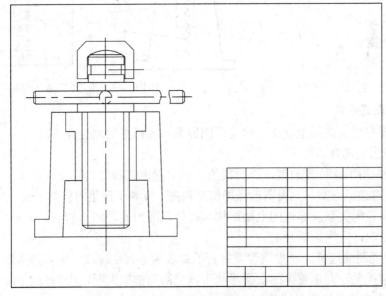

图 10-1-25 千斤顶装配图画图步骤(二)

(3) 由装配关系依次绘制其他次要零件、小零件及各部分的细节，如旋转杆 3、螺钉 2、螺钉 4 及绘制局部放大图，如图 10-1-26 所示。

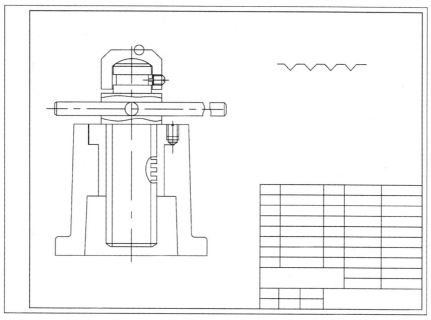

图 10-1-26　千斤顶装配图画图步骤(三)

(4) 校核、描深、画剖面线。在画剖面线时，主要的剖视图可以先画。最好画完一个零件所有的剖面线，然后再开始画另外一个，以免剖面线方向的错误，如图 10-1-27 所示。

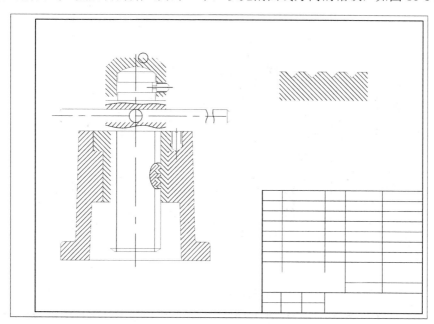

图 10-1-27　千斤顶装配图画图步骤(四)

(5) 标注尺寸、编排序号、填写技术要求、明细栏、标题栏，完成全图，如图 10-1-28 所示。

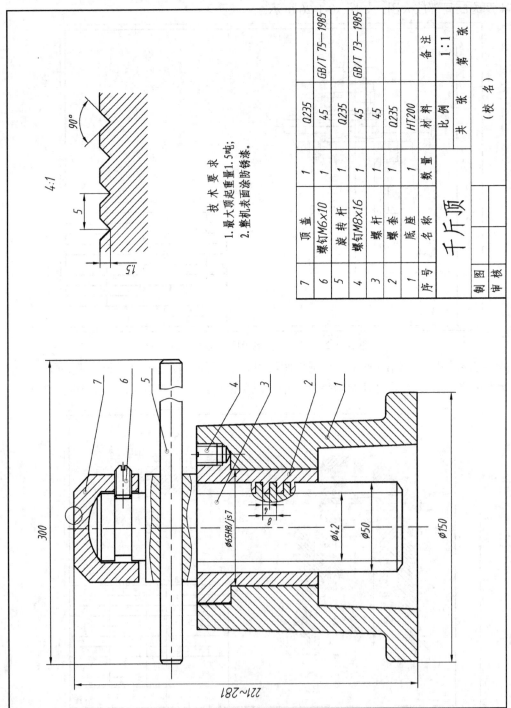

图 10-1-28　千斤顶装配图画图步骤(五)

技 术 要 求

1. 最大顶起重量1.5吨;

2. 整机表面涂防锈漆。

序号	名 称	数量	材 料	备 注
7	顶 盖	1	Q235	
6	螺钉M6×10	1	45	GB/T 75—1985
5	旋 转 杆	1	Q235	
4	螺钉M8×16	1	45	GB/T 73—1985
3	螺 杆	1	45	
2	螺 套	1	Q235	
1	底 座	1	HT200	

千 斤 顶

			比 例	1:1	第 张
制图			共 张		
审核			（ 校 名 ）		

4:1

90°

任务 2　齿轮油泵装配图的识读

⇨ 任务描述

怎样认识和阅读如图 10-2-1 所示的齿轮油泵装配图？识读装配图的步骤是什么？怎样从齿轮油泵装配图中拆画 7 号零件右泵盖？其拆画零件图的步骤是什么？

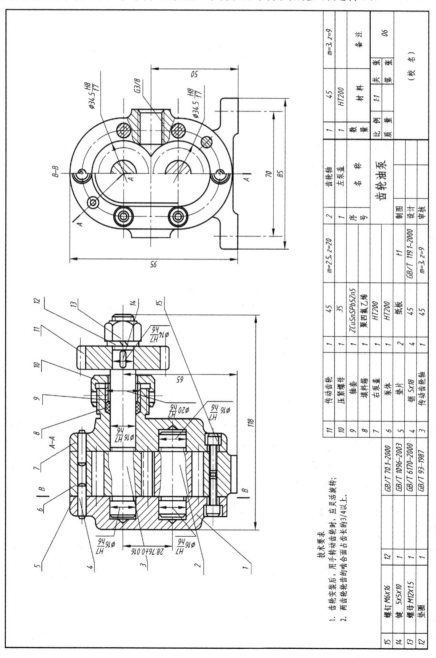

技术要求
1. 齿轮安装后，用手转动齿轮时，应灵活旋转；
2. 两齿轮轮齿的啮合面占齿长的3/4以上。

图 10-2-1　齿轮油泵装配图

识读齿轮油泵装配图，首先通过装配图的标题栏、明细表了解机器或部件的组成内容，然后通过各个视图搞清机器或部件的性能、工作原理、装配关系和各零件的主要结构、作用以及拆装顺序等，最后归纳总结想象出齿轮油泵的立体图。

由装配图拆画某个零件的零件图，不仅是机械设计中的重要环节，而且也是考核读装配图效果的重要手段。根据装配图拆画零件图不仅需要具备较强的读图、画图能力，而且需要有一定的设计和制造知识。

➯ **相关知识**

2.1　装配图的识读

1. 识读装配图的要求

(1) 了解部件的名称、用途、性能和工作原理。

(2) 了解部件的结构，零(部)件种类、相对位置、装配关系及装拆顺序和方法。

(3) 弄清每个零(部)件的名称、数量、材料、作用和结构形状。

(4) 了解技术要求中的各项内容。

2. 识读装配图的步骤

读装配图通常可按如下三个步骤进行。

1) 概括了解

首先从标题栏入手，可了解装配体的名称和绘图比例。从装配体的名称联系到生产实践知识，往往可以知道装配体的大致用途。再从明细栏了解零件的名称和数量，并在视图中找到相应零件所在的位置。另外，浏览一下所有视图、尺寸和技术要求，初步了解该装配图的表达方法及各视图间的大致对应关系，以便为进一步看图奠定基础。

2) 详细分析

分析装配体的工作原理，分析装配体的装配连接关系，分析装配体的结构组成情况及润滑、密封情况，分析零件的结构形状。要对照视图，将零件逐一从复杂的装配关系中分离出来，想象出其结构形状。分离时，可按零件的序号顺序进行，并根据零件序号指引线所指的部位，分析出该零件在视图中的范围及外形，然后对照投影关系，找出该零件在其他视图中的位置及外形，并进行综合分析，想象出该零件的结构形状。

在分离零件时，利用剖视图中剖面线的方向或间隔的不同及零件间互相遮挡时的可见性规律来区分零件是十分有效的。

对照投影关系时，借助三角板、分规等工具，往往能大大提高看图的速度和准确性。

对于运动零件的运动情况，可按传动路线逐一进行分析，分析其运动方向、传动关系及运动范围。

3) 归纳总结

一般可按以下几个主要问题进行归纳总结：

(1) 装配体的功能是什么？其功能是怎样实现的？在工作状态下，装配体中各零件起什么作用？运动零件之间是如何协调运动的？

(2) 装配体的装配关系、连接方式是怎样的？有无润滑、密封及其实现方式如何？

(3) 装配体的拆卸及装配顺序如何？

(4) 装配体如何使用？使用时有哪些注意事项？

(5) 装配图中各视图的表达重点意图如何？是否还有更好的表达方案？装配图中所注尺寸各属于哪一类？

上述读装配图的步骤仅是一个概括的说明。实际读图时几个步骤往往是平行或交叉进行的。因此，读图时应根据具体情况和需要灵活运用这些方法，通过反复进行读图实践，便能逐渐掌握其中的规律，提高读装配图的速度和能力。

2.2　由装配图拆画零件图

1. 装配图拆画零件图的要求及方法

把装配图中的非标准零件从装配图中分离出来画成零件图的过程，简称拆图，它是设计工作中的一个重要环节。在设计和生产实际工作中，经常要阅读装配图。例如，在设计过程中，要按照装配图来设计和绘制零件图；在安装机器及其部件时，要按照装配图来装配零件和部件；在技术学习或技术交流时，则要参阅有关装配图才能了解、研究一些工程、技术等有关问题。

1) 装配图拆画零件图的要求

(1) 拆画前，应认真阅读装配图，全面深入了解设计意图，弄清工作原理、装配关系、技术要求和每个零件的结构形状。

(2) 画图时，不但要从设计方面考虑零件的作用和要求，而且还要从工艺方面考虑零件的制造和装配，应使所画的零件图符合设计和工艺要求。

2) 装配图拆画零件图的方法

(1) 一般情况下，主要零件的结构形状在装配图上已表达清楚，而且主要零件的形状和尺寸还会影响其他零件。因此，可以从拆画主要零件开始，对于一些标准零件，只需要确定其规定标记，可以不拆画零件图。

(2) 分析零件，首先要会正确地区分零件。区分零件的方法主要是依靠不同方向和不同间隔的剖面线，以及各视图之间的投影关系进行判别。零件区分出来之后，便要分析零件的结构形状和功用。分析时一般从主要零件开始，再看次要零件。

2. 拆画零件图的注意事项

在拆画零件图的过程中，要注意处理好下列几个问题：

1) 零件的分类

拆画零件图前，要对机器或部件中的零件进行分类处理，以明确拆画对象。按零件的不同情况可分为以下几类：

(1) 标准零件。标准零件多数属于外购件，不需要画出零件图，只要按照标准零件的规定标记代号列出标准件的汇总表即可。

(2) 借用零件。借用零件是借用定型产品上的零件。对于这类零件，可利用已有的图样，而不必另行画图。

(3) 特殊零件。特殊零件是设计时所确定下来的重要零件，在设计说明书中都附有这类零件的图样或重要数据。

(4) 一般零件。这类零件基本上是按照装配图所体现的形状、大小和有关的技术要求来画图，是拆画零件图的主要对象。

2) 装配图表达方案的确定

装配图的表达方案是从整个机器或部件的角度出发考虑的，重点是表达机器或部件的工作原理和装配关系。而零件图的表达方案是根据零件的结构形状特点来进行考虑的，不强求与装配图一致。因此在拆画零件图时不应机械地照搬零件在装配图中的视图方案，而应重新考虑，一般应注意以下几点：

(1) 主视图的选择。一般壳体、箱座类零件主视图所选的位置可以与装配图一致。这样装配机器时，便于对照。

(2) 其他视图的选择。根据零件的结构形状和复杂程度确定其他视图的数量和表达方法。

3) 对零件结构形状的处理

在装配图中，对零件上某些局部结构，往往未完全绘出，对零件上某些标准结构也未完全表达。拆画零件图时，应结合考虑设计和工艺的要求，补画这些结构。如零件上某部分需要与某零件装配时一起加工，则应在零件图上注明。

4) 对零件图上尺寸的处理

装配图上的尺寸往往不能完全确定零件的尺寸，但各零件结构形状的大小已经过设计人员的考虑，基本上是合适的。因此根据装配图画零件图，可以从图样上按比例直接量取尺寸。尺寸的大小与注法根据不同情况分别处理。

(1) 装配图已注出的尺寸。凡装配图已注出的尺寸都是比较重要的尺寸，这些尺寸数值可直接抄注在相应的零件图上。对于配合尺寸、某些相对位置尺寸要注出偏差值。

(2) 标准结构尺寸。零件上一些标准结构(如倒角、圆角、退刀槽、螺纹、销孔、键槽等)的尺寸数值，应从有关标准或明细栏中查取核对后进行标注。

(3) 计算尺寸。零件图上的某些尺寸应根据装配图所给的数据进行计算后重新标注，如齿轮的分度圆、齿顶圆的直径尺寸等。

(4) 其他尺寸。其他尺寸均从装配图中直接量取，根据绘图比例标注。但注意尺寸数字的圆整和取标准化数值。

另外，在标注尺寸时应注意，有装配关系的尺寸应相互协调，如配合部分的轴、孔，其基本尺寸应相同。其他尺寸也应相互适应，使之不致在零件装配或运动时产生矛盾或产生干涉咬卡现象。在进行尺寸的具体标注时，还要注意尺寸基准的选择。

5) 零件图上的技术要求

要根据零件在装配体中的作用和与其他零件的装配关系，以及工艺结构等要求，标注出该零件的表面粗糙度等方面的技术要求。技术要求将直接影响零件的加工质量，但正确制定技术要求，涉及许多专业知识，初学者可参照同类产品的相应零件图用类比法来进行确定。如有相对运动和配合要求的表面，表面粗糙度要求较严；有密封、耐腐蚀、美观等要求的表面粗糙度也应要求严些；尺寸公差要求高的，表面粗糙度值也要适当降低，等等。另外，在标题栏中填写零件的材料时，应和明细栏中的一致。

2.3 零部件的测绘及装配图的画图步骤

1. 测绘零部件的方法

1) 了解和分析装配体

要正确地表达一个装配体，必须首先要了解和分析它的用途、工作原理、结构特点以及装拆顺序等情况。对于这些情况的了解，除了观察实物、阅读有关技术资料和类似产品图样外，还可以向有关人员学习和了解。

图 10-2-2 为滑动轴承的分解轴测图。滑动轴承是支撑传动轴的一个部件，轴在轴瓦内旋转。轴瓦由上、下两块组成，分别嵌在轴承盖和轴承座上，座和盖用一对螺栓和螺母连接在一起。可以用加垫片的方法来调整轴瓦和轴配合的松紧，轴承座和轴承盖之间应留有一定的间隙。

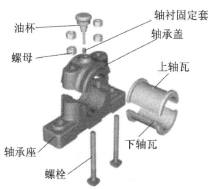

图 10-2-2 滑动轴承的分解轴测图

2) 拆卸装配体

在拆卸前，应准备好有关的拆卸工具，以及放置零件的用具和场地，然后根据装配的特点，按照一定的拆卸次序，正确地依次拆卸。在拆卸过程中，对每一个零件应贴上标签，记好编号。对拆下的零件要分区、分组放在适当地方，以免混乱和丢失。这样，也便于测绘后的重新装配。对不可拆卸连接的零件和过盈配合的零件应不拆卸，以免损坏零件。

图 10-2-2 所示滑动轴承的拆卸次序如下：

(1) 拧下油杯；

(2) 用扳手分别拧下两组螺栓连接的螺母，取出螺栓，此时盖和座即分开；

(3) 从盖上取出上轴瓦，从座上取出下轴瓦。拆卸完毕。

注意：装在轴承盖中的轴衬固定套属过盈配合，应该不拆。

3) 画装配示意图

装配示意图一般是用简单的图线画出装配体各零件的大致轮廓,以表示其装配位置、装配关系和工作原理等情况的简图。《机械制图》国家标准中规定了一些零件的简单符号,画图时可以参考使用。

画装配示意图应在对装配体全面了解、分析之后画出,并在拆卸过程中进一步了解装配体内部结构和各零件之间的关系,然后进行修正、补充,以备将来正确地画出装配图和重新装配装配体之用。图 10-2-3 为滑动轴承装配示意图及其零件明细栏。

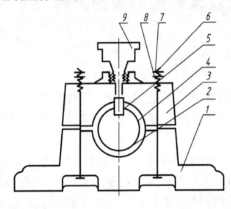

序号	名称	数量	材料
1	轴承座	1	HT12-28
2	下轴瓦	1	青铜
3	轴承盖	1	HT12-28
4	上轴瓦	1	青铜
5	轴衬固定套	1	A3
6	螺栓M12×120 GB5782—86	2	A3
7	螺母M12 GB6170—86	2	A3
8	螺母M12 GB6170—86	2	A3
9	油杯 JB275—79	1	

图 10-2-3　滑动轴承装配示意图及其零件明细栏

4) 画零件草图

把拆下的零件逐个地徒手画出其零件草图。对于一些标准零件,如螺栓、螺钉、螺母、垫圈、键、销等可以不画,但需确定它们的规定标记。

画零件草图时应注意以下三点:

(1) 对于零件草图的绘制,除了图线是徒手完成的外,其他方面的要求均和画零件工作图一样。

(2) 零件的视图选择和安排,应尽可能地考虑到画装配图的方便。

(3) 零件间有配合、连接和定位等关系的尺寸,在相关零件图上标注应相同。

5) 确定装配图的表达方案

根据装配体各组成件的零件草图和装配示意图就可以画出装配图。选择装配图的表达方案,要首先确定主视图,然后配合主视图选择其他视图。

(1) 主视图的选择。主视图的选择一般应满足下列要求:

① 按机器(或部件)的工作位置放置。当工作位置倾斜时,可将它摆正,使主要装配轴线、主要安装面处于特殊位置。

② 能较好地表达机器(或部件)的工作原理和结构特征。

③ 能较好地表达主要零(部)件的相对位置和装配关系,以及主要零件的主要形状。

如图 10-2-4 所示的滑动轴承装配图,因其正面能反映其结构特征和装配关系,故选择正面作为主视图,又由于该轴承内、外结构形状都对称,故主视图画成半剖视图。

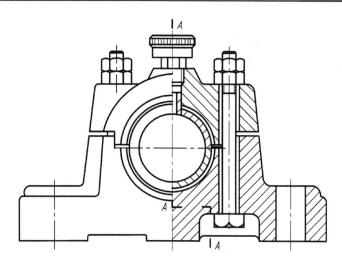

图 10-2-4　滑动轴承主视图的选择

(2) 其他视图的配置。

① 考虑还有哪些装配关系、工作原理以及主要零件的主要结构还没有表达清楚，再选择哪些视图以及相应的表达方法。

② 尽可能地考虑应用基本视图以及基本视图上的剖视图(包括拆卸画法、沿零件结合面剖切)来表达有关内容。

③ 要考虑合理地布置视图位置，使图样清晰并有利于图幅的充分利用。

如图 10-2-5 所示，滑动轴承的俯视图表示了轴承顶面的结构形状，以及前后左右都是这一特征。为了更清楚地表达下轴瓦和轴承座之间的接触情况，以及下轴瓦的油槽形状，所以在俯视图右边采用了拆卸剖视，如图 10-2-5 所示。在左视图中，由于该图形亦是对称的，故采取 $A—A$ 半剖视。这样既完善了对上轴瓦和轴承盖及下轴瓦和轴承座之间装配关系的表达，也兼顾了轴承侧向外形的表达(如图 10-2-9 所示)。又由于件 9 油杯属于标准件，在主视图中已有表示，故在左视图中予以拆掉不画。

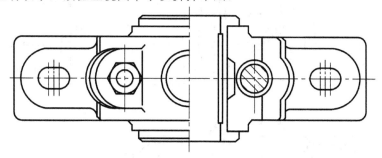

图 10-2-5　滑动轴承俯视图

(3) 表达方案的分析、比较。表达方案一般不是唯一的，应对不同的方案进行分析、比较和调整，使最终选定的方案既能满足上述要求，又便于绘图和看图。

2. 零部件装配图的画图步骤

(1) 根据所确定的视图数目、图形的大小和采用的比例来选定图幅，并在图纸上进行布局。在布局时，应留出标注尺寸、编注零件序号、书写技术要求、画标题栏和明细栏的位置。

(2) 画出图框、标题栏和明细栏。

(3) 画出各视图的主要中心线、轴线、对称线及基准线等，如图10-2-6所示。

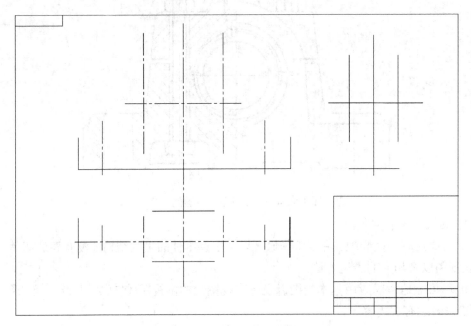

图 10-2-6　滑动轴承画图步骤(一)

(4) 画出各视图主要部分的底稿，如图10-2-7所示。

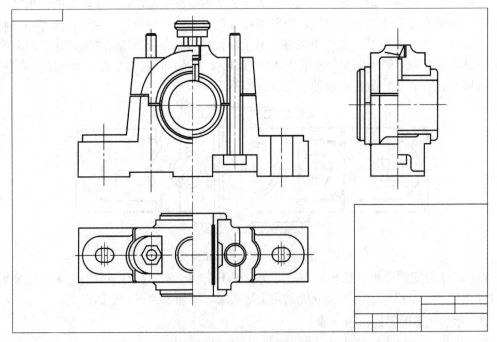

图 10-2-7　滑动轴承画图步骤(二)

通常可以先从画主视图开始。根据各视图所表达的主要内容不同，可采取不同的方法。如果是画剖视图，则应从内向外画，这样被遮住的零件的轮廓线就可以不画；如果画的是外形视图，一般则是从大的或主要的零件开始着手。

(5) 画次要零件、小零件及各部分的细节，如图 10-2-8 所示。

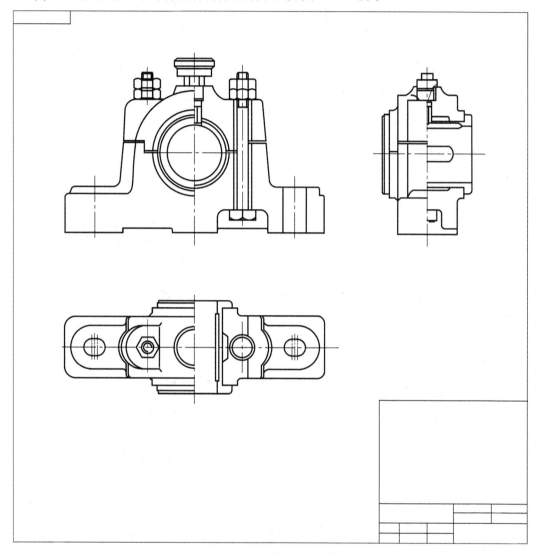

图 10-2-8　滑动轴承画图步骤(三)

(6) 加深并画剖面线。在画剖面线时，主要的剖视图可以先画。最好画完一个零件所有的剖面线，然后再开始画另外一个，避免剖面线方向的错误。

(7) 标注出必要的尺寸，编注零件序号，并填写明细栏、标题栏和技术要求等。

(8) 仔细检查全图并填写标题栏，完成全图，如图 10-2-9 所示。

画装配图时，为了提高画图的速度和质量，必须选择好绘制零件的先后顺序，以便使零件相对位置准确，并尽可能少画不必要的线条。通常可以围绕装配轴线，根据零件的装配关系由内至外进行绘制，有时也可以由外至内进行。先画基本视图，后画非基本视图。

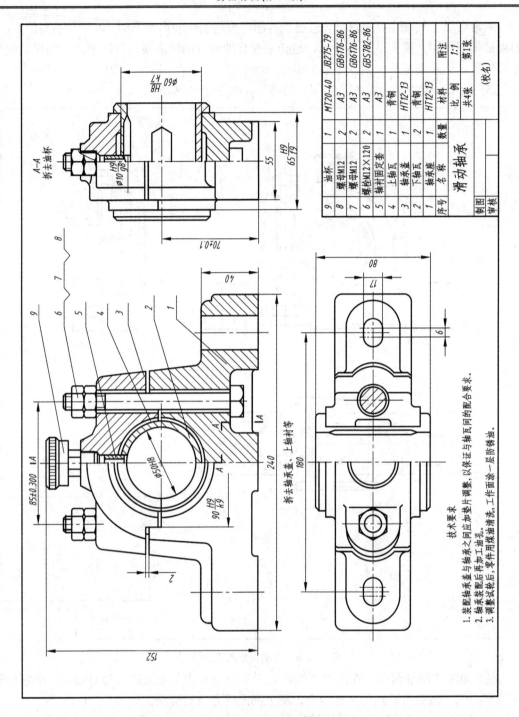

序号	名 称	数量	材 料	附注
9	油杯	1	MT20-40	JB275-79
8	螺母M12	2	A3	GB6176-86
7	螺母M12	2	A3	GB6176-86
6	螺栓M12×120	2	A3	GBS782-86
5	轴衬固定套	1	青铜	
4	上轴瓦	1	HT12-13	
3	轴承盖	1	青铜	
2	下轴瓦	2	HT12-13	
1	轴承座	1		

滑动轴承		比 例	1:1	共4张 第1张
制图		材 料		
审核				(校名)

技术要求
1. 装配轴承盖与轴承座之间应加垫片调整,以保证与轴瓦间的配合要求。
2. 轴承装配后再加工油孔。
3. 调整试车后,零件用煤油清洗,工作面涂一层防锈油。

图 10-2-9 滑动轴承画图步骤(四)

▪▪▪▶ 任务实施

1. 识读图 10-2-1 所示齿轮油泵装配图

根据所学的相关知识,图 10-2-1 所示齿轮油泵装配图识读的方法如下。

1) 概括了解

在图 10-2-1 的标题栏中，注明了该装配体是齿轮油泵，齿轮油泵是机器润滑、供油系统中的一个部件；从图示可知齿轮油泵是由泵体，左、右泵盖，运动零件(传动齿轮、齿轮轴等)，密封零件以及标准件等组成的。对照零件序号及明细表可以看出齿轮油泵共由 17 种零件组成，其中标准件有 7 种，绘图的比例为 1：1。综上可知，这是一个较简单的部件。

2) 分析视图

齿轮油泵装配图共选用两个基本视图。主视图采用了 $A-A$ 全剖视图，它将该部件的结构特点和零件间的装配、连接关系大部分表达出来。左视图采用了 $B-B$ 半剖视图(拆卸画法)，它是沿左泵盖 1 和泵体 6 的结合面剖切的，可以清楚地反映出油泵的外部形状和齿轮的啮合情况，以及泵体与左、右泵盖的连接和油泵与机体的装配方式，局部剖用来表达进油口。齿轮油泵的外形尺寸是 118、85、95，由此可知这个油泵的体积并不大。

3) 分析传动路线和工作原理

齿轮轴 2、传动齿轮轴 3、传动齿轮 11 是油泵中的运动零件。当传动齿轮 11 按逆时针方向(从左视图观察)转动时，通过键 14，将扭矩传递给传动齿轮轴 3，经过齿轮啮合带动齿轮轴 2，从而使后者做顺时针方向转动。如图 10-2-10 所示，当主动齿轮旋转时，带动从动齿轮旋转，在两个齿轮的啮合处，由于轮齿瞬时脱离啮合，使泵室右腔压力下降产生局部真空，油池内的液压油便在大气压力的作用下，从吸油口进入泵室右腔的低压区，随着齿轮的转动，由齿间将油带入泵室左腔，并使油产生压力经出油口排出，送至机器中需要润滑的部位。

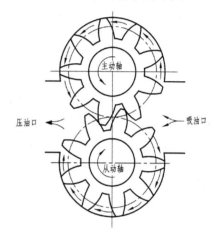

图 10-2-10 齿轮油泵的工作原理

凡属泵、阀类部件都要考虑防漏问题。为此，该泵在泵体与泵盖的结合处加入了垫片 5，并在传动齿轮轴 3 的伸出端用填料箱 8、轴套 9、压紧螺母 10 加以密封。

4) 分析零件间的装配关系及装配体的结构

齿轮油泵主要有两条装配线：一条是主动齿轮轴系统。它是由主动齿轮轴 3 装在泵体 6 和左泵盖 1 及右泵盖 7 的轴孔内，在主动齿轮轴右边伸出端，装有填料箱 8 及压紧螺母 10 等。另一条是从动齿轮轴系统。从动齿轮轴 2 也是装在泵体 6 和左泵盖 1 及右泵盖 7 的轴孔内，与主动齿轮啮合在一起。

对于齿轮轴的结构可分析下列内容：

(1) 连接和固定方式。在齿轮油泵中，左泵盖 1 和右泵盖 7 都是靠内六角螺钉 15 与泵体 6 连接，并用销 4 来定位。填料箱 8 是由压紧螺母 10 将其拧压在右泵盖 7 的相应的孔槽内。两齿轮轴向定位是靠两泵盖端面及泵体两侧面分别与齿轮两端面接触进行的。

(2) 配合关系。传动齿轮 11 和传动齿轮轴 3 的配合为 $\phi 14H7/k6$，属基孔制过渡配合。这种轴、孔两零件间较紧密的配合，既便于装配，又有利于和键一起将两零件连成一体传递动力。

齿轮与端盖在支撑处的配合尺寸 $\phi16H7/h6$ 为间隙配合,它采用了间隙配合中间隙为最小的方法,以保证轴在孔中既能转动,又可减小或避免轴的径向跳动。

尺寸 28.76 ± 0.016 反映出对齿轮啮合中心距的要求。可以想象出,这个尺寸准确与否将会直接影响齿轮的传动情况。另外一些配合代号请读者自行分析。

(3) 密封装置。在齿轮油泵中,主动齿轮轴伸出端有填料箱 8 及压填料箱的压紧螺母 10;两泵盖与泵体接触面间放有垫片 5,它们都是防止油泄漏的密封装置。

(4) 齿轮油泵的拆卸顺序:先拧下左、右泵盖上各六个螺钉,两泵盖、泵体和垫片即可分开;再从泵体中抽出两齿轮轴,然后把压紧螺母从右泵盖上拧下。对于销和填料箱可不必从泵盖上取下。如果需要重新装配上,可按拆卸的相反次序进行。

5) 分析零件主要结构形状和用途

分析齿轮油泵泵体 6 的结构形状。首先,从标注序号的主视图中找到传动齿轮轴 3,并确定该件的视图范围;然后对线条找投影关系,以及根据同一零件在各个视图中剖面线应相同这一原则来确定该件在俯视图和左视图中的投影。这样就可以根据从装配图中分离出来的属于该件的三个投影进行分析,想象出泵体 6 的结构形状。齿轮油泵的两泵盖与泵体装在一起,将两齿轮密封在泵腔内,同时对两齿轮轴起着支撑作用,所以需要用圆柱销来定位,以便保证左泵盖上的轴孔与右泵盖上的轴孔能够很好地对中。

6) 归纳总结,获得完整概念

在以上分析的基础上,还要对技术要求和全部尺寸进行分析,并把部件的性能、结构、装配、操作、维修等几方面联系起来研究,进行总结归纳,想象出整个装配体的结构形状,这样对部件才能有一个全面的了解。如图 10-2-11 所示为齿轮油泵的轴测分解图(a)和轴测图(b),以供参考。

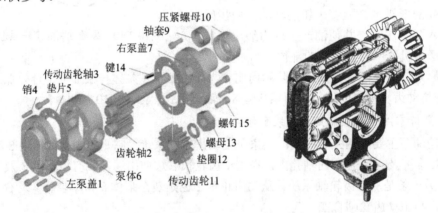

(a) 齿轮油泵的轴测分解图   (b) 齿轮油泵的轴测图

图 10-2-11　齿轮油泵实体图

上述看图的方法和步骤,是为初学者看图时提供一个基本思路,彼此不能截然分开。看图时还应根据装配图的具体情况而加以选用。

2. 拆画图 10-2-1 所示齿轮油泵装配图中的件号 7 右泵盖零件

1) 读懂装配图,分析所拆零件的功用,以及它与相邻零件的装配关系

从图 10-2-1 所示的齿轮油泵装配图可知:件号 7 右泵盖是齿轮油泵的主要零件,结构

形状如图 10-2-12(a)所示。它的功用主要是准确定位齿轮轴 2 及传动齿轮轴 3，同时对两齿轮轴起着支承作用，并分别与齿轮轴 2 及传动齿轮轴 3 有间隙配合要求 $\phi16H7/f6$；右泵盖 7 和左泵盖 1 与泵体 6 装在一起，将两齿轮密封在泵腔内，并用销 4 进行定位，以便保证左泵盖上的轴孔与右泵盖上的轴孔能够很好地对中。

2) 从装配图中分离所拆零件

(1) 将装配图各视图中属于该零件的线框和剖面域拆出。根据零件的序号、投影关系、剖面线等从装配图的各个视图中找出右泵盖的投影，从装配图中分离出的右泵盖投影如图 10-2-12(a)所示。

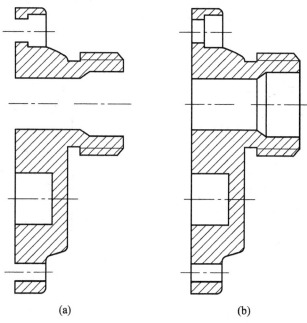

(a)　　　　　　　　　　　(b)

图 10-2-12　从装配图中分离右泵盖

(2) 根据零件的作用及装配关系补画被其他零件遮挡的轮廓以及泵体在装配图中被省去的若干结构，如倒角、倒圆等，如图 10-2-12(b)所示。

(3) 确定零件的结构形状，确定零件表达方案。该零件属于轮盘盖类零件，应选择最能反映形状特征的投影方向作为主视图的投影方向，主视图主要采用基本视图以表达右泵盖外部结构；由于该零件外形简单而内形较复杂，因此左视图采用全剖视图。如图 10-2-13 所示。

3) 合理、清晰、完整地标注尺寸

(1) 对于装配图中已给出的尺寸，都是重要尺寸，可直接抄注在零件图上，如图 10-2-13 中的尺寸 28.76±0.016；对于配合尺寸，应查阅相应国家标准注出该尺寸的上、下偏差，或根据配合代号写出该尺寸的公差代号，如图 10-2-13 中的 $\phi16H7$（ $\phi16_{0}^{+0.018}$ ）等尺寸。

(2) 对装配图中未标注的尺寸，应按照装配图的绘图比例从图中直接量取，对于标准结构(如螺孔、键槽等)，量取的尺寸还必须查阅相应国家标准将其修正为标准值。

应该特别注意，各零件间有装配关系的尺寸，必须协调一致，配合零件的相关尺寸不可互相矛盾。相邻零件接触面的有关尺寸和连接件有关的定位尺寸必须一致，拆图时应一并将它们标注在相关的零件图上。

4) 零件图上的技术要求

(1) 根据零件各表面的作用确定其表面粗糙度。

(2) 根据装配图中的配合尺寸拆分出零件的尺寸公差带代号，并查表标注零件的尺寸公差。

(3) 按照零件各部分的作用，参照同类零件要求标注几何公差。

5) 填写零件图标题栏

利用装配图明细栏的信息填写该零件图标题栏。零件图绘制完成，如图 10-2-13 所示。

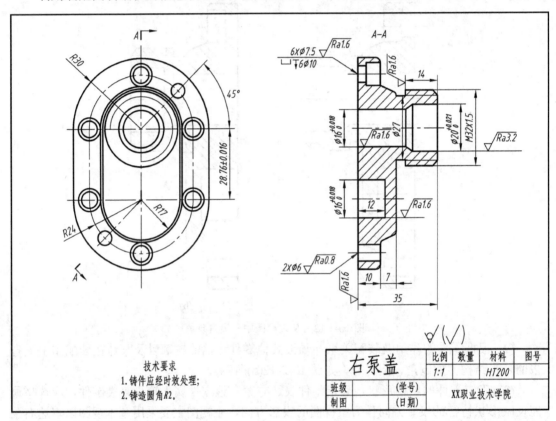

图 10-2-13 右泵盖零件图

附　录

附录 1　极限与配合

附表 1-1　标准公差值(基本尺寸小于 500mm)(摘自 GB/T 1800.2—2009)

基本尺寸/mm	公　差　等　级																		
	IT01	IT0	IT1	IT2	IT3	IT4	IT5	IT6	IT7	IT8	IT9	IT10	IT11	IT12	IT13	IT14	IT15	IT16	IT17	IT18
	μm														mm					
≤3	0.3	0.5	0.8	1.2	2	3	4	6	10	14	25	40	60	100	0.14	0.25	0.40	0.60	1.0	1.4
>3～6	0.4	0.6	1	1.5	2.5	4	5	8	12	18	30	48	75	120	0.18	0.30	0.48	0.75	1.2	1.8
>6～10	0.4	0.6	1	1.5	2.5	4	6	9	15	22	36	58	90	150	0.22	0.36	0.58	0.90	1.5	2.2
>10～18	0.5	0.8	1.2	2	3	5	8	11	18	27	43	70	110	180	0.27	0.43	0.70	1.10	1.8	2.7
>18～30	0.6	1	1.5	2.5	4	6	9	13	21	33	52	84	130	210	0.33	0.52	0.84	1.30	2.1	3.3
>30～50	0.6	1	1.5	2.5	4	7	11	16	25	39	62	100	160	250	0.39	0.62	1.00	1.60	2.5	3.9
>50～80	0.8	1.2	2	3	5	8	13	19	30	46	74	120	190	300	0.46	0.74	1.20	1.90	3.0	4.6
>80～120	1	1.5	2.5	4	6	10	15	22	35	54	87	140	220	350	0.54	0.87	1.40	2.20	3.5	5.4
>120～180	1.2	2	3.5	5	8	12	18	25	40	63	100	160	250	400	0.63	1.00	1.60	2.50	4.0	6.3
>180～250	2	3	4.5	7	10	14	20	29	46	72	115	185	290	460	0.72	1.15	1.85	2.90	4.6	7.2
>250～315	2.5	4	6	8	12	16	23	32	52	81	130	210	320	520	0.81	1.30	2.10	3.20	5.2	8.1
>315～400	3	5	7	9	13	18	25	36	57	89	140	230	360	570	0.89	1.40	2.30	3.60	5.7	8.9
>400～500	4	6	8	10	15	20	27	40	63	97	155	250	400	630	0.97	1.55	2.50	4.00	6.3	9.7

注：基本尺寸小于 1 mm 时，无 IT4～IT18。尺寸大于 500 mm 的 IT1～IT5 的标准值为试行。

附表 1-2　尺寸≤500 mm 的轴的基本偏差数值（GB/T 1800.2—2009）

单位：μm

基本尺寸/mm	a	b	c	cd	d	e	ef	f	fg	g	h	js	j(5~6)	j(7)	j(8)	k(4~7)	k(≤3,>7)	m	n	p	r	s	t	u	v	x	y	z	za	zb	zc
	上偏差 es（所有公差等级）												下偏差 ei（所有公差等级）																				
≤3	−270	−140	−60	−34	−20	−14	−10	−6	−4	−2	0	±IT/2	−2	−4	−6	0	0	+2	+4	+6	+10	+14	—	+18	—	+20	—	+26	+32	+40	+60
>3~6	−270	−140	−70	−46	−30	−20	−14	−10	−6	−4	0	±IT/2	−2	−4	—	+1	0	+4	+8	+12	+15	+19	—	+23	—	+28	—	+35	+42	+50	+80
>6~10	−280	−150	−80	−56	−40	−25	−18	−13	−8	−5	0	±IT/2	−2	−5	—	+1	0	+6	+10	+15	+19	+23	—	+28	—	+34	—	+42	+52	+67	+97
>10~14	−290	−150	−95	—	−50	−32	—	−16	—	−6	0	±IT/2	−3	−6	—	+1	0	+7	+12	+18	+23	+28	—	+33	—	+40	—	+50	+64	+90	+130
>14~18	−290	−150	−95	—	−50	−32	—	−16	—	−6	0	±IT/2	−3	−6	—	+1	0	+7	+12	+18	+23	+28	—	+33	+39	+45	—	+60	+77	+108	+150
>18~24	−300	−160	−110	—	−65	−40	—	−20	—	−7	0	±IT/2	−4	−8	—	+2	0	+8	+15	+22	+28	+35	—	+41	+47	+54	+63	+73	+98	+136	+188
>24~30	−300	−160	−110	—	−65	−40	—	−20	—	−7	0	±IT/2	−4	−8	—	+2	0	+8	+15	+22	+28	+35	+41	+48	+55	+64	+75	+88	+118	+160	+218
>30~40	−310	−170	−120	—	−80	−50	—	−25	—	−9	0	±IT/2	−5	−10	—	+2	0	+9	+17	+26	+34	+43	+48	+60	+68	+80	+94	+112	+148	+200	+274
>40~50	−320	−180	−130	—	−80	−50	—	−25	—	−9	0	±IT/2	−5	−10	—	+2	0	+9	+17	+26	+34	+43	+54	+70	+81	+97	+114	+136	+180	+242	+325
>50~65	−340	−190	−140	—	−100	−60	—	−30	—	−10	0	±IT/2	−7	−12	—	+2	0	+11	+20	+32	+41	+53	+66	+87	+102	+122	+144	+172	+226	+300	+405
>65~80	−360	−200	−150	—	−100	−60	—	−30	—	−10	0	±IT/2	−7	−12	—	+2	0	+11	+20	+32	+43	+59	+75	+102	+120	+146	+174	+210	+274	+360	+480
>80~100	−380	−220	−170	—	−120	−72	—	−36	—	−12	0	±IT/2	−9	−15	—	+3	0	+13	+23	+37	+51	+71	+91	+124	+146	+178	+214	+258	+335	+445	+585
>100~120	−410	−240	−180	—	−120	−72	—	−36	—	−12	0	±IT/2	−9	−15	—	+3	0	+13	+23	+37	+54	+79	+104	+144	+172	+210	+254	+310	+400	+525	+690
>120~140	−460	−260	−200	—	−145	−85	—	−43	—	−14	0	±IT/2	−11	−18	—	+3	0	+15	+27	+43	+63	+92	+122	+170	+202	+248	+300	+365	+470	+620	+800
>140~160	−520	−280	−210	—	−145	−85	—	−43	—	−14	0	±IT/2	−11	−18	—	+3	0	+15	+27	+43	+65	+100	+134	+190	+228	+280	+340	+415	+535	+700	+900
>160~180	−580	−310	−230	—	−145	−85	—	−43	—	−14	0	±IT/2	−11	−18	—	+3	0	+15	+27	+43	+68	+108	+146	+210	+252	+310	+380	+465	+600	+780	+1000
>180~200	−660	−340	−240	—	−170	−100	—	−50	—	−15	0	±IT/2	−13	−21	—	+4	0	+17	+31	+50	+77	+122	+166	+236	+284	+350	+425	+520	+670	+880	+1150
>200~225	−740	−380	−260	—	−170	−100	—	−50	—	−15	0	±IT/2	−13	−21	—	+4	0	+17	+31	+50	+80	+130	+180	+258	+310	+385	+470	+575	+740	+960	+1250
>225~250	−820	−420	−280	—	−170	−100	—	−50	—	−15	0	±IT/2	−13	−21	—	+4	0	+17	+31	+50	+84	+140	+196	+284	+340	+425	+520	+640	+820	+1050	+1350
>250~280	−920	−480	−300	—	−190	−110	—	−56	—	−17	0	±IT/2	−16	−26	—	+4	0	+20	+34	+56	+94	+158	+218	+315	+385	+475	+580	+710	+920	+1200	+1550
>280~315	−1050	−540	−330	—	−190	−110	—	−56	—	−17	0	±IT/2	−16	−26	—	+4	0	+20	+34	+56	+98	+170	+240	+350	+425	+525	+650	+790	+1000	+1300	+1700
>315~355	−1200	−600	−360	—	−210	−125	—	−62	—	−18	0	±IT/2	−18	−28	—	+4	0	+21	+37	+62	+108	+190	+268	+390	+475	+590	+730	+900	+1150	+1500	+1900
>355~400	−1350	−680	−400	—	−210	−125	—	−62	—	−18	0	±IT/2	−18	−28	—	+4	0	+21	+37	+62	+114	+208	+294	+435	+530	+660	+820	+1000	+1300	+1650	+2100
>400~450	−1500	−760	−440	—	−230	−135	—	−68	—	−20	0	±IT/2	−20	−32	—	+5	0	+23	+40	+68	+126	+232	+330	+490	+595	+740	+920	+1100	+1450	+1850	+2400
>450~500	−1650	−840	−480	—	−230	−135	—	−68	—	−20	0	±IT/2	−20	−32	—	+5	0	+23	+40	+68	+132	+252	+360	+540	+660	+820	+1000	+1250	+1600	+2100	+2600

注：1. 基本尺寸小于 1 mm 时，各级的 a 和 b 均不采用。

2. js 的数值：对 IT7～IT11，若 IT 的数值（μm）为奇数，则取 js=±(IT−1)/2。

附表 1－3　尺寸≤500 mm 的孔的基本偏差数值（GB/T 1800.2—2009）

单位：μm

基本偏差/μm

基本尺寸/mm	下偏差 EI（所有的公差等级）												上偏差 ES																							Δ/μm					
	A	B	C	CD	D	E	EF	F	FG	G	H	JS	J 6	J 7	J 8	K ≤8	K >8	M ≤8	M >8	N ≤8	N >8	P~ZC ≤7	P >7	R	S	T	U	V	X	Y	Z	ZA	ZB	ZC	3	4	5	6	7	8
≤3	+270	+140	+60	+34	+20	+14	+10	+6	+4	+2	0	±IT/2	+2	+4	+6	0	0	−2	−2	−4	−4	在大于7级的相应数值上增加一个Δ值	−6	−10	−14	—	−18	—	−20	—	−26	−32	−40	−60	0	0	0	0	0	0
>3~6	+270	+140	+70	+46	+30	+20	+14	+10	+6	+4	0	±IT/2	+5	+6	+10	−1+Δ	—	−4+Δ	−4	−8+Δ	0		−12	−15	−19	—	−23	—	−28	—	−35	−42	−50	−80	1	1.5	1	3	4	6
>6~10	+280	+150	+80	+56	+40	+25	+18	+13	+8	+5	0	±IT/2	+5	+8	+12	−1+Δ	—	−6+Δ	−6	−10+Δ	0		−15	−19	−23	—	−28	—	−34	—	−42	−52	−67	−97	1	1.5	2	3	6	7
>10~14	+290	+150	+95	—	+50	+32	—	+16	—	+6	0	±IT/2	+6	+10	+15	−1+Δ	—	−7+Δ	−7	−12+Δ	0		−18	−23	−28	—	−33	—	−40	—	−50	−64	−90	−130	1	2	3	3	7	9
>14~18	+290	+150	+95	—	+50	+32	—	+16	—	+6	0	±IT/2	+6	+10	+15	−1+Δ	—	−7+Δ	−7	−12+Δ	0		−18	−23	−28	—	−33	−39	−45	—	−60	−77	−108	−150	1	2	3	3	7	9
>18~24	+300	+160	+110	—	+65	+40	—	+20	—	+7	0	±IT/2	+8	+12	+20	−2+Δ	—	−8+Δ	−8	−15+Δ	0		−22	−28	−35	—	−41	−47	−54	−63	−73	−98	−136	−188	1.5	2	3	4	8	12
>24~30	+300	+160	+110	—	+65	+40	—	+20	—	+7	0	±IT/2	+8	+12	+20	−2+Δ	—	−8+Δ	−8	−15+Δ	0		−22	−28	−35	−41	−48	−55	−64	−75	−88	−118	−160	−218	1.5	2	3	4	8	12
>30~40	+310	+170	+120	—	+80	+50	—	+25	—	+9	0	±IT/2	+10	+14	+24	−2+Δ	—	−9+Δ	−9	−17+Δ	0		−26	−34	−43	−48	−60	−68	−80	−94	−112	−148	−200	−274	1.5	3	4	5	9	14
>40~50	+320	+180	+130	—	+80	+50	—	+25	—	+9	0	±IT/2	+10	+14	+24	−2+Δ	—	−9+Δ	−9	−17+Δ	0		−26	−34	−43	−54	−70	−81	−97	−114	−136	−180	−242	−325	1.5	3	4	5	9	14
>50~65	+340	+190	+140	—	+100	+60	—	+30	—	+10	0	±IT/2	+13	+18	+28	−2+Δ	—	−11+Δ	−11	−20+Δ	0		−32	−41	−53	−66	−87	−102	−122	−144	−172	−226	−300	−400	2	3	5	6	11	16
>65~80	+360	+200	+150	—	+100	+60	—	+30	—	+10	0	±IT/2	+13	+18	+28	−2+Δ	—	−11+Δ	−11	−20+Δ	0		−32	−43	−59	−75	−102	−120	−146	−174	−210	−274	−360	−480	2	3	5	6	11	16
>80~100	+380	+220	+170	—	+120	+72	—	+36	—	+12	0	±IT/2	+16	+22	+34	−3+Δ	—	−13+Δ	−13	−23+Δ	0		−37	−51	−71	−91	−124	−146	−178	−214	−258	−335	−445	−585	2	4	5	7	13	19
>100~120	+410	+240	+180	—	+120	+72	—	+36	—	+12	0	±IT/2	+16	+22	+34	−3+Δ	—	−13+Δ	−13	−23+Δ	0		−37	−54	−79	−104	−144	−172	−210	−254	−310	−400	−525	−690	2	4	5	7	13	19
>120~140	+460	+260	+200	—	+145	+85	—	+43	—	+14	0	±IT/2	+18	+26	+41	−3+Δ	—	−15+Δ	−15	−27+Δ	0		−43	−63	−92	−122	−170	−202	−248	−300	−365	−470	−620	−800	3	4	6	7	15	23
>140~160	+520	+280	+210	—	+145	+85	—	+43	—	+14	0	±IT/2	+18	+26	+41	−3+Δ	—	−15+Δ	−15	−27+Δ	0		−43	−65	−100	−134	−190	−228	−280	−340	−415	−535	−700	−900	3	4	6	7	15	23
>160~180	+580	+310	+230	—	+145	+85	—	+43	—	+14	0	±IT/2	+18	+26	+41	−3+Δ	—	−15+Δ	−15	−27+Δ	0		−43	−68	−108	−146	−210	−252	−310	−380	−465	−600	−780	−1000	3	4	6	7	15	23
>180~200	+660	+340	+240	—	+170	+100	—	+50	—	+15	0	±IT/2	+22	+30	+47	−4+Δ	—	−17+Δ	−17	−31+Δ	0		−50	−77	−122	−166	−236	−284	−350	−425	−520	−670	−880	−1150	3	4	6	9	17	26
>200~225	+740	+380	+260	—	+170	+100	—	+50	—	+15	0	±IT/2	+22	+30	+47	−4+Δ	—	−17+Δ	−17	−31+Δ	0		−50	−80	−130	−180	−258	−310	−385	−470	−575	−740	−960	−1250	3	4	6	9	17	26
>225~250	+820	+420	+280	—	+170	+100	—	+50	—	+15	0	±IT/2	+22	+30	+47	−4+Δ	—	−17+Δ	−17	−31+Δ	0		−50	−84	−140	−196	−284	−340	−425	−520	−640	−820	−1050	−1350	3	4	6	9	17	26
>250~280	+920	+480	+300	—	+190	+110	—	+56	—	+17	0	±IT/2	+25	+36	+55	−4+Δ	—	−20+Δ	−20	−34+Δ	0		−56	−94	−158	−218	−315	−385	−475	−580	−710	−920	−1200	−1550	4	4	7	9	20	29
>280~315	+1050	+540	+330	—	+190	+110	—	+56	—	+17	0	±IT/2	+25	+36	+55	−4+Δ	—	−20+Δ	−20	−34+Δ	0		−56	−98	−170	−240	−350	−425	−525	−650	−790	−1000	−1300	−1700	4	4	7	9	20	29
>315~355	+1200	+600	+360	—	+210	+125	—	+62	—	+18	0	±IT/2	+29	+39	+60	−4+Δ	—	−21+Δ	−21	−37+Δ	0		−62	−108	−190	−268	−390	−475	−590	−730	−900	−1150	−1500	−1900	4	5	7	11	21	32
>355~400	+1350	+680	+400	—	+210	+125	—	+62	—	+18	0	±IT/2	+29	+39	+60	−4+Δ	—	−21+Δ	−21	−37+Δ	0		−62	−114	−208	−294	−435	−530	−660	−820	−1000	−1300	−1650	−2100	4	5	7	11	21	32
>400~450	+1500	+760	+440	—	+230	+135	—	+68	—	+20	0	±IT/2	+33	+43	+66	−5+Δ	—	−23+Δ	−23	−40+Δ	0		−68	−126	−232	−330	−490	−595	−740	−920	−1100	−1450	−1850	−2400	5	5	7	13	23	34
>450~500	+1650	+840	+480	—	+230	+135	—	+68	—	+20	0	±IT/2	+33	+43	+66	−5+Δ	—	−23+Δ	−23	−40+Δ	0		−68	−132	−252	−360	−540	−660	−820	−1000	−1250	−1600	−2100	−2600	5	5	7	13	23	34

注：1. 基本尺寸小于1 mm时，各级的 A 和 B 及大于8级的 N 均不采用。

2. JS 的数值：对 IT7~IT11，若 IT 的数值（μm）为奇数，则取 js=±$\frac{IT-1}{2}$。

3. 特殊情况：当基本尺寸大于 250~315 mm 时，M6 的 ES 等于 −9（不等于 −11）。

附表 1-4　基轴制优先、常用配合

基准轴	孔																				
	A	B	C	D	E	F	G	H	JS	K	M	N	P	R	S	T	U	V	X	Y	Z
	间隙配合								过渡配合				过盈配合								
h5						$\frac{F6}{h5}$	$\frac{G6}{h5}$	$\frac{H6}{h5}$	$\frac{JS6}{h5}$	$\frac{K6}{h5}$	$\frac{M6}{h5}$	$\frac{N6}{h5}$	$\frac{P6}{h5}$	$\frac{R6}{h5}$	$\frac{S6}{h5}$	$\frac{T6}{h5}$					
h6						$\frac{F7}{h6}$	▲$\frac{G7}{h6}$	▲$\frac{H7}{h6}$	$\frac{JS7}{h6}$	▲$\frac{K7}{h6}$	$\frac{M7}{h6}$	▲$\frac{N7}{h6}$	▲$\frac{P7}{h6}$	$\frac{R7}{h6}$	▲$\frac{S7}{h6}$	$\frac{T7}{h6}$	▲$\frac{U7}{h6}$				
h7				$\frac{E8}{h7}$		$\frac{F8}{h7}$		▲$\frac{H8}{h7}$	$\frac{JS8}{h7}$	$\frac{K8}{h7}$	$\frac{M8}{h7}$	$\frac{N8}{h7}$									
h8				$\frac{D8}{h8}$	$\frac{E8}{h8}$	$\frac{F8}{h8}$		$\frac{H8}{h8}$													
h9				▲$\frac{D9}{h9}$	$\frac{E9}{h9}$	$\frac{F9}{h9}$		▲$\frac{H9}{h9}$													
h10				$\frac{D10}{h10}$				$\frac{D10}{h10}$													
h11	$\frac{A11}{h11}$	$\frac{B11}{h11}$	▲$\frac{C11}{h11}$	$\frac{D11}{h11}$				▲$\frac{H11}{h11}$													
h12		$\frac{B12}{h12}$						$\frac{H12}{h12}$													

注：1. $\frac{H6}{n5}$、$\frac{H7}{p6}$ 在基本尺寸小于或等于 3 mm 和 $\frac{H8}{r7}$ 在基本尺寸小于或等于 100 mm 时，为过渡配合。

2. 标注▲的配合为优先配合。

3. 摘自 GB/T 1801—1999。

附表 1-5　基孔制优先、常用配合

基准孔	轴																				
	a	b	c	d	e	f	g	h	js	k	m	n	p	r	s	t	u	v	x	y	z
	间隙配合								过渡配合				过盈配合								
H6						$\frac{H6}{f5}$	$\frac{H6}{g5}$	$\frac{H6}{h5}$	$\frac{H6}{js5}$	$\frac{H6}{k5}$	$\frac{H6}{m5}$	$\frac{H6}{n5}$	$\frac{H6}{p5}$	$\frac{H6}{r5}$	$\frac{H6}{s5}$	$\frac{H6}{t5}$	$\frac{H6}{u5}$				
H7						$\frac{H7}{f6}$	▲$\frac{H7}{g6}$	▲$\frac{H7}{h6}$	$\frac{H7}{js6}$	▲$\frac{H7}{k6}$	$\frac{H7}{m6}$	▲$\frac{H7}{n6}$	▲$\frac{H7}{p6}$	$\frac{H7}{r6}$	▲$\frac{H7}{s6}$	$\frac{H7}{t6}$	▲$\frac{H7}{u6}$	$\frac{H7}{v6}$	$\frac{H7}{x6}$	$\frac{H7}{y6}$	$\frac{H7}{z6}$
H8					$\frac{H8}{e7}$	▲$\frac{H8}{f7}$	$\frac{H8}{g7}$	▲$\frac{H8}{h7}$	$\frac{H8}{js7}$	$\frac{H8}{k7}$	$\frac{H8}{m7}$	$\frac{H8}{n7}$	$\frac{H8}{p7}$	$\frac{H8}{r7}$	$\frac{H8}{s7}$	$\frac{H8}{t7}$	$\frac{H8}{u7}$				
H8				$\frac{H8}{d8}$	$\frac{H8}{e8}$	$\frac{H8}{f8}$		$\frac{H8}{h8}$													
H9			$\frac{H9}{c9}$	▲$\frac{H9}{d9}$	$\frac{H9}{e9}$	$\frac{H9}{f9}$		▲$\frac{H9}{h9}$													
H10			$\frac{H10}{c10}$	$\frac{H10}{d10}$				$\frac{H10}{h10}$													
H11	$\frac{H11}{a11}$	$\frac{H11}{b11}$	▲$\frac{H11}{c11}$	$\frac{H11}{d11}$				▲$\frac{H11}{h11}$													
H12		$\frac{H12}{b12}$						$\frac{H12}{h12}$													

注：1. 标注▲的配合为优先配合。

2. 摘自 GB/T 1801—1999。

附录2　中　心　孔

附表2-1　中心孔的形式及尺寸(GB/T 145—2001)　mm

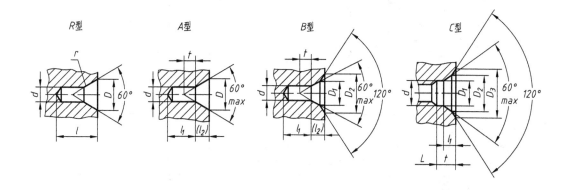

d	形　　式							选择中心孔的参考数据(非标准内容)		
	R	A		B		C		D_{min}	D_{max}	G
	D	D☆	l_2☆	D_2★	l_2★	d	D_3			
1.6	3.35	3.35	1.52	5.0	1.99	—	—	6	>8～10	0.1
2.0	4.25	4.25	1.95	6.3	2.54	—	—	8	>10～18	0.12
2.5	5.3	5.3	2.42	8.0	3.20	—	—	10	>18～30	0.2
3.15	6.7	6.7	3.07	10.0	4.03	M3	5.8	12	>30～50	0.5
4.0	8.5	8.5	3.90	12.5	5.05	M4	7.4	15	>50～80	0.8
(5.0)	10.6	10.6	4.85	16.0	6.41	M5	8.8	20	>80～120	1.0
6.3	13.2	13.2	5.98	18.0	7.36	M6	10.5	25	>120～180	1.5
(8.0)	17.0	17.0	7.79	22.4	9.36	M8	13.2	30	>180～220	2.0
10.0	21.2	21.2	9.70	28.0	11.66	M10	16.3	42	>220～260	3.0

注：1. 括号内的尺寸尽量不采用。

2. D_{min}为原料端部最小直径。

3. D_{max}为轴状材料最大直径。

4. G为工件最大质量(t)。

5. 螺纹长度L按零件的功能要求确定。

☆任选其一。★任选其一。

附录 3　螺　纹

附表 3-1　普通螺纹直径与螺距 GB/T 193—2003)和基本尺寸(GB/T 196—2003)　　mm

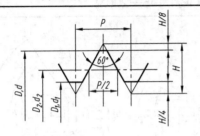

D—内螺纹大径
d—外螺纹大径
D_2—内螺纹中径
d_2—外螺纹中径
D_1—外螺纹小径
d_1—外螺纹小径
P——螺距
H—原始三角形高度

标记示例：
公称直径为 24 mm，螺距为 3 mm 的粗牙右旋普通螺纹：　M24
公称直径为 24 mm，螺距为 1.5 mm 的细牙左旋普通螺纹：　M24 × 1.5LH

公称直径 D、d			螺距 P			
第一系列	第二系列	第三系列	粗牙	细　牙		
4			0.7	0.5		
5			0.8	0.5		
		5.5			0.5	
6			1			0.75
8	7		1 1.25	0.75	1,0.75	
		9	1.25			1,0.75
10			1.5	1.25,1,0.75		
		11	1.5		1,0.75	
12			1.75			1.5,1.25,1
	14		2	1.5,1.25,1		
		15			1.5,1	
16			2			1.5,1
		17		1.5,1		
	18		2.5		2,1.5,1	
20			2.5			2,1.5,1
	22		2.5	2,1.5,1		
24			3		2,1.5,1	
		25				2,1.5,1
		26		1.5		
	27		3		2,1.5,1	
		28				2,1.5,1
30			3.5	(3),2,1.5,1		
		32			2,1.5	
	33		3.5			(3),2,1.5
		35				
36			4	1.5	3,2,1.5	
		38			1.5	
	39		4			3,2,1.5

注：1. 优先选用第一系列，其次是第二系列，第三系列尽可能不用。括号内尺寸尽可能不用。
　　2. M14 × 1.25 仅用于火花塞，M35×1.5 仅用于滚动轴承锁紧螺母。

附表 3-2　非螺纹密封管螺纹(GB/T 7307—2001)　　　　　mm

用螺纹密封的管螺纹
(摘自 GB/T 7306—2001)

非螺纹密封的管螺纹
(摘自 GB/T 7307—2001)

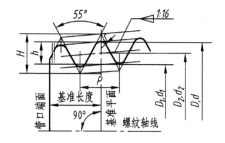
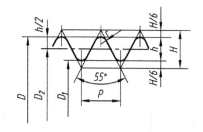

标记示例:

R1/2　(尺寸代号 1/2,右旋圆锥外螺纹)

Rc1/2-LH　(尺寸代号 1/2,左旋圆锥内螺纹)

Rp1/2　(尺寸代号 1/2,右旋圆柱内螺纹)

标记示例:

G1/2-LH　(尺寸代号 1/2,左旋内螺纹)

G1/2A　(尺寸代号 1/2,A 级右旋外螺纹)

G1/2B-LH　(尺寸代号 1/2,B 级左旋外螺纹)

尺寸代号	基面上的直径(GB/T 7306)—2001 基本直径(GB/T 7307—2001)			螺距 (P) /mm	牙高 (h) /mm	圆弧半径 (R) /mm	每 25.4 mm 内的牙数 (n)	有效螺纹长度 (GB/T 7306 —2001) /mm	基准的基本长度 (GB/T 7306 —2001) /mm
	大径 ($d=D$) /mm	中径 ($d_2=D_2$) /mm	小径 ($d_1=D_1$) /mm						
1/16	7.723	7.142	6.561	0.907	0.581	0.125	28	6.5	4.0
1/8	9.728	9.147	8.566					6.5	4.0
1/4	13.157	12.301	11.445	1.337	0.856	0.184	19	9.7	6.0
3/8	16.662	15.806	14.950					10.1	6.4
1/2	20.955	19.793	18.631	1.814	1.162	0.249	14	13.2	8.2
3/4	26.441	25.279	24.117					14.5	9.5
1	33.249	31.770	30.291					16.8	10.4
1¼	41.910	40.431	28.952					19.1	12.7
1½	47.803	46.324	44.845					19.1	12.7
2	59.614	58.135	56.656					23.4	15.9
2½	75.184	73.705	72.226	2.309	1.479	0.317	11	26.7	17.5
3	87.884	86.405	84.926					29.8	20.6
4	113.030	111.551	110.072					35.8	25.4
5	138.430	136.951	135.472					40.1	28.6
6	163.830	162.351	160.872					40.1	28.6

附录 4　常用螺纹紧固件

附表 4-1　六角头螺栓－C 级(GB/T 5780－2000)、
六角头螺栓－A 和 B 级(GB/T 5782－2000)

mm

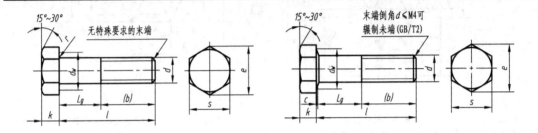

标 记 示 例

螺纹规格 d = M12，公称长度 l = 80，性能等级为 8.8 级，表面氧化，A 级的六角头螺栓，其标记为：

螺栓　GB/T 5782　M12×80

螺纹规格 d	d_w 公称 =max	e		k 公称	s 公称 =max	b 参考		
		A	B			$l \leqslant 125$	$125 \leqslant l \leqslant 200$	$l > 200$
M3	3	6.01	5.88	2	5.5	12	18	31
M4	4	7.66	7.50	2.8	7	14	20	33
M5	5	8.79	8.63	3.5	8	16	22	35
M6	6	11.05	10.89	4	10	18	24	37
M8	8	14.38	14.20	5.3	13	22	28	41
M10	10	17.77	17.59	6.4	16	26	32	45
M12	12	20.03	19.85	7.5	18	30	36	49
M16	16	26.75	26.17	10	24	38	44	57

长度 l 系列：20，25，30，35，40，45，50，55，60，65，70，80，90，100，110，120，130，140，150，160，180，200，…

注：1. A 级用于 $d \leqslant 24$ 和 $l \leqslant 10d$ 或 $\leqslant 150$ 的螺栓；
　　B 级用于 $d > 24$ 和 $l > 10d$ 或 $l > 150$ 的螺栓。

　　2. 螺纹规格 d 范围：GB/T 5780 为 M5～M64；GB/T 5782 为 M1.6～M64。

　　3. 公称长度范围：GB/T 5780 为 25～500；GB/T 5782 为 12～500。

附表 4-2　双头螺栓——$b_m = 1d$ (GB/T 897—1988)、$b_m = 1.25d$ (GB/T 898—1988)、

$b_m = 1.5d$ (GB/T 899—1988)、$b_m = 2d$ (GB/T 900—1988)

mm

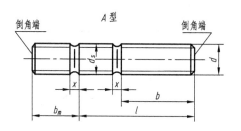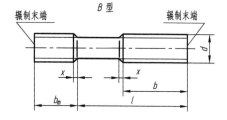

标　记　示　例

两端均为粗牙普通螺纹、$d = 10$、$l = 50$、性能等级为 4.8 级、B 型、$b_m = 1d$ 的双头螺柱，其标记为：

　　螺柱　GB/T897　M10×50

旋入一端为粗牙普通螺纹、旋螺母一端为螺距 1 的细牙普通螺纹、$d = 10$、$l = 50$、性能等级为 4.8 级、A 型、$b_m = 1d$ 的双头螺柱，其标记为：

　　螺柱　GB/T897 AM10-M10×1×50

螺纹规格	b_m(公称)				$\dfrac{l}{b}$
d	GB/T 897 —1988	GB/T 898 —1988	GB/T 899 —1988	GB/T 900 —1988	
M3			4.5	6	16～20/6，22～40/12
M4			6	8	16～22/8，25～40/14
M5	5	6	8	10	16～22/10，25～50/16
M6	6	8	10	12	20～22/10，25～30/14，32～75/18
M8	8	10	12	16	20～22/12，25～30/16，32～90/22
M10	10	12	15	20	25～28/14，30～38/16，40～120/26
M12	12	15	18	24	25～30/16，32～40/20，45～120/30
M16	16	20	24	32	30～38/20，40～55/30，60～120/38
M20	20	25	30	40	35～40/25，45～65/35，70～120/46
M24	24	30	36	48	45～50/30，55～75/45，80～120/54

长度 l 系列：16，(18)，20，(22)，25，(28)，30，(32)，35，(38)，40，45，50，(55)，60，(65)，70，(75)，80，(85)，90，(95)，100，110，120

注：1. 尽可能不采用括号内的规格。

　　2. $d_s \approx$ 螺纹中径。

　　3. $x_{max} = 2.5P$(螺距)。

附表 4-3　开槽圆柱头螺钉(GB/T 65—2000)、开槽盘头螺钉(GB/T 67—2000)、

开槽沉头螺钉(GB/T 68—2000)　　　　　　　　　　mm

开槽盘头螺钉(GB/T 67—2000)

开槽沉头螺钉(GB/T 68—2000)

开槽圆柱头螺钉(GB/T 65—2000)

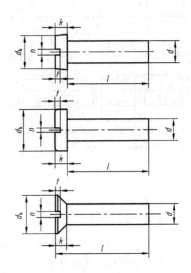

标记示例:

　　螺钉　GB/T 65—2000　M5×20　(螺纹规格 d=M5、l=50、性能等级为 4.8 级、不经表面处理的 A 级开槽圆柱头螺钉)

螺纹规格 d		M1.6	M2	M2.5	M3	(M3.5)	M4	M5	M6	M8	M10
n 公称		0.4	0.5	0.6	0.8	1	1.2	1.2	1.6	2	2.5
GB/T 65—2000	d_k　max	3	3.8	4.5	5.5	6	7	8.5	10	13	16
	k　max	1.1	1.4	1.8	2	2.4	2.6	3.3	3.9	5	6
	t　min	0.45	0.6	0.7	0.85	1	1.1	1.3	1.6	2	2.4
	l 范围	2～16	3～20	3～25	4～30	5～35	5～40	6～50	8～60	10～80	12～80
GB/T 67—2000	d_k　max	3.2	4	5	5.6	7	8	9.5	12	16	20
	k　max	1	1.3	1.5	1.8	2.1	2.4	3	3.6	4.8	6
	t　min	0.35	0.5	0.6	0.7	0.8	1	1.2	1.4	1.9	2.4
	l 范围	2～16	2.5～20	3～25	4～30	5～35	5～40	6～50	8～60	10～80	12～80
GB/T 68—2000	d_k　max	3	3.8	4.7	5.5	7.3	8.4	9.3	11.3	15.8	18.3
	k　max	1	1.2	1.5	1.65	2.35	2.7	2.7	3.3	4.65	5
	t　min	0.32	0.4	0.5	0.6	0.9	1	1.1	1.2	1.8	2
	l 范围	2.5～16	3～20	4～25	5～30	6～35	6～40	8～50	8～60	10～80	12～80
l 系列		2、2.5、3、4、5、6、8、10、12、(14)、16、20、25、30、35、40、45、50、(55)、60、(65)、70、(75)、80									

　注: 1. 尽可能不采用括号内的规格。

　　　2. 商品规格 M1.6～M10。

附表 4-4　紧定螺钉

mm

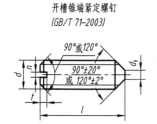

开槽锥端紧定螺钉
(GB/T 71—2003)

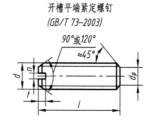

开槽平端紧定螺钉
(GB/T 73—2003)

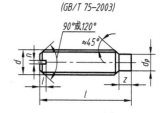

开槽长圆柱端紧定螺钉
(GB/T 75—2003)

标记示例：

　　螺钉　GB/T 71 M5 × 12

　　（螺纹规格 d = M5，公称长度 l = 12 mm 的开槽锥端紧定螺钉）

螺纹规格 d		M1.2	M1.6	M2	M2.5	M3	M4	M5	M6	M8	M10	M12
P	GB/T 71，GB/T 73	0.25	0.35	0.4	0.5	0.5	0.7	0.8	1	1.25	1.5	1.75
	GB/T 75	—										
d_t	GB/T 71	0.12	0.16	0.2	0.25	0.3	0.4	0.5	1.5	2	2.5	3
d_{pmax}	GB/T 71，GB/T 73	0.6	0.8	1	1.5	2	2.5	3.5	4	5.5	7	8.5
	GB/T 75	—										
n 公称	GB/T 71，GB/T 73	0.2	0.25	0.25	0.4	0.4	0.6	0.8	1	1.2	1.6	2
	GB/T 75	—										
t_{min}	GB/T 71，GB/T 73	0.4	0.56	0.64	0.72	0.8	1.12	1.28	1.6	2	2.4	2.8
	GB/T 75	—										
z_{min}	GB/T 75	—	0.8	1	1.2	1.5	2	2.5	3	4	5	6
倒角和锥顶角	GB/T 71　120°	l=2	l≤2.5	l≤2.5	l≤3	l≤3	l≤4	l≤5	l≤6	l≤8	l≤10	l≤12
	GB/T 71　90°	l≥2.5	l≥3	l≥3	l≥4	l≥4	l≥5	l≥6	l≥8	l≥10	l≥12	l≥14
	GB/T 73　120°	—	l≤2	l≤2.5	l≤3	l≤3	l≤4	l≤5	l≤6	l≤6	l≤8	l≤10
	GB/T 73　90°	l≥2	l≥2.5	l≥3	l≥4	l≥4	l≥5	l≥6	l≥8	l≥8	l≥10	l≥12
	GB/T 75　120°	—	l≤2.5	l≤3	l≤4	l≤5	l≤6	l≤8	l≤10	l≤14	l≤16	l≤20
	GB/T 75　90°	—	l≥3	l≥4	l≥5	l≥6	l≥8	l≥10	l≥12	l≥16	l≥20	l≥25
l 公称　商品规格范围	GB/T 71	2~6	2~8	3~10	3~12	4~16	6~20	8~25	8~30	10~40	12~50	14~60
	GB/T 73	2~6	2~8	2.5~10	3~12	4~16	4~20	5~25	6~30	8~40	10~50	12~60
	GB/T 75	—	2.5~8	3~10	4~12	5~16	6~20	8~25	8~30	10~40	12~50	14~60
系列值		2，2.5，3，4，5，6，8，10，12，(14)，16，20，25，30，35，40，45，50，(55)，60										

注：尽可能不采用括号内规格。

附表 4-5　六角螺母—C 级(GB/T 41—2000)、I 型六角螺母—A 和 B 级(GB/T 6170—2000)、六角螺薄螺母—A 和 B 级(GB/T 6172.1—2000)

mm

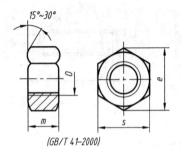

(GB/T 41–2000)

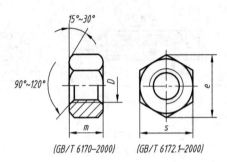

(GB/T 6170–2000)　　(GB/T 6172.1–2000)

标记示例：

螺纹规格 D=M12，性能等级为 5 级，不经表面处理，产品等级为 C 级的六角螺母：

螺母　GB/T 41 M12

标记示例：

螺纹规格 D=M12，性能等级为 8 级，不经表面处理，产品等级为 A 级的 I 型六角螺母：

螺母　GB/T 6170 M12

螺纹规格 D=M12，性能等级为 04 级，不经表面处理，产品等级为 A 级的六角薄螺母：

螺母　GB/T 6172.1　M12

螺纹规格 D		M3	M4	M5	M6	M8	M10	M12	(M14)	M16	(M18)	M20	(M22)	M24	(M27)	M30	M36	M42	M48
e 近似		6	7.7	8.8	11	14.4	17.8	20	23.4	26.8	29.6	35	37.3	39.6	45.2	50.9	60.8	72	82.6
s 公称=max		5.5	7	8	10	13	16	18	21	24	27	30	34	36	41	46	55	65	75
m_{max}	GB/T 6170	2.4	3.2	4.7	5.2	6.8	8.4	10.8	12.8	14.8	15.8	18	19.4	21.5	23.8	25.6	31	34	38
	GB/T 6172	1.8	2.2	2.7	3.2	4	5	6	7	8	9	10	11	12	13.5	15	18	21	24
	GB/T 41			5.6	6.4	7.9	9.5	12.2	13.9	15.9	16.9	19	20.2	22.3	24.7	26.4	31.9	34.9	38.9

注：1. 表中 e 为圆整近似值。

　　2. 尽可能不采用括号内的规格。

　　3. A 级用于 $D \le 16$ 的螺母；B 级用于 $D > 16$ 的螺母。

附表 4-6　圆螺母(GB/T 812—1988)

mm

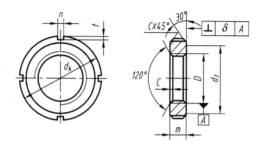

标记示例:

螺纹规格 D=M16×1.5,材料为45钢,槽或全部热处理后硬度为 35~35HRC,表面氧化的圆螺母:

螺母　GB/T 812　　M16×1.5

D	d_k	d_t	m	n min	t min	C	C_1	D	d_k	d_t	m	n min	t min	C	C_1
M10×1	2	16	8	4	2	0.5		M64×2	95	84	12	8	3.5		
M12×1.25	25	19						M65×2*	95	84					
M14×1.5	28	20						M68×2	100	88					
M16×1.5	30	22						M72×2	105	93	15	10	4		
M18×1.5	32	24						M75×2*	105	93					
M20×1.5	35	27						M76×2	110	98					
M22×1.5	38	30	10	5	2.5	1	0.5	M80×2	115	103				1.5	1
M24×1.5	42	34						M85×2	120	108					
M25×1.5*	42	34						M90×2	125	112	18	12	5		
M27×1.5	45	37						M95×2	130	117					
M30×1.5	48	40						M100×2	135	122					
M33×1.5	52	43						M105×2	140	127					
M35×1.5*	52	43						M110×2	150	135					
M36×1.5	55	46		6	3			M115×2	155	140	22	14	6		
M39×1.5	58	49						M120×2	160	145					
M40×1.5*	58	49						M125×2	165	150					
M42×1.5	62	53						M130×2	170	155					
M45×1.5	68	59						M140×2	180	165					
M48×1.4	72	61	12	12	8	1.5		M150×2	200	180	26	16	7	2	1.5
M50×1.5*	72	61						M160×3	210	190					
M52×1.5	78	67						M170×3	220	200					
M55×2*	78	67						M180×3	230	210					
M56×2	85	74					1	M190×3	240	220	30				
M60×2	90	79						M200×3	250	230					

注:1. 槽数 n:当 D≤M100×2 时,n = 4;当 D≥M105×2 时,n = 6。

2. 标有*者仅用于滚动轴承锁紧装置。

附表 4-7　平垫圈 C 级(GB/T 95—2002)、大垫圈 A 级(GB/T 96.1—2002)和
C 级(GB/T 96.2—2002)、平垫圈 A 级(GB/T 97.1—2002)、平垫圈 A 级
倒角型(GB/T 97.2—2002)、小垫圈 A 级(GB/T 848—2002)

mm

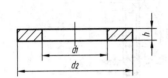

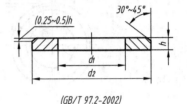

(GB/T95–2002)、(GB/T96.1–2002)、(GB/T 96.2–2002)　　(GB/T 97.2-2002)
(GB/T97.1–2002)、(GB/T 484–2002)

标记示例:

标准系列、公称直径 $d = 8$ mm，性能等级加 140HV 级，不经表面处理的平垫圈:

垫圈 GB/T 97.1—2002　8—140HV

公称规格 (螺纹大径) d	平垫圈 C 级 (GB/T 95—2002)			大垫圈 A 级(GB/T 96.1—2002) 和 C 级(GB/T 96.2—2002)				平垫圈 A 级 (GB/T 97.1—2002) 平垫圈 A 级　倒角型 (GB/T 9.7—2002)			小垫圈 A 极 (GB/T 848—2002)		
	d_1 公称 min	d_2 公称 max	h 公称	d_1 公称 min (GB/T 96.1)	d_1 公称 min (GB/T 96.2)	d_2 公称 max	h 公称	d_1 公称 min	d_2 公称 max	h 公称	d_1 公称 min	d_2 公称 max	h 公称
1.6	1.8	4	0.3					1.7	4	0.3	1.7	3.5	0.3
2	2.4	5						2.2	5		2.2	4.5	
2.5	2.9	6	0.5					2.7	6	0.5	2.7	5	0.5
3	3.4	7		3.2	3.4	7	0.8	3.2	7		3.2	6	
4	4.5	9	0.8	4.3	4.5	12	1	4.3	9	0.8	4.3	8	
5	5.5	10	1	5.3	5.5	15		5.3	10	1	5.3	9	1
6	6.6	12	1.6	6.4	6.6	18	1.6	6.4	12	1.6	6.4	11	1.6
8	9	16		8.4	9	24	2	8.4	16		8.4	15	
10	11	20	2	10.5	11	30	2.5	10.5	20	2	10.5	18	
12	13.5	24	2.5	13	13.5	37	3	13	24	2.5	13	20	2
16	17.5	30	3	17	17.5	50		17	30	3	17	28	2.5
20	22	37		21	22	60	4	21	37		21	34	3
24	26	44	4	25	26	72	5	25	44	4	25	39	4
30	33	56		33	33	92	6	31	56		31	50	
36	39	66	5	39	39	110	8	37	66	5	37	60	5
42	45	78	8					45	78	8			
48	52	92						52	92				
56	62	105	10					62	105	10			
64	70	115						70	115				

注: 1. GB/T 95，GB/T 97.1 的公称规格 d 的范围为 1.6～64 mm；GB/T 96.1，GB/T 96.2 的公称规格 d 的范围为 3～36 mm；GB/T 97.2 的公称规格 d 的范围为 5～64 mm；GB/T 848 的公称规格 d 的范围为 1.6～36 mm。

2. GB/T 848 主要用于带圆柱头的螺钉，其他用于标准的六角螺栓、螺钉和螺母。

附表 4-8　标准型弹簧垫圈(GB/T 93—1987)、轻型弹簧垫圈(GB/T 859—1987)

mm

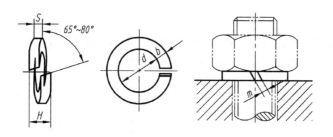

标记示例:

　规格 16 mm，材料为 65Mn，表面氧化的标准型弹簧垫圈:

　　　垫圈　GB/T 93　16

规格 (螺纹大径)	d min	GB/T 93		GB/T 859		
		$S=b$ 公称	$m\leqslant$	S 公称	b 公称	$m\leqslant$
2	2.1	0.5	0.25			
2.5	2.6	0.65	0.33			
3	3.1	0.8	0.4	0.6	1	0.3
4	4.1	1.1	0.55	0.8	1.2	0.4
5	5.1	1.3	0.65	1.1	1.5	0.55
6	6.1	1.6	0.8	1.3	2	0.65
8	8.1	2.1	1.05	1.6	2.5	0.8
10	10.2	2.6	1.3	2	3	1
12	12.2	3.1	1.55	2.5	3.5	1.25
(14)	14.2	3.6	1.8	3	4	1.5
16	16.2	4.1	2.05	3.2	4.5	1.6
(18)	18.2	4.5	2.25	3.6	5	1.8
20	20.2	5	2.5	4	5.5	2
(22)	22.5	5.5	2.75	4.5	6	2.25
24	24.5	6	3	5	7	2.5
(27)	27.5	6.8	3.4	5.5	8	2.75
30	30.5	7.5	3.75	6	9	3
36	36.5	9	4.5			
42	42.5	10.5	5.25			
48	48.5	12	6			

注: 尽可能不采用括号内的规格。

附录5 键 和 销

附表 5-1 平键和键槽的剖面尺寸(GB/T 1095—2003)、普通平键的型式尺寸(GB/T 1096—2003)

mm

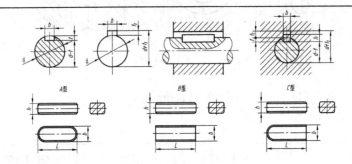

标记示例:

圆头普通平键(A 型)$b = 16$ mm,$h = 10$ mm,$L = 100$ mm　GB/T 1096 键 A16×10×100

平头普通平键(B 型)$b = 16$ mm,$h = 10$ mm,$L = 100$ mm　GB/T 1096 键 B16×10×100

单圆头普通平键(C 型)$b = 16$ mm,$h = 10$ mm,$L = 100$ mm　GB/T 1096 键 C16×10×100

轴径	键		键　槽										
			宽　度　b					深　度				半径 r	
公称直径 d	键尺寸 $b \times h$	长度 L	基本尺寸 b	极　限　偏　差					轴 t		毂 t_1		
				正常连接		紧密连接	松连接							
				轴 N9	毂 JS9	轴和毂 P9	轴 H9	毂 D10	公称尺寸	极限偏差	公称尺寸	极限偏差	最小	最大
6~8	2×2	6~20	2	−0.004 −0.029	±0.0125	−0.006 −0.031	+0.025 0	+0.060 +0.020	1.2	+0.1 0	1	+0.1 0	0.08	0.16
>8~10	3×3	6~36	3						1.8		1.4			
>10~12	4×4	8~45	4	0 −0.030	±0.015	−0.012 −0.042	+0.030 0	+0.078 +0.030	2.5		1.8			
>12~17	5×5	10~56	5						3.0		2.3			
>17~22	6×6	14~70	6						3.5		2.8			
>22~30	8×7	18~90	8	0 −0.036	±0.018	−0.015 −0.051	+0.036 0	+0.098 +0.040	4.0		3.3		0.16	0.25
>30~38	10×8	22~110	10						5.0		3.3			
>38~44	12×8	28~140	12	0 −0.043	±0.0215	−0.018 −0.061	+0.043 0	+0.120 +0.050	5.0		3.3	+0.2 0	0.25	0.40
>44~50	14×9	36~160	14						5.5		3.8			
>50~58	16×10	45~180	16						6.0	+0.2 0	4.3			
>58~65	18×11	50~200	18						7.0		4.4			
>65~75	20×12	56~220	20	0 −0.052	±0.026	−0.022 −0.074	+0.052 0	+0.149 +0.065	7.5		4.9			
>75~85	22×14	63~250	22						9.0		5.4		0.40	0.60
>85~95	25×14	70~280	25						9.0		5.4			
>95~110	28×16	80~320	28						10.0		6.4			
>110~130	32×18	80~360	32						11.0		7.4			
>130~150	36×20	100~400	36	0 −0.062	±0.031	−0.026 −0.088	+0.062 0	+0.180 +0.080	12.0		8.4	+0.3 0	0.70	1.0
>150~170	40×22	100~400	40						13.0	+0.3 0	9.4			
>170~220	45×25	110~450	45						15.0		10.4			

注: 1. $(d - t_1)$和$(d + t_2)$两组合尺寸的极限偏差按相应的 t 和 t_1 的极限偏差选取,但$(d - t_1)$极限偏差应取负号(−)。

2. l 系列: 6, 8, 10, 12, 14, 16, 18, 20, 22, 25, 28, 32, 36, 40, 45, 50, 56, 63, 70, 80, 90, 100, 110, 125, 140, 160, 180, 200, 220, 250, 280, 320, 330, 400, 450。

附表 5-2　圆柱销、不淬硬钢和奥氏体不锈钢(GB/T 119.1—2000)、圆柱销　淬硬钢和马氏体不锈钢(GB/T 119.2—2000)

mm

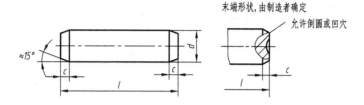

标记示例(GB/T 119.1)：

公称直径 $d=6$ mm，公差为 m6，公称长度 $l=30$ mm，材料为钢，不经淬火，不经表面处理的圆柱销：

销 GB/T 119.1　6m×30

公称直径 $d=6$ mm，公差为 m6，公称长度 $l=30$ mm，材料为 A1 组奥氏体不锈钢，表面简单处理的圆柱销：

销 GB/T 119.1　6m6×30-A1

标记示例(GB/T 119.21)：

公称直径 $d=6$ mm，公差为 m6，公称长度 $l=30$ mm，材料为钢，普通淬火(A 型)，表面氧化处理的圆柱销：

销 GB/T 119.2　6×30

公称直径 $d=6$ mm，公差为 m6，公称长度 $l=30$ mm，材料为 C1 组马氏体不锈钢，表面简单处理的圆柱销：

销 GB/T 119.2　6×30-C1

d(公称) m6/h8 (GB/T 119.1) m6 (GB/T 119.21)		2.5	3	4	5	6	8	10	12	16	20	25	30
$c\approx$		0.4	0.5	0.63	0.8	1.2	1.6	2	2.5	3	3.5	4	5
l	GB/T 119.1	6~24	8~30	8~40	10~50	12~60	14~80	18~95	22~140	26~180	35~200	50~200	60~200
	GB/T 119.2	6~24	8~30	10~40	12~50	14~60	18~80	22~100	26~100	40~100	50~100		
l(系列)		6，8，10，12，14，16，18，20，22，24，26，28，30，32，35，40，45，50，55，60，65，70，75，80，85，90，95，100，120，140，160，180，200											

附表 5-3　圆锥销(GB/T 117—2000)

mm

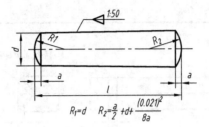

$$R_1=d \quad R_2=\frac{a}{2}+d+\frac{(0.021)^2}{8a}$$

标记示例:

公称直径 $d=6$ mm，公称长度 $l=30$ mm，材料为 35 钢，热处理硬度 28～38HRC，表面氧化处理的 A 型圆锥销:

销　GB/T 117　6×30

d(公称)h10	2.5	3	4	5	6	8	10	12	16	20	25	30
$a\approx$	0.3	0.4	0.5	0.63	0.8	1.0	1.2	1.6	2	2.5	3.0	4.0
l	10～35	12～45	14～55	18～60	22～90	22～120	26～160	32～180	40～200	45～200	50～200	55～200
l(系列)	10，12，14，16，18，20，22，24，26，28，30，32，35，40，45，50，55，60，65，70，75，80，85，90，95，100，120，140，160，180，200											

附表 5-4　开口销(GB/T 91—2000)

mm

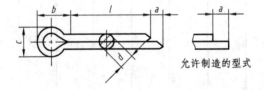

允许制造的型式

标记示例:

公称规格为 5 mm，公称长度 $l=50$ mm，材料为 Q215 或 Q235，不经表面处理的开口销:

销　GB/T 91　5×50

公称规格		0.6	0.8	1	1.2	1.6	2	2.5	3.2	4	5	6.3	8	10
d	max	0.5	0.7	0.9	1	1.4	1.8	2.3	2.9	3.7	4.6	5.9	7.5	9.5
	min	0.4	0.6	0.8	0.9	1.3	1.7	2.1	2.7	3.5	4.4	5.7	7.3	9.3
a_{max}		1.6	1.6	1.6	2.5	2.5	2.5	2.5	3.2	4	4	4	4	6.3
$b\approx$		2	2.4	3	3	3.2	4	5	6.4	8	10	12.5	16	20
c_{max}		1	1.4	1.8	2	2.8	3.6	4.6	5.8	7.4	9.2	11.8	15	19
l		4～12	5～16	6～20	8～25	8～32	10～40	12～50	14～63	18～80	22～100	32～125	40～160	45～200
l(系列)		4，5，6，8，10，12，14，16，18，20，22，25，28，32，36，40，45，50，56，63，71，80，90，100，112，125，140，160，180，200												

注：公称规格等于开口销孔的直径。

附录6 滚 动 轴 承

附表6-1 深沟球轴承(GB/T 276—1994)

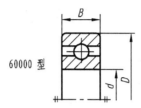

60000 型

标记示例:

内径 $d = 50$ mm 的 60000 型深沟球轴承,尺寸系列为(0)2:

　　滚动轴承　6210　GB/T 276—1994

轴承代号	尺 寸/mm			轴承代号	尺 寸/mm		
	d	D	B		d	D	B
(0)2 系列				(0)3 系列			
6200	10	30	9	6308	40	90	23
6201	12	32	10	6309	45	100	25
6202	15	35	11	6310	50	110	27
6203	17	40	12	6311	55	120	29
6204	20	47	14	6312	60	130	31
6205	25	52	15	6313	65	140	33
6206	30	62	16	6314	70	150	35
6207	35	72	17	6315	75	160	37
6208	40	80	18	6316	80	170	39
6209	45	85	19	6317	85	180	41
6210	50	90	20	6318	90	190	43
6211	55	100	21	6319	95	200	45
6212	60	110	22	6320	100	215	47
6213	65	120	23				
6214	70	125	24	(0)4 系列			
6215	75	130	25	6403	17	62	17
6216	80	140	26	6404	20	72	19
6217	85	150	28	6405	25	80	21
6218	90	160	30	6406	30	90	23
6219	95	170	32	6407	35	100	25
6220	100	180	34	6408	40	110	27
(0)3 系列				6409	45	120	29
				6410	50	130	31
6300	10	35	11	6411	55	140	33
6301	12	37	12	6412	60	150	35
6302	15	42	13	6413	65	160	37
6303	17	47	14	6414	70	180	42
6304	20	52	15	6415	75	190	45
6305	25	62	17	6416	80	200	48
6306	30	72	19	6417	85	210	52
6307	35	80	21	6418	90	225	54
				6420	100	250	58

附表6-2 推力球轴承(GB/T 301—1995)

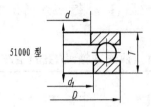

51000 型

标记示例:

内径 d=17 mm 的 51000 型推力球轴承，尺寸系列为 12;

滚动轴承 5/203 GB/T 301—1995

轴承代号	尺 寸/mm				轴承代号	尺 寸/mm			
	d	d_{1min}	D	T		d	d_{1min}	D	T
12 系列					13 系列				
					51308	40	42	78	26
51200	10	12	26	11	51309	45	47	85	28
51201	12	14	28	11	51310	50	52	95	31
51202	15	17	32	12	51311	55	57	105	35
51203	17	19	35	12	51312	60	62	110	35
51204	20	22	40	14	51313	65	67	115	36
51205	25	27	47	15	51314	70	72	125	40
51206	30	32	52	16	51315	75	77	135	44
51207	35	37	62	18	51316	80	82	140	44
51208	40	42	68	19	51317	85	88	150	49
51209	45	47	73	20	51318	90	93	155	50
51210	50	52	78	22	51320	100	103	170	55
51211	55	57	90	25	14 系列				
51212	60	62	95	26					
51213	65	67	100	27	51405	25	27	60	24
51214	70	72	105	27	51406	30	32	70	28
51215	75	77	110	27	51407	35	37	80	32
51216	80	82	115	28	51408	40	42	90	36
51217	85	88	125	31	51409	45	47	100	39
51218	90	93	135	35	51410	50	52	110	43
51220	100	103	150	38	51411	55	57	120	48
13 系列					51412	60	62	130	51
					51413	65	68	140	56
					51414	70	73	150	60
51305	25	27	52	18	51415	75	78	160	65
51306	30	32	60	21	51417	85	88	180	72
51307	35	37	68	24	51418	90	93	190	77

附表 6-3　圆锥滚子轴承(GB/T 297—1994)

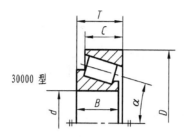

30000 型

标记示例:

内径 d=70 mm 的 30000 型圆锥滚子轴承，尺寸系列为 22:

滚动轴承　32214　GB/T 297—1994

轴承代号	尺寸/mm						轴承代号	尺寸/mm					
	d	D	T	B	C	α		d	D	T	B	C	α
02 系列							03 系列						
30203	17	40	13.25	12	11	12°57'10"	30310	50	110	29.25	27	23	12°57'10"
30204	20	47	15.25	14	12	12°57'10"	30311	55	120	31.50	29	25	12°57'10"
30205	25	52	16.25	15	13	14°02'10"	30312	60	130	33.50	31	26	12°57'10"
30206	30	62	17.25	16	14	14°02'10"	30313	65	140	36.00	33	28	12°57'10"
30207	35	72	18.25	17	15	14°02'10"	30314	70	150	38.00	35	30	12°57'10"
30208	40	80	19.75	18	16	14°02'10"	30315	75	160	40.00	37	31	12°57'10"
30209	45	85	20.75	19	16	15°06'34"	30316	80	170	42.50	39	33	12°57'10"
30210	50	90	21.75	20	17	15°38'32"	30317	85	180	44.50	41	34	12°57'10"
30211	55	100	22.75	21	18	15°06'34"	30318	90	190	46.50	43	36	12°57'10"
30212	60	110	23.75	22	19	15°06'34"	30319	95	200	49.50	45	38	12°57'10"
30213	65	120	24.75	23	20	15°06'34"	30320	100	215	51.50	47	39	12°57'10"
30214	70	125	26.25	24	21	15°38'32"	22 系列						
30215	75	130	27.25	25	22	16°10'20"	32204	20	47	19.25	18	15	12°28'
30216	80	140	28.25	26	22	15°38'32"	32205	25	52	19.25	18	16	13°30'
30217	85	150	30.50	28	24	15°38'32"	32206	30	62	21.25	20	17	14°02'10"
30218	90	160	32.50	30	26	15°38'32"	32207	35	72	24.25	23	19	14°02'10"
30219	95	170	34.50	32	27	15°38'32"	32208	40	80	24.75	23	19	14°02'10"
30220	100	180	37.00	34	29	15°38'32"	32209	45	85	24.75	23	19	15°06'34"
03 系列							32210	50	90	24.75	23	19	15°38'32"
							32211	55	100	26.75	25	21	15°06'34"
30302	15	42	14.25	13	11	10°45'29"	32212	60	110	29.75	28	24	15°06'34"
30303	17	47	15.25	14	12	10°45'29"	32213	65	120	32.75	31	27	15°06'34"
30304	20	52	16.25	15	13	11°18'36"	32214	70	125	33.25	31	27	15°38'32"
30305	25	62	18.25	17	15	11°18'36"	32215	75	130	33.25	31	27	16°10'20"
30306	30	72	20.75	19	16	11°51'35"	32216	80	140	35.25	33	28	15°38'32"
30307	35	80	22.75	21	18	11°51'35"	32217	85	150	38.5	36	30	15°38'32"
30308	40	90	25.25	23	20	12°57'10"	32218	90	160	42.5	40	34	15°38'32"
30309	45	100	27.25	25	22	12°57'10"	32219	95	170	45.5	43	37	15°38'32"
							32220	100	180	49	46	39	15°38'32"

附表 6-4 角接触球轴承(GB/T 292—2007)

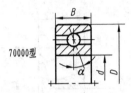

70000型

标记示例:

内径 25 mm,接触角 α=15° 的外圆型角接触球轴承,尺寸系列为(0)2:

滚动轴承 7205C GB/T 292—2007

轴承型号		外型尺寸/mm			轴承型号			外型尺寸/mm		
α=15°	α=25°	d	D	B	α=15°	α=25°	α=40°	d	D	B
10 系列					02 系列					
7000 C	7000 AC	10	26	8	7209 C	7209 AC	7209 B	45	85	19
7001 C	7001 AC	12	28	8	7210 C	7210 AC	7210 B	50	90	20
7002 C	7002 AC	15	32	9	7211 C	7211 AC	7211 B	55	100	21
7003 C	7003 AC	17	35	10	7212 C	7212 AC	7212 B	60	110	22
7004 C	7004 AC	20	42	12	7213 C	7213 AC	7213 B	65	120	23
7005 C	7005 AC	25	47	12	7214 C	7214 AC	7214 B	70	125	24
7006 C	7006 AC	30	55	13	7215 C	7215 AC	7215 B	75	130	25
7007 C	7007 AC	35	62	14	7216 C	7216 AC	7216 B	80	140	26
7008 C	7008 AC	40	68	15	7217 C	7217 AC	7217 B	85	150	28
7009 C	7009 AC	45	75	16	7218 C	7218 AC	7218 B	90	160	30
7010 C	7010 AC	50	80	16	7219 C	7219 AC	7219 B	95	170	32
7011 C	7011 AC	55	90	18	7220 C	7220 AC	7220 B	100	180	34
7012 C	7012 AC	60	95	18	03 系列					
7013 C	7013 AC	65	100	18						
7014 C	7014 AC	70	110	20	7300 C	7300 AC	7300 B	10	35	11
7015 C	7015 AC	75	115	20	7301 C	7301 AC	7301 B	12	37	12
7016 C	7016 AC	80	125	22	7302 C	7302 AC	7302 B	15	42	13
7017 C	7017 AC	85	130	22	7303 C	7303 AC	7303 B	17	47	14
7018 C	7018 AC	90	140	24	7304 C	7304 AC	7304 B	20	52	15
7019 C	7019 AC	95	145	24	7305 C	7305 AC	7305 B	25	62	17
7020 C	7020 AC	100	150	24	7306 C	7306 AC	7306 B	30	72	19
02 系列					7307 C	7307 AC	7307 B	35	80	21
					7308 C	7308 AC	7308 B	40	90	23
轴承型号			外形尺寸/mm		7309 C	7309 AC	7309 B	45	100	25
α=15°	α=25°	α=40°	d	D	B					
						7310 C	7310 AC	7310 B	50	110	27
						7311 C	7311 AC	7311 B	55	120	29
7200 C	7200 AC	7200 B	10	30	9	7312 C	7312 AC	7312 B	60	130	31
7201 C	7201 AC	7201 B	12	32	10	7313 C	7313 AC	7313 B	65	140	33
7202 C	7202 AC	7202 B	15	35	11	7314 C	7314 AC	7314 B	70	150	35
7203 C	7203 AC	7203 B	17	40	12	7315 C	7315 AC	7315 B	75	160	37
7204 C	7204 AC	7204 B	20	47	14	7316 C	7316 AC	7316 B	80	170	39
7205 C	7205 AC	7205 B	25	52	15	7317 C	7317 AC	7317 B	85	180	41
7206 C	7206 AC	7206 B	30	62	16	7318 C	7318 AC	7318 B	90	190	43
7207 C	7207 AC	7207 B	35	72	17	7319 C	7319 AC	7319 B	95	200	45
7208 C	7208 AC	7208 B	40	80	18	7320 C	7320 AC	7320 B	100	215	47

附录7　螺纹收尾、肩距、退刀槽、倒角

附表7-1　螺纹收尾、肩距、退刀槽、倒角(GB/T 3—1997)

mm

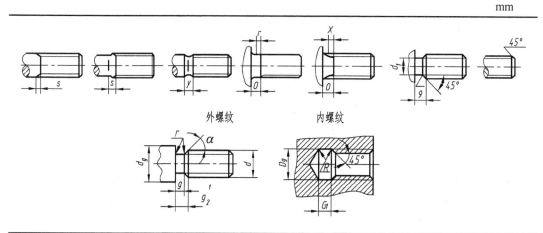

外螺纹　　　　内螺纹

螺距 P	外　螺　纹								内　螺　纹						
	收尾 x max		肩距 a max			退刀槽				收尾 x max		肩距 A		退刀槽		
	一般	短的	一般	长的	短的	g_2 max	g_1 min	r ≈	d_g	一般	短的	一般	长的	G_1 一般	G_1 短的	R ≈	D_g
0.2	0.5	0.25	0.6	0.8	0.4	—				0.8	0.4	1.2	1.6				
0.25	0.6	0.3	0.75	1	0.5	0.75	0.4		d-0.4	1	0.5	1.5	2				
0.3	0.75	0.4	0.9	1.2	0.6	0.9	0.5		d-0.4	1.2	0.6	1.8	2.4				
0.35	0.9	0.45	1.05	1.4	0.7	1.05	0.6		d-0.6	1.4	0.7	2.2	2.8				
0.4	1	0.5	1.2	1.6	0.8	1.2	0.6		d-0.7	1.6	0.8	2.5	3.2				
0.45	1.1	0.6	1.35	1.8	0.9	1.35	0.7		d-0.7	1.8	0.9	2.8	3.6				D+0.3
0.5	1.25	0.7	1.5	2	1	1.5	0.8	0.2	d-0.8	2	1	3	4	2	1	0.2	
0.6	1.5	0.75	1.8	2.4	1.2	1.8	0.9	0.4	d-1	2.4	1.2	3.2	4.8	2.4	1.2	0.3	
0.7	1.75	0.9	2.1	2.8	1.4	2.1	1.1	0.4	d-1.1	2.8	1.4	3.5	5.6	2.8	1.4	0.4	
0.75	1.9	1	2.25	3	1.5	2.25	1.2	0.4	d-1.2	3	1.5	3.8	6	3	1.5	0.4	
0.8	2	1	2.4	3.2	1.6	2.4	1.3	0.4	d-1.3	3.2	1.6	4	6.4	3.2	1.6	0.4	
1	2.5	1.25	3	4	2	3	1.6	0.6	d-1.6	4	2	5	8	4	2	0.5	
1.25	3.2	1.6	4	5	2.5	3.75	2	0.6	d-2	5	2.5	6	10	5	2.5	0.6	
1.5	3.8	1.9	4.5	6	3	4.5	2.5	0.8	d-2.3	6	3	7	12	6	3	0.8	
1.75	4.3	2.2	5.3	7	3.5	5.25	3	1	d-2.6	7	3.5	9	14	7	3.5	0.9	
2	5	2.5	6	8	4	6	3.4	1	d-3	8	4	10	16	8	4	1	
2.5	6.3	3.2	7.5	10	5	7.5	4.4	1.2	d-3.6	10	5	12	18	10	5	1.2	
3	7.5	3.8	9	12	6	9	5.2	1.6	d-4.4	12	6	14	22	12	6	1.5	D+0.5
3.5	9	4.5	10.5	14	7	10.5	6.2	1.6	d-5	14	7	16	24	14	7	1.8	
4	10	5	12	16	8	12	7	2	d-5.7	16	8	18	26	16	8	2	
4.5	11	5.5	13.5	18	9	13.5	8	2.5	d-6.4	18	9	21	29	18	9	2.2	
5	12.5	6.3	15	20	10	15	9	2.5	d-7	20	10	23	32	20	10	2.5	
5.5	14	7	16.5	22	11	17.5	11	3.2	d-7.7	22	11	25	35	22	11	2.8	
6	15	7.5	18	24	12	18	11	3.2	d-8.3	24	12	28	38	24	12	3	

附录 8 常用的热处理及表面处理名称及说明

名 词		代号及标注示例	说　　　明	应　　　用
退 火		Th	将钢件加热到临界温度以上(一般是710~715℃，个别合金钢 800~900℃)30~50℃，保温一段时间，然后缓慢冷却	用来消除铸、锻、焊零件的内应力、降低硬度，便于切削加工，细化金属晶粒，改善组织、增加韧性
正 火		Z	将钢件加热到临界温度以上，保温一段时间，然后用空气冷却，冷却速度比退火快	用来处理低碳和中碳结构钢及渗碳零件，使其组织细化，增加强度与韧性，减少内应力，改善切削性能
淬 火		C C48：淬火回火至 45~50HRC	将钢件加热到临界温度以上，保温一段时间，然后在水、盐水或油中急速冷却，使其得到高硬度	用来提高钢的硬度和强度极限，但淬火会引起内应力使钢变脆，所以淬火后必须回火
回 火		回 火	回火是将淬硬的钢件加热到临界点以下的温度，保温一段时间，然后在空气中或油中冷却下来	用来消除淬火后的脆性和内应力，提高钢的塑性和冲击韧性
调 质		T T235：调质处理至220~250HB	淬火后在 450~650℃进行高温回火，称为调质	用来使钢获得高的韧性和足够的强度，重要的齿轮、轴及丝杆等零件需经调质处理
表面淬火	火焰淬火	H54：火焰淬火后，回火到 50~55HRC	用火焰或高频电流，将零件表面迅速加热至临界温度以上，急速冷却	使零件表面获得高硬度，而心部保持一定的韧性，使零件既耐磨又能承受冲击，表面淬火常用来处理齿轮等
	高频淬火	G52：高频淬火后，回火到 50~55HRC		
渗碳淬火		S0.5-C59：渗碳层深0.5，淬火硬度 56~62HRC	在渗碳剂中将钢件加热到900~950℃，停留一定时间，将碳渗入钢表面，深度约为0.5~2 mm，再淬火后回火	增加钢件的耐磨性能、表面硬度、抗拉强度和疲劳极限，适用于低碳、中碳(含量<0.40%)结构钢的中小型零件
氮 化		D0.3-900：氮化层深度0.3，硬度大于850HV	氮化是在 500~600℃炉子内加热，向钢的表面渗入氮原子的过程，氮化层为 0.025~0.8 mm，氮化时间需 40~50 h	增加钢件的耐磨性能、表面硬度、疲劳极限和抗蚀能力，适用于合金钢、碳钢、铸铁件，如机床主轴、丝杆以及在潮湿碱水和燃烧气体介质的环境中工作的零件
氰 化		Q59：氰化淬火后，回火至 56~62HRC	在 820~860℃炉内通入碳和氮，保温1~2 h，使钢件的表面同时渗入碳、氮原子，可得到 0.2~0.5 mm 的氰化层	增加表面硬度、耐磨性、疲劳强度和耐蚀性，用于要求硬度高、耐磨的中、小型及薄片零件和刀具等

附　录

续表

名　词	代号及标注示例	说　　明	应　　用
时　效	时效处理	低温回火后、精加工之前,加热到100~160℃,保持 10~40 h,对铸件也可用天然时效(放在露天中一年以上)	使工件消除内应力和稳定形状,用于量具、精密丝杆、床身导轨、床身等
发蓝发黑	发蓝或发黑	将金属零件放在很浓的碱和氧化剂溶液中加热氧化,使金属表面形成一层氧化铁所组成的保护性薄膜	防腐蚀、美观,用于一般连接的标准件和其他电子类零件
硬　度	HB(布氏硬度)	材料抵抗硬的物体压入其表面的能力称硬度,根据测定的方法不同,可分为布氏硬度、洛氏硬度和维氏硬度;硬度的测定是检验材料经热处理后的机械性能——硬度	用于退火、正火、调质的零件及铸件的硬度检验
	HRC(洛氏硬度)		用于经淬火、回火及表面渗碳、渗氮等处理的零件硬度检验
	HV(维氏硬度)		用于薄层硬化零件的硬度检验

267

参 考 文 献

[1] 中华人民共和国国家标准. 北京：中国标准出版社，1989—2009.

[2] 国家质量技术监督局. 国家标准机械制图. 北京：中国标准出版社，2007.

[3] 中华人民共和国国家标准：产品几何技术规范(GPS)技术文件中表面结构表示法. 北京：中国标准出版社，2006.

[4] 中华人民共和国国家标准：产品几何技术规范(GPS)几何公差形状、方向、位置和跳动公差标注. 北京：中国标准出版社，2008.

[5] 技术产品文件标准汇编. 机械制图卷. 北京：高等教育出版社，2007.

[6] 金大鹰. 机械制图(机械类专业). 北京：机械工业出版社，2007.

[7] 艾小玲，等. 机械制图. 上海：同济大学出版社，2009.

[8] 朱强. 机械制图. 北京：人民邮电出版社，2009.

[9] 宋晓梅，等. 机械制图. 北京：人民邮电出版社，2009.

[10] 陈廉清. 机械制图. 杭州：浙江大学出版社，2010.

[11] 钱可强. 机械制图. 2 版. 北京：机械工业出版社，2010.

[12] 寇世瑶. 机械制图. 2 版. 北京：高等教育出版社，2007.

[13] 金莹，朱春香. 机械制图项目教程. 2 版. 西安：西安电子科技大学出版社，2014.

[14] 韩静. 机械制图. 北京：清华大学出版社，2014.